Xinli zixun shou ji

心理咨询手记

——借我一双翅膀，让我飞翔

常保瑞　方建东◎著

中国出版集团
世界图书出版公司
广州·上海·西安·北京

图书在版编目(CIP)数据

心理咨询手记:借我一双翅膀,让我飞翔 / 常保瑞,方建东著.
—广州:世界图书出版广东有限公司, 2025.1重印
ISBN 978-7-5100-8561-1

Ⅰ.①心… Ⅱ.①常… ②方… Ⅲ.①心理咨询—案例
Ⅳ.①R395.6

中国版本图书馆 CIP 数据核字(2014)第 206420 号

心理咨询手记——借我一双翅膀,让我飞翔

责任编辑 梁少玲
封面设计 田野艺人
出版发行 世界图书出版广东有限公司
地 址 广州市新港西路大江冲25号
印 刷 悦读天下(山东)印务有限公司
规 格 880mm×1230mm 1/32
印 张 9
字 数 214千
版 次 2014年9月第1版 2025年1月第5次印刷
ISBN 978-7-5100-8561-1/B·0093
定 价 58.00元

自序

ZI XU

当下，快餐、速成、秘诀、成功等名词充斥着每一个角落，生命的自然节奏，生活的自然节奏被忽略了，人在忙碌的竞争中迷失了自我，物化了自我，异化了自我。心灵空间受到极大的挤压，心灵的探索被搁置起来。然而，人存在的很重要的一个方面是心灵空间的扩展和延伸。我们是否还有心境去品味枫叶红、秋意浓的自然美景？是否还有于月圆之夜泛舟江上，与好友饮酒赋诗，参悟人生的旷达心态？似乎心灵空间的探索和交流应被视为对自己最好的呵护。

我们的文化其实是很早就注意到心理学的一些东西的，如格式塔学派的整体的概念，禅宗里的顿悟和其有些关系；如认知改变情绪和行为的观点，佛家的冥想有类似功用；如行为对于认知、情绪的影响，在儒家积极的入世思想里，一件事做成功了，自己的情绪和想法显然会发生很大变化；另外，道家顺其自然和虚实相生等思想里都可以找到这种理念的一些影子。只是，我们没有把这些东西系统起来，形成一门学科，这些只是散乱的珠子，从来就少一根红线。这可能和东方人不大喜欢逻辑思维有关，我们更喜欢类比、顿悟，思想的跳跃性很大。有人说西方的哲学或科学发展到现在遇到了瓶颈，需要从东方的哲学中来汲取智慧了，在运用心理学知识去解决来访者的困扰时，我常常想到这些，也许真是这样的。

探讨人类心灵的秘密，了解我们的心理和行为的动因，更好地了解人本身，乐趣无穷，也成长无限。心理咨询不仅能助人自助，解决遇到的麻烦，还能在顺境中助人成长、助人提高。这可能才是心理学应包含的较全面的意义。我很庆幸自己学习了心理学专业，让自己对于人的心理活动有了更深刻的认识，也让自己更好地认识了自我。过去我也有很多想不明白的事情，在学习心理咨询的过程中，通过督导和自我反思，不断得到成长，慢慢地明白了。尽管将来还会遇到很多问题，但是我有信心也有能力去面对。

人生不可能一帆风顺，总会遇到一些坎坷，有的人可以轻松度过，有的人则遇到了一定的困难，假若在困难的时候有人能够和自己一起面对，协助自己战胜困难，我们就可以减少孤独，增加信心，找到解决问题的出路。心理咨询给我们提供了这样的服务和便利。

本书是作者多年来从事心理咨询的工作案例整理，包括恋爱问题、人际交往问题、自我意识问题、考试焦虑、强迫症、网络成瘾等多种心理问题，均通过相对轻松的形式呈现给读者，以使处于心理困扰中的人找到可以借鉴的地方，有助于他们更快地走出阴影。文章当中的来访者和咨询师一起面对问题，通过共同探索，历经波折之后，最终找到了解决问题的办法，从而采取积极的建设性态度加以改变。案例分析在一定程度上有助于读者把握该案例的要点所在，提供了简明的解决问题的思路。

感谢写作，它使我进一步整理了我的思维；感谢心理学，因为它让我从更专业的视角去探索人类的心灵世界；感谢面临的挑战，是挑战促使我不断地去寻找解决问题的办法；感谢真诚，是真诚让我赢得了朋友；感谢宽容，是宽容让我没有抛弃我厌烦的东西；感谢我的来访者，在艰难的旅途中，我和他们一起得到了成长。所有的这些，终于让我在某一天意识到整理一下这些案例的必要，当然我在行文中已经做了很多变动，隐去了来访者真实的个人资料。希望这本书能让热爱心理咨询的朋友和处于类似境地的朋友从中得到一些启发，能够更好地成长。

是为序。

常保瑞

2013 年 10 月 6 日于桂林榕湖斋

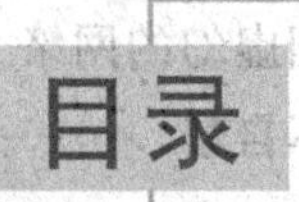

MU LU

目录

折翼女孩为何不愿意去修复自己的翅膀

优美的钢琴奏鸣曲铃音响了起来，我很喜欢听这样的音乐，柔和、优美并且让人心胸开阔。我放下手中的书，按下了接听键，另一端传来了一位中年妇女的声音："您好！是方老师吗？我想向您咨询一个问题，方便吗？""是的，您请讲。"我答道。"我女儿因为胳膊受伤，骨折了，现在在做康复治疗，但是她不愿意去医院做康复，在家里也不积极地去做，她对待自己的胳膊很消极，好像胳膊受伤不是她的事情，我都急死了。"这位母亲一口气说了这么多，急切中带着怒气和无奈。我说："要是您愿意的话，可以带女儿过来，我了解一下情况，看能否找到解决问题的办法？"这位母亲愉快地答应了。

第二天，一位中年妇女带着一位比她还高的女孩来到了咨询室，女孩有一双美丽的大眼睛，长发很随意地披散在肩上，清秀的脸庞露出一些倦意，站在母亲旁边。我请她们坐下，女孩在双人沙发的那一边，母亲在距离我的这边坐下了。母亲开口说："我的女儿叫露露，她的胳膊受伤要做康复训练，但是她就是不愿按照医生的要求做，医生要求一天做三次，每次半个小时，她总是很敷衍，做几下就不做了。每天上午要她去医院做康复训练，我要是不去的话，她就不去，甚至有时候还骗我，说她去医院了，实际上并没有去做康复训练，所以我不敢相信她，不得不打电话问医生或者陪她去，可是我不可能一直陪她呀，真不知她是怎么想的。哎！所以就想让她咨询一下。""需要咨询的是你，你的控制欲太强了！"女孩带着怒气和哭声大声说。看到女儿这样的表现，我感到母女之间的沟通一定存在问题，但问题到底是什么呢？

一、露露自述

露露低着头，在第一次咨询中没有抬眼看我一下，缓缓地叙述着她的经历。

我今年刚刚大学毕业，三个月前的一天晚上和别人一起去听音乐会，那天风很大，出来的时候，会场墙壁上的广告牌被风吹倒了，砸在了我的胳膊上。原先以为没有什么大问题，妈妈也说过一段时间就好了，就没去看医生，可谁知道过了很久还是很疼，整条胳膊很难抬得起来。只好到医院看，医生说为什么不及时来看，过了这么长时间，现在治疗有些困难了，保守治疗的话要做康复训练，要做手术的话效果也不一定好。就这样，听从医生的保守治疗计划开始了康复训练，可是已经过去两个月了，还是没有什么大变化。

在家里，我妈脾气暴躁，总是唠叨。我是在家庭所在的城市读大学的，她常打电话给我，“今天晚上一定要回家陪姥姥吃饭”，我不回去的话她就骂我，“这么大了一点事也不懂，没有一点孝心，白养你了”。说真的我喜欢外面的自由，也不愿意回去。在学习上，妈妈曾对我有很大的期望，很希望我的成绩排在班级前列，常对别人夸张地说“我女儿成绩很优秀”，我感到很羞愧，因为我的成绩并不是那么优秀。高考彻底击碎了妈妈的梦，我到了一个普通的大学读书，妈妈不再提我的成绩了，改为自豪地说“我的女儿很漂亮”。总之，妈妈希望我有出息。

我很少做家务的，不怕你笑话，除非是我喜欢的朋友来了，我收拾一下我的房间，要是平时到我的卧室看的话，实在是一团糟，你能想象出来的。我也很少自己洗衣服，基本不洗，由妈妈代劳。妈妈出差的话，我要么是吃泡面，要么到外面吃，自己是不会去做饭的。不过妈妈出差开始的几天感觉不错，没人管，自由，可是时间长了，觉得一个人很孤单无聊。

印象中爸妈是我小学时候离婚的，我一直和妈妈生活在一起，爸爸很少和我来往。我的人缘还不错，也有一些谈得来的朋友，不过他们现在都不在这里，他们都去工作了，我的胳膊受伤影响了我

找工作，和她们在一起还是比较开心的。

我现在不想去医院做康复训练，我不喜欢医院，那儿那么多人，乱糟糟的。我从医院回来也不想回家，就在街上闲逛，有时候会到书店看书。在家做康复训练的时候，也是做着做着就想到别的事情上去了，比如上网或是看书，就把做康复训练的事给忘了。我不想做康复训练是因为做了这么长时间都没什么效果，胳膊还是举不高，天天重复这些事，太无聊了。有时候我会想，愿意怎么样就怎么样，顺其自然吧！她很着急，好像是她的胳膊受伤了，每天督促我起床到医院去排队，督促我在家练习，要是没有按照她的要求去做的话，就生气、打骂。

我觉得我很好，要看心理咨询的是她而不是我。

二、情感受挫

"露露，要是和朋友在一起的话，你是否会感到有意思、快乐一些？"

"和投缘的朋友在一起比较开心，但是我更喜欢和陌生人交往，结识新朋友。"

"哦，是吗？"

"在那次让我胳膊受伤的演唱会上，我结识了一位男歌手，他长得很酷，充满了艺术气质，冷峻的面庞上透露出沧桑。我忘不了他和我握手的感觉，那么温暖有力！后来，我们在网上聊。他说他喜欢骨感的女孩子。"露露幸福地回味起这位歌手。

"我想他应该喜欢乖巧清秀、小鸟依人的那种。"

"那你觉得自己是小鸟依人的吗？"

"不是。我比较喜欢哲学。但是我能感觉到他的执着精神，他是个理想主义者，面对现实来说又有那么一点颓废。"她把颓废两个字说得很重。

"哦。他这一点让你看到了一点自己的影子。那你理想的爱情是什么？"

"两个人有共同的追求，能够相互尊重和理解，不干预对方独立的空间。”

“想象得很美好！就像舒婷在《致橡树》里提到的那种爱情？”

“和舒婷写的爱情观不一样。很多时候男生是根据自己的需要来结交女朋友的，他们只想把你纳入他们的势力范围，控制住自己的范围。在爱情里，求同存异才好，我不希望被定为一种女性的角色，我感觉应该是一种伙伴关系，精神上的伙伴关系，是同志。”

“你的理解很深刻。你对于爱情的标准很高，过去碰到过你喜欢的男生吗？”

“有过两个，都是这种类型的，我想我喜欢这种类型的男生，一个是读大学的时候，另一个是在一个语言学习培训班里，但是都擦肩而过了。”

“我也不一定要做他的女朋友，我只是希望建立一种伙伴式的关系。我感到和男生建立一种长期的婚姻关系不太合适，我想和女生在一起生活，但不是同性恋，在肉体上我还是喜欢异性的。”

“哦。”

“他封闭自己的内心，不愿和我聊太多，我设想过种种可能，或许是他曾经遭遇过挫折，灰心丧气了；或许是他有独特的追求，不想让别人干扰他的生活；或许是有自己的女朋友……”

露露谈起这位歌手有很多话要说，因为这个歌手，她一直感到自己不够骨感，很想减肥，其实她的身材算是标准的了。就这样，露露还是在网上时不时地和这位歌手聊一下，但是对方的回应越来越少了，露露感到自己很受打击。

在喜欢这个男歌手期间，露露有一个很要好的同性朋友，来她家住了几天，她们是大学时候的同学。露露说这是少有的一次她自己收拾了房间，她们在一起聊天、吃饭，打发时光。一天晚上，她们在露露家上网，露露问那位男歌手喜欢什么类型的女孩子，在等待那位男歌手回复的时候，露露和朋友两个人在猜。

“一定是这种的。”露露的那位朋友指着一张略显丰满的女性照片说。

“应该是骨感的吧。”露露在心里想着，但是没有说出来。

“一定是这种的，丰满有肉感。”露露的那位朋友重复着，眼里透出自信，手在电脑屏幕上点着那张照片。

露露停了一会儿，轻轻说道：“看看回复吧。”

那位歌手只发来了一个调皮的笑脸，露露心头有些不舒服，怔怔地看着这位好朋友。

在咨询室里，露露说：“不知道为什么，当时突然感到有些不舒服，感到自己被卷入了这位朋友的圈子里，被迫地接受她的想法。”

这位同性朋友是露露的好朋友，露露说自己常会因为她强势地让自己接受她的想法而感到不舒服，甚至伤害，自己也曾经无意中伤害过这位朋友。

这段若有若无的异性情感以及和这位同性朋友之间的友谊，给了露露很大的打击，让露露感到很无聊。

“为什么你对这位同性朋友的话那么在意？有什么理由必须接受呢？”我问露露。

“因为她是我的朋友啊，我在乎我在意的人的评价。”

“要是你不接受你在意的人的意见，会怎么样呢？”

“她会说我这个人不好，会惹她不高兴，她会不理我，很可能失去这位朋友。”露露着急地说。

“在让别人高兴和坚持自己看法之间你愿意选择哪一个？”

“两者完美结合是最好的。”

“在必须做出选择的时候呢？”

“……”露露陷入了深深的思考。

我等待露露在思考中的发现。

三、强势的母爱

冬日，和煦的阳光照在身上，让人感到温暖。在去办公室的路上，熙来攘往的人在奔波忙碌，有多少事需要去做啊，他们甚至没有时间停下来欣赏一下江边的美景，一辆又一辆汽车疾驰而过，把骑电单车的人甩在后面。这就是现代城市生活，提高效率，努力拼搏，勇于竞争，处处被需要成功的欲望包围着。春种夏长、秋收冬藏的农业社会痕迹，似乎只有在餐桌上才能找到一点点，那是即将逝去的田园气息。我们吃着化肥、生长剂和农药，努力地提高自己的道德水平。付出就一定要有看得见的能被认可的回报，否则就是不值得，所做所为就没有价值。

露露妈妈的说话声音高亢有力，底气十足，和我通电话时我都感到略微有一点诧异，心想她可能是个领导型的女性。第一次见面时的印象又浮现在眼前，短发齐耳，略显皱纹的脸上白里透红，说话时眼睛盯着你的脸，还没等你说完一句话，就接上话茬说开了，"……你说我的女儿不漂亮吗？我看没几个人比得上她的，真的，我说的是实话。"

露露妈妈很疼爱这个和自己相依为命的孩子，对孩子充满了希望并尽可能地满足孩子的要求，她特别注重教育投资，支付高昂的学费让露露上最好的小学和最好的中学。孩子都是天性爱玩，经常会有同学来找露露，对于和露露一起玩的朋友，妈妈总要问露露那些同学的学习成绩，"要是成绩差的话，就不能和她们玩，这样会影响你的成绩的，知道吗？"在学习的时候，妈妈希望露露能够抓紧时间，全力以赴搞好学习。一次爬山回来，露露洗了一个澡，花的时间稍微长了一点，妈妈就开始数落露露："回来就赶紧记单词，不要磨磨蹭蹭的，爬山已经放松了，已经浪费了好多时间，还不抓紧，我跟你说过几遍了，学习不主动永远学不好。知道不努力的后果吗？将来谁给你饭吃？"露露不得不走到书桌旁，摊开书看了起来。妈妈一看又来气了，"只看能记会吗？跟你说过多少次，动手写一写，看、看、看，就知道看，只看有什么用呢？"露露不得不拿起笔来写。妈妈深深地叹了一口气，自言自语道："我怎么生了这么一个孩子呢？"妈妈要露露把时间全用在学习上，有时候学累了，妈妈就给露露讲那些传统的激励人学习的故事，最后还说："在这样的竞争激烈的社会，你不吃掉别人，别人就会吃掉你，你不好好学习能行吗？"露露就在这样的鞭策下不断成长。有时候露露真想好好睡个懒觉，休息一下，但想到妈妈的督促和严厉的要求还是算了，自己距妈妈的要求还有很远的距离呢。她也会想，干吗要读书呢，天天就记这些无聊

的东西，和我有什么关系呀，不学又怎么了，但是终归不能不学，就这么想着一路走到了高中毕业。看到高考的成绩，妈妈伤心极了，针对浓缩在这张成绩单上的几年来的学习结果来了一次总爆发，算是对多年来的学习做了一个总结，她大声叫骂："怎么考成这个样子？天天趴在那里学习还不如人家不学的人考得高，你是怎么学的？你智商有问题吗？怎么生了你这样的孩子？早知道如此，还不如没有。"露露伤心地哭了，妈妈的话深深刺痛了她。

没有功劳也有苦劳，露露没有妈妈期望的那么好，但总算考得了一个大学，就在本市，因为学校距家远所以要住校，能暂时远离一下妈妈了，露露既高兴又失落。高兴的是可以远离妈妈，有一个属于自己的独立天地了；失落的是以后自己的生活怎么办，自己连洗衣服都得从头学起。妈妈也很想念露露，每周总会找个理由要露露回去，"露露，妈妈今天做了你最爱吃的糖醋排骨，你要回来吃饭。"要是不回去的话，妈妈就会骂露露没孝心，"大了，妈妈管不住了，不听话也拿你没办法了。忘了妈妈是怎么拉扯大你的吗？真是没良心的。"露露就犹豫回去还是不回去，"妈妈，今天有同学过生日，我要和同学一起吃饭，改天我再回去看你啊。"实在搪塞不过就回去一下，显然妈妈很不满意，见了面就数落露露。

露露妈妈自己开了一个公司，每天工作都很忙，但是为了露露受伤的胳膊确实也花了很多精力，"真的不省心，我得陪她去医院，因为我要是不去的话，不知道她会去哪儿；实在去不了，我就打电话问医生，结果有几次，她说去了，医生说没见到她。你看，她现在还说谎。我哪有那么多时间一直陪她去呢？"这是第一次见面的时候露露妈妈说的，露露当时就呆呆地坐在旁边。后来一次咨询中，露露说起了一件很伤心的事情，"那天早晨，她出门的时候叮嘱我去医院，她到单位后打了几个电话过来，我告诉她一会儿就去。等了一会儿，我还没过去，她就回到家来，见我还在床上，扯开被子就打就骂，'你要把老娘给气死，老娘为了你回来的路上还摔了一跤'。"露露妈妈真是拿露露没有办法了。

四、爱幻想的露露

要是生活在一个不如意的环境中，假若没有能力改变的话，一般会有两种选择，要么选择接受，要么选择逃离，假若这两者都做不到的话，还可以有第三条路：勾勒一个虚幻的世界，这样就可以沉浸在自我的世界中，敷衍现实，而又不得罪强势的一方。时间长了，自己都难以分辨哪一个是幻想的世界，哪一个是现实的世界，成为游走于虚幻和现实边缘的人。总有一些时刻，我们是需要面对现实的，若是面对顺利或是成功的话，还好；若是在现实中碰壁的话，这样的人很容易躲进自己幻想的世界以避开沉重的现实压力，因为只有在幻想的世界里才可以得到自己想要的东西，在那里，自己是自己的上帝。

露露从医院出来到回家要花很长时间，她会这里逛逛那里看看，就是不想回家。若是白天在家的话，她就睡觉或者看看书，晚上妈妈睡了，她的精力就旺盛了，上网写博客、聊天、看电影，可以想见，第二天早晨起得会很晚。这样，妈妈的督促、打骂就又来了。“有时候在家里做康复训练，做着做着就忘了，我会跑到书店去看书，忘记这条胳膊的事情。去医院的时候，我也会忘记要去医院，随便在街上逛来逛去或者和朋友闲聊。”

“若胳膊恢复了你会是一个什么样的状态？”

“找工作，我可能会到广东那边做些事情，不会感到这么无聊。自己很喜欢哲学，也想有机会到美国去学习哲学。”

“那为了早日能够实现自己的这些想法，是否可以按照医生的要求来进行康复训练呢？”

我和露露一起商定了一个计划表，每天在家做三次训练，每次训练半个小时，然后，读些书，写一下博客，顺便查一下到美国学哲学可能需要的一些最基本的条件。假若感到在家很烦的话，可以到公园或大学里训练，看一下风景或朝气蓬勃的同龄人，让自己的生活多一些色彩。一个星期后，露露再次来到咨询室时，我问她计划执行的情况，她说坚持了几天，但是后面的几天就又回到了从前的

状态。鉴于这种情况，我说是否可以把计划略微做些调整，每次能够按计划完成的话，就得到一颗星，拿这颗星可以避免妈妈的一次唠叨。当然，这得和露露妈妈沟通好，露露妈妈说要是能够让她坚持康复训练，怎么都可以。我想这次露露应该能够严格执行计划了吧。

露露有时候也和好朋友在一起聊天，但她说和好朋友聊天的时候有时候感觉这不是现实，“我们在一起谈的东西都很虚幻，仿佛故事里的人和事，要是放到生活中来是不存在的。但是我们会说得津津有味。”露露在咨询中说，“自己不想结婚，另一个很好的同性朋友也不想结婚，自己想和她在一起生活，以后可以领养一个孩子，但我们是伙伴式的关系，不是同性恋。”

“目前这样做要承受很大的压力的。”

“在北京、上海那样的大城市就有这样的情况。”

“这样做你会遇到哪些阻力呢？”

“家里啊。要是在美国等西方国家的话就可以按照自己的想法去做，过自己想要的生活了。”

“在这一方面，比国内要好些，但是也有压力的。”

“你这样选择的理由是什么？”

“相互尊重，给对方独立的空间，成为精神上的伙伴。”

我想让时间慢慢给露露答案吧，这个问题不是说教而要靠体验才可以感悟到的，她抱着这样一个美好的梦，想象着梦的美。

第二次和露露制定的计划，执行的效果也还是不明显。“有时我想不管这条胳膊了，随便。它让我好操心，好烦。你看我训练了三个多月了，只有那么一点点变化。自己选择自己承担责任，就让它断了算了。”露露丧气地说着，尝试着举了一下手臂，依然是抬到水平位置的时候就不能再抬高了。

“能告诉我不能够完成计划的原因是什么吗？”

“我还是会忘记训练，去看书或者逛街。”

我不怀疑坚持行为训练的效果，但是我怀疑这样的训练计划是否适合露露去做，因为她会忘记做这些事。减少妈妈的批评或许并非是最好的强化物，沉静在自我的世界当中逃避现实的矛盾，让自己感到暂时的快乐或许才是忘记训练的最根本的原因。她营造的理想世界给了自己最好的强化，让她形成“痛苦——投入幻想出来的理想世界”的行为模式，这样可以暂时忘记痛苦，这一模式更牢固。

如何让露露走出幻想的自我世界，面对现实，是下一步努力的方向。

五、希望在哪里

我不是医生，不知道露露这样的情况用什么样的方法来医治是最好的，但是，我相信按照医生的要求去做是可以收到好的效果的，因为他们是专家。露露从受伤后开始治疗到现在三个多月了，至少露露本人感到收效甚微，我不清楚医生会如何想，相似病人进行康复训练的会有更好的效果吗？

经露露同意，我和她的主治医生取得了联系，以便了解露露的训练情况，“您好！我是露露的心理咨询师，请问露露这一段康复训练的情况怎么样？”

电话那头传来了医生的回答，“她有时不能按时过来，好像对康复训练抱着一种抵触的心理。我过去也接触过同样胳膊受伤的病人，那些病人按照要求进行康复训练，效果还是蛮不错的。”

“你有什么更好的帮助露露进行康复训练的办法吗？我是说让她更喜欢更主动地进行训练。”

“嗯，哦……，这个主要看她自己了，我这里病人很多，很忙的，……”电话那头没了声音。

是啊，医生没有更多的职责来关注病人的心理，因为要按照医生的要求去做，医生相信会有好的效果的，可是露露的问题正在这里，到目前为止她还没有办法遵循医生的要求，她会忘记这些事情的。

“有时我想都是妈妈耽误了病情，当初我说到医院看看，她没当一回事，后来一直不见好转才去看，结果错过了最佳的治疗时间。

我现在怀疑这里的医生的诊断。我想到省会城市或广东那边去看一下，但是我妈又不同意，她说这样的病在哪里看都一样。但是，我还是很想到外地诊断一下，毕竟每个医生的造诣不同，各个医院的仪器也有所不同。”露露幽怨地说着。

“对于常见病来说，应该差别不大。不过，对于消除自己心中的疑虑来说，能够到更好一点的医院诊断一下也很好。这个可以和妈妈再商讨一下。”我感到了露露对于现在就诊医院的不信任，在寻找另外的思路，这是露露对于寻求治疗的积极信号。

我希望露露妈妈能够听取一下孩子的意见，适当调整或变化一下训练的方案，体现出一些效果来，这样可以让露露感到训练的成就感，有助于增加她对训练的信心，让她感受到一种现实的成功感，而这种感觉和自己的前途与命运紧紧相连，并且是自己可以控制的，是努力之后会有回报的，这样就可以减少她对于训练的“逃避”——动不动就忘记了训练而去做别的事情。现实不是完美的，但是也有很多让人感到振奋的事，在阳光底下的欢笑或泪水都闪着璀璨的光芒。

另一方面，调整露露的心态，缩小和社会的隔离，走出自我幻想的狭小天地，广泛地接触社会，学会独立、负责任地生活显得很必要。

“我想到其他地方看看胳膊，顺便旅游一下，开阔一下心境。”露露说。

“那是一个好想法，或许可以改善你的心境。让你梳理一下这段时间来你康复训练和我们咨询所走过的路。”我说着，微微地点了点头。

露露妈妈也提出协助她找一份不需要过多运用手臂的工作，比如幼儿园兼职老师之类的工作，让露露的生活充实起来，也为胳膊康复之后步入社会积累一些经验。

露露说她想过一种“随意、慵懒、有点颓废”的生活，我还在体会她的经历中这些字眼所表明的特定含义。她曾经感受到“感觉手臂是妈妈的，连身体都是她的，自己是她的物品”，这个也是她消极地

对待康复训练的一个因素吧。在颓废的观念下，她不想为妈妈的手臂多费一些心，或者能否说她是有意无意地在利用自己的胳膊“控制”妈妈，作为对于妈妈控制她的一个反抗，这样妈妈就不得不央求她，听命于她，让她有一种控制的感觉。她的反应是一种软控制，和妈妈的强势的控制在本质上是一样的，只不过表现形式不同罢了。这样她就获得了对于自我的掌控感，找到了想要的独立空间——在这一空间内，最强的人也得看她的表现，因为她操控着妈妈看重的胳膊，她越是消极，妈妈越是看重，对妈妈的掌控就越强。这样，不能够正常训练是要得到妈妈的打骂，但是比起掌控的感觉来，这是能够承受的，并且会更加牢固地掌控妈妈。

露露需要睁开眼睛多看看缤纷的世界，需要体验到努力后的积极回馈，这样慢慢地就能把想象和现实区分开来了。这个世界很大很大，还有许多我们所未知的东西。

露露对于自己的未来仍感到迷茫，到美国学习哲学也还是一个梦。这个梦能否实现呢？

时间是可以让很多事情发生变化的，包括我们的咨询。元旦过后，露露就没有再到咨询室来了，我在不同的场合见过她一两次，仅仅只是打个招呼，像是一面之交的人。这种关系才是最为需要的关系吧。我在想着露露的情况，想象着她的变化。一年后，我回访了露露，了解一下后来的情况。那天，我拨通了露露妈妈的电话，依然是那个高亢有力的声音，“露露现在在北京，她后来去北京做了一个手术，效果很好。”我略感欣慰。但我想露露情况的好转和留在北京，很可能一是因为做了手术的缘故，效果良好；另一个是远离了强势的母亲，露露内心的空间大了、自由了。但愿露露能够走得越来越好！

案例分析

露露认为妈妈需要做心理咨询是有道理的，但在和妈妈的沟通

互动当中，露露也有需要调整的地方。就目前情况来看，让露露能够积极地进行康复训练是最重要最紧迫的事情，这关乎到这条胳膊以后是否能发挥其正常功能。

罗杰斯的以人为中心的理论认为，每个人都存在着两种价值评价过程。一种是人先天具有的有机体的评价过程，另一种是价值的条件化过程。价值条件化建立在他人评价的基础上，而非建立在个体自身的有机体评价基础之上。个体在生命早期就存在着对于来自他人的积极评价的需要，即关怀和尊重的需要。当一个人的行为得到别人的好评，被别人赞赏时，这种需要得到满足，人会感到自尊心得到满足。一旦当孩子把父母或他人的价值观念当作自己的自我概念时，他的行为便不再受机体评价过程的指导，而是受内化了的别人的价值规范的指导，这个过程就是价值条件化的过程。这一过程并不能真实地反映个体的现实倾向，当他采用这一过程反映现实时，就会产生错误的知觉。当对某一行为自己感到满意，而别人没有感到满意，或别人感到满意而自己没有感到满意时，就会出现一种困境，自我概念和经验之间就会出现不一致，不协调。人的行为不再受机体评价过程的指导，而是受内化了的社会价值规范的指导。心理咨询的重要内容之一就是让露露去掉价值条件化过程，恢复机体评价过程，倾听内在的自我的要求。露露感觉到别人对其控制的原因或许是在其成长过程中过多地接受了母亲的价值观念，但是其内心有自己的看法和追求，因为自己的弱小，还没有能力摆脱这种外在的自己不喜欢的观念，只能在内心抵抗和反感，从而对于那些关系亲密的有强势言行的人总是很敏感。因为不按照有强势言行的人的要求做事可能会带来不利后果，包括失去温暖和安全感，因此，对于关系亲密的强势的人的言行既感到威胁而又不好意思拒绝，只能在心里生厌，对自己感到愤怒。

很多时候，妈妈总是希望露露能按照自己的要求和想法去做，假若有一些不符合自己意愿的，就感到做得不好，很生气。她没有意识到，要尊重孩子的想法，要按照孩子的心理和社会需求，站在孩子的角度来考虑问题。她总是要孩子按照自己的标准来做事，这是一个成人的标准，这个标准的背后有太多的生活压力，孩子还难以承受，也不会认识得那么深刻，可要是孩子达不到这个标准和妈妈期望的话，她就断定将产生不利后果，难以生活下去。妈妈急迫的心情和无时无刻的督促与批评让露露感到很压抑，但又不能够充分表达自己的压抑，因为妈妈是为自己好啊。做家长的要给孩子空间，让孩子能够自主地决定一些事情，不必事事都安排得井井有条，更不能够要孩子的每一个步骤都按照你的要求去做，否则的话，孩子就丧失了自我，不敢有主见，生怕把事情做错，不敢承担责任。只有信任、放手，给孩子一定的自由，让孩子有足够的安全感，而不是动不动就不要她(他)了，后悔生了这么一个孩子，只有这样才能够培养出富有探索精神的人。

改变母女两人之间的互动模式也是重要的方面，一个人改变了另一个就会发生变化，慢慢步入良性的互动当中。比如，露露早睡早起，就可以避免妈妈的责骂，就可以有一个好的心情；妈妈要是能够站在露露的角度考虑一下，尊重她，给她空间和自由，倾听她内心的感受，就会得到露露更多的喜爱，拉近和妈妈的距离，就会比较积极地投入到康复训练当中。

还有一点值得一提，一方面露露妈妈本身的性格或许就是强势的，在生活中处处有这样的表现，这让露露感到很压抑，许多内心的真实的感受不能够说出来，于是回避或讨厌这样的性格，所以，露露对强势的人的观点就很敏感，担心被裹胁、被卷入而干预到自己的想法，从而特别看重自己的独立空间；另一方面，露露又是妈妈的全部，这是许多单亲家庭的父母的想法，他们把所有的爱都给了孩子，也希望孩子给这些投入以回报——考出好成绩、取得成功。他们按自己希望的方式去关爱孩子却不管孩子能否承受得起，这让双方都感到很累很累。一些应该父母承担的东西，就要由父母来承担，要让孩子像孩子一样去学习和生活，而不要让他们背上大人都背不动的包袱，那样只会把孩子压垮。

迈左腿还是迈右腿，这是一个问题

高飞是其他咨询师转介到我这里来的，他穿戴整洁，看起来比较精神，在咨询过程当中专注于症结，要了解更多资料时，高飞会质疑这是否和自己的问题有关，并且不愿透露更多的信息。听上一位咨询师说，在交流过程中高飞用了挑战性的语言，他拿着手中的笔对那位咨询师说："我用笔捅你，害怕吗？"

高飞是个遭受过家庭变故的大二男孩，小时候父母离异，由父亲抚养，父亲后来再婚。高飞苦恼于在阅读的时候有困难，看着那一行或一段字的次序是颠乱的，要一个字一个字地看，但还是不明白句子的意思；在看书时越是提醒自己要专心，结果总是控制不住地要用余光去扫视书旁边的东西。自己走路的时候快了慢了都觉得不合适，快的时候想不该这样走吧，慢下来的时候又觉得这是在走路吗？弄得自己都不知道怎么走了。睡觉的时候思想一个接一个自己串联起来，想控制但根本就控制不了，经常失眠。刷牙的时候也会有一个接一个的想法，很痛苦。他的身体并不是很好，一直在吃着药，这也影响了他的情绪。

坎坷童年

每一个人都有一段值得回味的童年，那里有小伙伴的淘气，父母充满爱意的呵护，有在枯败草丛中看到鹅黄细弱的小草的顽强生命力的惊奇，夏日夜晚追逐萤火虫的欢笑，秋天漫山遍野的黄叶和红叶织出的斑斓，冬天树枝、屋顶、地上铺满白雪的纯洁。在这些普通人常有的回忆当中，高飞的童年多了一层灰色。

有一年春节的时候，高飞的父母吵架，吵得很凶，他们把东西都摔了一地，一个陶罐的碎片砸在了高飞的脸上，他哭了，姑姑过来把他抱走了。随后，让他在姥姥家住了一段时间，姥姥家在市里，条件好一些。高飞在那里上了几年小学，但他感觉姥姥偏向表妹——上门女婿家的那个女儿，原因是表妹家有钱。高飞很聪明，考试总是比表妹考得好，但姥姥就是疼爱表妹。有一次洗澡的时候，该高飞去洗了，姥姥却让高飞等等，让表妹先洗，高飞气愤不过，就拿剪刀把姥姥家的床单剪破了，姥姥很生气，当天晚上就把他赶了出去。姑姑又接走了高飞，此后就一直和爷爷奶奶住在一起。在高飞上小学的时候，爸妈离婚了，到现在快十年了，没有妈妈的任何音讯，高飞都快不记得妈妈的模样了。

高飞哽咽地说："姥爷是疼爱我的，但他去世的早。好人是不长命的，我奶奶很爱我，可她六年前也走了。我爷爷以前是医生，但他也救不了我奶奶。爷爷现在身体也不好，一个人孤零零地住在乡下，国庆节放假的时候我时间不是很多，但我还是抽时间回去陪他，我怕突然有一天他会离开我，他们晚年应该享福的啊，就像我奶奶操劳了一辈子，你说她是图个啥？我还没有报答他们啊！我甚至有时候想不要读书了，赶紧挣钱去。"接着，沉默了好长一段时间。

"我在小学成绩很优秀，当时在镇上，后来转到了县里，成绩也很好，但初中的时候自己和一帮朋友就开始疯玩，玩电子游戏，玩物丧志啊。"

我问："老师不管吗？"

"管不了。"他沉默了，有点要流泪的样子，"哎，我住我大爹、姑姑家，他们不管我。我爸常年在外打工，在我初三的时候才买了房，我才在家住。我爸很疼我，但我们两个说不到一块，吵。"高飞感到自己荒废了很多学业，像自己这样的处境，必须得混出个名堂来，不然以后怎么立足，飘零无着落的日子太孤单了。

飞啊飞，飞不出去

我们有时候给自己编织一张网，经纬交织，纵横交错，很厚实，把自己给罩起来，感觉很安全，然后就在自己编的这张网下折腾，时

不时想飞出去。

高飞从小到大有些想法和别人不一样。

上小学学习“八荣八耻”的时候，里面提到“以热爱祖国为荣”，他就问“为什么要爱国呢”？勤学好问本来是一个好习惯，但令人心烦的是他纠结在这个问题上找不到令自己满意的答案。高飞觉得自己有性格上的缺陷，“嫉妒，比如小学的时候赛跑我总是拿第一，要是哪一次我跑了第二，我会很嫉妒拿第一的同学。”

高飞谈到出现阅读方面的困难是从高一下学期开始的，当时看了一本学习方法的书，说看书的时候要专心，这样才能提高学习效率。后来高飞在看书的时候就提醒自己不要分心，要集中注意力，结果越是提醒自己不要分心就越是分心，就会用余光去看书旁的东西。在高中语文学习方面，有时候为弄懂一个字词的意思去查字典，但释义里的一些字词他又觉得有必要去弄懂，再去查找，结果就这样查来查去，纠结在其中很痛苦。

高飞谈到在历史学习方面的一些感受，他不相信别人做的考证和研究，除非自己亲自做一遍，他说因为种种原因，许多东西都不是最原先那种真实的状态了，但自己能力有限，要考证出真实的情况，肯定又做不到。

这时我又提到他在谈话过程中的表现，表达不流畅，思考和犹豫很多，很多情况下，过多的考虑到自己说的是好还是坏或者得不得体，但最终没有把自己想要表达的想法表达出来。高飞说正是这样的。

还有就是听比较轻松的音乐的话，听不下去，一听就烦，但听贝多芬的会好一些。

我画了一棵树作比喻，要他从顶端往下去寻根，但他寻到一个树杈那儿的时候，就问为什么这里是一个杈，在这个杈这儿又长了三个小的分杈，为什么小分杈这里又长了片叶子，这叶子为什么是这种形状的，结果寻根的任务就被搁下了。他偏离了原先的目标，纠结在树杈这里走不出来了。因为每一个细节他都想做好，都不肯放过，结果就永远达不到原先确定的目标，也就没抓住主要矛盾及矛盾的主要方面。

我和高飞进行了深入交流。我说，“你很想取得好成绩，这就需要专心学习，但你总提醒自己不要分心，在你做不到的时候，你有什么感受呢?”

高飞说：“做一个上进的人，不堕落不好吗?”

“要做一个上进的人，你一直没有放弃，这是很好的。”

“别人不也在提醒自己不要分心吗?”

“别人也提醒，但他们和你提醒的时候不同。别人是在分心的时候提醒自己，比如正在玩这串钥匙，意识到这样不对就提醒自己不要玩啦，专心学习，而你是在还没有分心的时候就提醒自己不要分心。”

“我在分心的时候也提醒，别人在之前也会提醒自己。”

“是的，但你在没分心时就提醒的时候比别人多，这是你和别人的不同之处。”

高飞迟疑了一会儿，“是的。”

高飞没有正面回答我提的问题，而是用了两个反问的句子，表达了自己的看法，但发现和别人的差别之后，他迟疑地接受了。

高飞谈到对自己的要求很高。当我请他谈一下对自己的要求时，高飞迟疑了一会，笑了笑说：“我都不好意思说出来，太丢人了。一直在空想，太大太空了，根本就不可能的事情。”

“为什么太大太空你又要去想呢?”

“因为我自卑啊！一个人自卑的时候，在别人面前表现出来是很强的。”

“那你觉得你在哪些方面自卑呢?”

“很多方面，学习、体育等等。”

“为什么说体育方面自卑呢?”

“你看我这么瘦，骨头这么硬，不行的。”

“这有影响吗?”

“你能为我保密吗?”高飞谈了烦人的疾病的长期折磨，显然他不希望更多的人知道他身体方面的情况。

像高飞这样麻烦的身体状况，同时还有学习上的巨大压力，能够顺利考取一所大学是不容易的，当他来到这所还算不错的大学后，他认为这都是撞的，是运气。这些不合理的思维有待于慢慢地去发现。鉴于强迫行为与焦虑联系紧密，甚至可以说为焦虑所驱使，我提供给高飞一段放松的音乐，希望他坚持听一下看看效果。

不合理的思维

高飞在咨询中提到，课上老师让大家写对一个问题的回答，他自己感觉写得很不错，觉得自己是有独到见解的，但当老师宣读写得比较好的同学名字的时候，没有读到自己的，就觉得自己很差，连一般的同学都比不上。

我让他分析一下希望得到老师肯定时的想法，他说："我有与众不同的见解，很优秀，我感到很高兴，老师之所以没念到我写的，是因为老师水平低，但这种感觉少一点；更多的时候是我觉得连一般的人都比不上，我太差了。"

"好与坏是一个连续体，不是要么是0，要么是100，而是介于0到100之间的，或许是30或许是70等等。而你的想法却是非好即坏的两分思维，你换一种新想法进行类似情景下的表达。"

"我没被老师念到，可能和大家一样，很普通。"

"这样表达感觉如何呢？"

"感觉不是那么高兴或自责了，但是还想着自己是比较优秀的。"

我强调这是一项长期的工作，要在脑海里给中间状态留一席之地，不只是好和坏。然后我提到了他在前面的咨询中提到的"不堕落"，要成为一个"上进"的人。

"不学习就是堕落吗？"

"看一下电影作为调节来说不是堕落，这可以理解。但是整天看电影不就是堕落吗？"

"是的，这我也认可。但是具体到你的时候，有个大前提，你目前在阅读上有一点麻烦，在看不下去书的时候看看电视不仅不是堕落反而是让自己能够处于更积极状态的一种方法。或许这间接地有利于学习。”

高飞一怔，“是的。”

“这里就有绝对化的观念在里面，我一定要成为上进的人，在感到不努力的时候我就觉得是堕落，就觉得内疚、自责。要挑战这种思维，可以尝试着给出中间状态。”

“我要努力成为优秀的人，在我没有达到目标的时候，可能是我没有努力，也可能是客观条件不具备，我要找找原因，好好调整我自己。”

“这样的想法引起了什么样的感受？”

“这样情绪就会平稳多了。”

我不想失去朋友

高飞说，“我经常做恶梦，有时从噩梦中惊醒。”

“能举个例子吗？”

“有时梦到被人追杀。”

“能记清楚追你的人的样子吗？”

高飞想了想，摇摇头，“不记得了。”

“能举个影响深刻的例子吗？”

“印象深刻的是梦到我向高中时候两个玩得比较好的女孩的男朋友开枪，这两个人向我还击，我就要掉到悬崖下时被惊醒了。”

“你是怎么看待这个梦的呢？”

“我和这两个女孩子玩得很好，他们有男朋友之后就对我冷淡了。暑假一个还在复读的高中女同学请客的时候，通知了很多人却没有通知我，我觉得她们不想再理我了，我以前很热情、很主动地和她们发短信，现在我也不想理她们了。我知道，梦暴露了我很多压抑的东西。”

“嗯，你的认识和弗洛伊德的关于梦的解析有相通的地方。”我简要介绍了一下弗氏的人格结构理论及对于梦的解析的大概的分析，但明确表示我了解的不多，要成为一个精神分析师需要严格训

练的过程。联系到以前他谈到的人际关系交往中自己总是对于别人有了异性朋友之后被冷落感到伤心,甚至对交友感到不再有兴趣的情况,我就想在这里做一下探讨。

我说,“我们来做个角色扮演的活动,就是你把你想对那位高中女同学说的话对我说,我扮演你的那位高中女同学,完了之后再反过来,你扮演那位女同学,我扮演你,好吗?”

“我不明白,你不了解那位女同学啊。”

“是的,我不了解她,但我了解一般女孩子的想法。我们试一下,看你能否有新的发现。你想到什么就问什么。”

“好吧。”高飞说,“你那次请客的时候为什么不请我?”

我扮演他的女同学说道:“我觉得你当时在那种状态下都考取了一所比较好的大学,而我又复读了一年,我感觉到有点自卑,不想见你。”

高飞说,“不对,她不会这么想的,她会找借口的。”

我说,“那好,继续哦。因为我感觉你对我比较好,有超过友谊之外的感情,而我认为我们两个不合适,所以我有意离你远一点。并且别人看在眼里,也这么认为,我不想让别人这么看。另外,这次请客我男朋友也来了,我怕你见了这种场面感到伤心。”

高飞沉默了一会儿说:“你说的有道理哦。我觉得你对我的好,是一种同情,不是友谊。”

“我是对你表示同情。”

“同情不就是可怜吗?”

“同情是对你的处境表示理解,想帮助你,这不等于可怜,可怜是一种居高临下的施舍。也许一开始的时候有些同情,但慢慢我发现和你在一起也可以发现从别人身上发现不了的一些东西。”

“那你为什么和别人在一起就那么开心呢?他给你买东西你心安理得地接受了,我送你东西你却要付我钱呢?”

“你和他性格不一样啊!”

“那你为什么冷落我,不像过去一样和我玩了,很少和我在一起?”

“我有了男朋友啊。我要是频繁地和你联系，我的男朋友会怎么想？我们之间的关系如何能融洽？也许你有了女朋友之后就会有这种体会的。”

高飞若有所思，点了点头，“也许。可以结束了吧。”

“好吧。假若那时候没有她们的友谊、同情或者说可怜，你是什么样子的呢？”

“我会很孤独，那时我很孤僻，班上的人都把我看成是怪人。我们刚分了班，还不认识，她们主动和我说话，慢慢才了解的多一点了。她们是很善良的，我永远都记得她们的好，我希望她们幸福，她们在需要帮助的时候我一定会帮助她们的。也许以后她们会想起这段纯洁的感情的。我也说不清，也许我对她们真的有一种超过友谊的好感，我感觉她们是在和我差不多的男孩子之间选择了一个。真的，那男孩子的性格和我差不多。”

“这样来看你们之间的交往就好多了。”

我感觉高飞对于别人的感情要求有点多，很怕失去。

我说，“你过去说过你很在意友谊，当你的朋友有了异性朋友之后都会冷落你，你感觉到受了很大伤害，是吗？”

高飞说，“是的，我认为朋友之间的友谊胜过爱情，我很珍惜友谊，对朋友要求也很严格。”

“你很希望你的朋友可以一生都对你好。”

高飞点点头，“是的。”

“那么和其他人探讨过这个问题吗？”

“和一个朋友是说过，他说有的过去的朋友成了路人，有些陌生人成了朋友，随缘吧。”

我又和高飞探讨了他在家庭中的情感。

我说，“你说你小时候和爷爷奶奶一起长大的。”

高飞说，“是的。小学时和爷爷奶奶在一起，后来就轮流住别人家。”

“那爷爷奶奶让你吃饱穿暖之外，和你的情感交流多吗？”

“嗯。我和我爸之间也很少交流，他倒是对我好，但是情感上我

觉得自己很孤独。他有时候甚至威胁我说不管我啦，我听到这话的时候感到特别难受。”

“还记得妈长什么样子吗？”

“不记得了。在我读初中的时候，有一次她到学校找我，是我同学告诉我的，我远远地望到她在门口，我就躲开了。”

“为什么呢？”

“别人见了这种情况肯定会迎上前去，但我不想见她。在离婚的时候，都是妈妈要孩子，但她不是，她不要，我跟了我爸。我怕见到她，也许她很讨厌我，我担心她会从身上掏出一把刀，刺向我。”

“假若你现在见到你妈，你会怎样想呢？”

“还是担心她讨厌我，会用刀刺我，杀了我。”

我在想，为什么高飞会对妈妈有这样的想法。

高飞若有所思地说，“嗯。还有一件事就是，我爸后来再婚了，我又有了同父异母的妹妹，但我在家的时候，总感觉那家不是属于我的，我好想有一个真正属于自己的家。”

我简要总结了一下和高飞的交流，“我们今天的对话主要是关于你的交际和情感方面的，通过刚才的讨论，你可能对于你在别人交了异性朋友之后冷落你有了更深入的认识，因为你的遭遇和一般人不同，所以更珍惜朋友之间的友谊，生怕失去，这样你会感到更温暖、更安全、更有归属感，你的情感更有寄托。”

高飞说，“谢谢您。今天的讨论让我很受启发，谢谢！”

让我想一想

再见到高飞的时候，我问，“这周睡眠怎么样？”

高飞说，“好一些了。”

我说，“这次你想探讨哪一方面的问题呢？”

高飞说，“我在大一的时候常感觉到心脏这里很沉重，有时还疼，后来好一些了。”

“具体是什么时候好一些了？”

“大二的时候。”

“你认为是什么使自己感觉好一些了？”

“转移注意力，看电视、上网啊等等。”

“还有其他的吗？”

高飞想了想，“乐观吧。”

“还有其他吗？”

“没了，就这两点。但是转移注意力不就是堕落吗。”

“哦？你是这么以为的？”

“上周我们讨论了之后，我想我可能需要一个属于我自己的家。”

“哦，那样你会感觉更温暖和舒适一些。一个曾经从集中营里出来的著名心理学家弗兰克尔认为人在任何时候都有选择的自由，即使在可怕的情景下，我们也可以保存一定的精神自由和思想独立。通过困难，也可以发现生活的意义，意识到自己的责任。”

高飞沉思着说，“是的。”

“那么，为什么你那么执着于你小时候就确立所谓的比较空和大的理想呢？”

“我也不知道。”

“我尝试着解释一下，你看是否同意？”

“嗯。”

“你可能感觉父母的分手或许是你的原因造成的，你觉得要承担这个责任，因此，你总想做得更好，以免惹生活中的重要他人不高兴，或者避免像父母吵架或离婚这样的事情，这样你会感到安全些。”

高飞笑了笑，“不是这样的，我很难记起我母亲的模样了，我没觉得他们的离婚和我有什么关系。”

“哦，是吗？也许我的解释是错误的，这只是一个推测。你看是这样的吗？你想尽快把学习成绩提上来，成为优秀的人才，这样你就可以更快地报答你的爷爷奶奶，你希望他们能够安享晚年，而不是一直为你操心和劳累。”

“有一些，但我还有一种虚荣心，因为要是出名了，可以光宗耀祖。”

“还有一个可能的原因是你总是在爷爷奶奶、姑姑、大伯家住，那时你在游戏厅里玩可以给你带来暂时的快乐，但更准确地说，是你在亲戚家住的一种逃避，在你的内心深处始终有一个要成为有能力的人、优秀的人的呼声，这样的想法不曾断过，即使后来住进了自己的家。爸爸又结了婚并且添了一个妹妹，你没有能融进去，你渴望有属于自己的一方天地，这也只能是有能力才能实现的梦想，所以，你想赶紧把要做的事做好，恨不得把整本书上的知识一下子都掌握了。在你高中开始觉醒痛恨过去的“玩物丧志”时，看到了那本提高学习效率的方法的书，你觉得找到了能尽快成为好学生、优秀人才的捷径，于是就完全投入地去做。因为这种渴望太迫切了，不容许有任何干扰学习效率的其他举动，所以，不自觉地把注意力集中在了防御外部的干扰上。有干扰就烦，就着急，担心学不好，学不好就认为是分心干扰的缘故，这样就想避开干扰，但这种干扰恰恰是过度迫切渴望尽快成为优秀人才所致。“

“噢，是这样吗？我要想一想。”

“还有，你现在已经到了比较现实的年龄阶段了，但你较多地停留在你的‘看起来可笑的理想上’，那可能是你小学的时候比较优秀，到了中学你因为玩游戏成绩下滑。作为一般人来说，没有监督和有效管理很难从游戏中脱身出来，但你的要成为优秀人才才能摆脱当前处境的想法始终存在，这样现实就和理想越来越远，但你不能抛弃这样的理想，因为这是你的希望，所以，你就固着在这一点上，用这个理想来让自己比较自尊地生活着。现实的问题不是理想所能解决的，这时，你对理想产生了怀疑，但又不敢丢掉，要丢掉的话，你可能感觉什么都没了，因为你的美好愿景是建立在理想的基础上的。”

“嗯，有些是的，我要想一想，想一想。”

“所以，你的生活当中没有休息，只有努力，你分秒必争，不敢放松，要是‘看一下电视，上一会网’你会认为‘这不是堕落了吗’，这种焦躁的心态让你绷得很紧，想快速高效地做好任何事，一旦做不好，就会着急焦虑，以至于影响到了睡眠。”

“是的，有道理。我要好好想一想。”

我说，“哦。”

“当我一个人在房间里的时候，我会想到死，我觉得人生没有什么意思，当我有这个念头的时候，我就赶紧转移注意力，我生怕控制不住自己。”

“你是什么时候有了这样的想法的？”

“在初三爸爸买了房子的时候。”

“你最近有这个想法是什么时候？”

“最近没有。”

“再往前一点呢？”

“假期在家的时候。”

“是看到家里的环境有这个想法的吗？”

“不是，找不到人生的意义。”

“在你有想要自杀这一闪念的时候你是怎么想的？”

“我知道这样不对，我制止自己不要这样想，但有时候还是会想。”

“假若真的自杀了会怎么样呢？”

“没了亲情、友情和爱情。哎，我觉得亲情也没什么？”

“有什么遗憾吗？”

“爱情吧。我还没有经历过爱情。”

“有你喜欢的女孩吗？”

“现实中的都有不足之处，我希望能碰到电影里的那种。”

“哪部电影里的呢。”

“你可能没有看过。”

“没关系，你描述一下我听一听。”

高飞沉思着说，“我不知道怎么说，有时挺矛盾的，就是截然相反的两种我都喜欢，我也不知道我到底喜欢什么，你说我是不是有些变态。”

“有女孩向你表白过吗？”

“有。”

“你怎么做的呢?”

“躲避、退缩。”

“是因为不是你喜欢的吗?”

“嗯。”

“你现在还没有正式地向哪个女孩子表白过你对她的好感，还没有恋爱过，是吗?”

“嗯。”

“你感到过生活的其他乐趣吗?”

“什么乐趣?“

“比如交友、美食、甚至新鲜的空气。“

“我曾经在吃饭的时候享受过那菜肴的美味，但我觉得这种感受很快就过去了，你不会把它留住，你想到的已经是过去的东西了，那时的场景永远不会回来了。这和吃不好的东西又有什么两样，都是一个经过。未来是遥远的，过去的已不再来，唯有现在是真实的，但现在又正在成为已逝的。永恒的东西好像是思想。”

“你感到交友的快乐，美食的快乐，新鲜的空气的快乐，你的人生就可能是愉悦的充满快乐的人生;相反的话，你就会感到无数的烦恼。一个快乐、一个痛苦，这一样吗?”

“这不也是一个过程吗?”

“那你的理想是做一个事业有成，能够为人民服务贡献社会的人，为什么不做一个恶人呢?”

“因为我知道什么是好的。”

“时间是流动的，我们能做的就是珍惜这即将成为已逝的这一点，由这一点一点组成过程，由过程决定你的结果。你想结什么样的果，就要看你如何对待这个过程。”

“我明白你说的结果由过程来决定，但好坏不都是一个过程吗?我原先觉得要成为一个事业有成的人，但事业有成了又能怎么样呢? 流芳百世了又能怎么样呢? 所以找不到人生的意义。”

“你把这些东西看淡了，看透了，这样可以省却许多烦恼，正如佛家和道家的思想一样，这样心里可能会平静些。”

“我觉得人根本上是孤独的，只有自己才理解自己。我曾经向别人谈过我的感受，但别人都很不理解。”

“是这样的，既然知道本质上是孤独的，为什么还要苛求别人理解你呢？”

“别人理解你的程度不同，有的深点有的浅点。”

“深一点的就成为较好的朋友，浅一点的就成为一般的同学同事或路人了。”

“我现在觉得不了解你的人只要对你好也行，也很好。相逢何必曾相识，就像《春风沉醉的晚上》里那样的场景也很不错，不了解对你好也不错的。”

“是啊，这就是一种很好的交往心态。每个人的成长中都会碰到一些挫折或者失败，你身边的人不一定能理解你，但更大范围内的人可能会理解你。比如歌德，在谈失恋时身边有多少人想听他的苦恼，想听的又有多少人可以理解他呢？但他把自己的感受艺术地表达出来，理解的人就多了。”

“我知道维特，最后自杀了。”

“歌德没有，他是遭受挫折后把遭遇作为财富的最好的例子，他升华了他的思想，做出了有意义的事情。”

“我不会也不想去写。”

“我们可能没有他那样的才华，但我们可以把自己的内心的想法写出来，宣泄自己的苦恼。”

“还有史铁生，在生命最灿烂的时候突然失去了双腿。”

“就像我一样。”高飞摸了摸他的腿。

“他苦恼过，整日在地坛里沉思，想到过自杀，但他最后想明白了‘死是迟早的事情，关键是怎么样活的问题’。明白了这个问题之后，他开始振作起来，想用笔闯开一条路，为自己找到希望，给爱他的母亲以安慰。”

高飞沉思着说，“嗯。”

通过和高飞的交流我也越来越感觉到在他身上的那种“生存焦虑”，大而空的理想是自己生存下去的一种力量，长期经历创伤事件

的个体，他的感觉阈限会比较高，所以只有更大程度上的刺激才能够引起普通人那样的感觉，在这里，高远的理想成为使自己绷紧的一种力量，保持这种力量才能使自己感觉更安全，放松反而会更紧张，因为放松就意味着危险。这样高飞就长期处于应激状态之中，很容易造成心理健康问题。高飞对于问题的非理性认知、急于求成而又追求完美的强烈愿望和家庭环境对自己的压力，可能导致了他的强迫思维及上述情绪和行为表现。

咨询结束一个月后，高飞到咨询室告诉我，现在他喜欢两个女孩子，不知道该选择哪一个，因为两个人身上都有他喜欢的地方，他怕选择了一个而错过了另一个，他感到很为难。我说这是一个艰难的选择过程，但要明白自己最喜欢的是什么。我希望高飞能通过这一现实的情感经历，真正成长起来。

案例分析

认知行为疗法是在心理咨询当中运用得较为普遍的一种疗法，该疗法强调对事件的知觉影响人的情感和行为，尤其是一些不合理的思维会导致个体陷入消极的情感或出现某些不适当的行为。本案例中高飞在认知层面上存在二分思维和绝对化思维，认为自己对老师提出的问题的回答肯定是最好的，在这个想法落空之后马上就觉得自己连一般的人都不如；高飞要求自己在学习的时候必须专心致志，绝对不能分心，否则的话，就担心不能实现自己的理想。生活中不如意事常常很多，以至于情绪比较低落。有学者研究表明，完美主义在强迫症的理论和对强迫的临床描述中扮演着主要的作用。对临床群体和非临床群体的测量都发现，完美主义尤其是对错误的极度关心与强迫症状相关。本案中高飞也有明显的完美主义倾向，他高中时期在课堂上查字典时也要把所查字词释义里的字词再查一番，这种做法让自己也很烦。和我说话的时候他也总是在考虑怎么说，说出来合适吗？结果说话的时候就很犹豫，有时想了好长时间，最后还是不知说什么好，只能沉默。

有研究表明，“低亲密度、情感表达受限、缺乏文化娱乐活动和高矛盾性的家庭环境在强迫症的发病中起着极其重要的作用”。本案例中高飞从小父母离异，辗转寄养在姥姥、奶奶、姑姑家，等读高中回到爸爸再婚的家庭中时，感到融不进去，他很想拥有一片属于自己的温暖天空。高飞一直渴望拥有一片属于自己的安全、自由和温暖的天空，而这在现实生活中是很难立刻得到的，只有自己优秀了才可能实现。这成为他一直不能放下的理想，即使是在初中自己认为比较堕落的时候也未曾放弃，因为这个理想是引导他不断向前的一盏明灯，要是没有了这个寄托，高飞就可能陷入无尽的黑暗，就无法面对严酷的现实。高飞小学阶段的成绩曾经很优秀，初中时成绩下滑，高中时觉醒，想要再找回那个优秀的自己，对于学生来说优秀就是成绩好，因此只有努力学习才行。他恨不得一口吃个胖子，但事与愿违，不合理的认知、完美主义的追求、家庭环境的影响以及想尽快实现理想的焦急心情又给想积极上进的高飞带来了无尽的折磨。在咨询过程中要首先探讨了高飞的自动思维和完美主义倾向，其次从家庭生活的角度探讨他的人际关系，然后根据精神分析理论尝试着进行解释，希望能探索一下深层次的原因，更好地启发高飞认清自己，以便于有效应对生活。

我不想上大学了

钱钟书先生在《围城》中说过，婚姻就像围墙，外面的人想进来，里面的人想出去。套用一下这句话的后半句，本案例的主人公考入大学之后，觉得自己很难适应这一环境，想“出去”——回家或复读，避开这个环境。

王媛是一位女生，穿戴得干净利索，敲门进来之后，在面对门的沙发上坐了下来。她说，觉得自己很不会说话，性格内向、木讷，在和别人说话的时候，总感觉到别人不愿意理自己。尤其是在宿舍，自己问别人问题，别人总是对自己爱理不理的，有时候自己问几遍，她们也不说。一个话题，自己要是加进来谈论，她们要么不谈了停下来，要么就是转换话题，这样的情况发生了几次，搞的自己都不想说话了。很多时候，想做自己的事情，但又怕别人说自己独来独往，不关心集体什么的，自己不知道怎么和人交往。

她说自己做事和别人没什么冲突，是不具有杀伤力的那种。比如，一次跳舞时买回来一些道具伞，是在别人挑好了颜色之后，留下了一个不好的自己拿了，当时想不好就不好吧，也没什么。自己总是愿意默默地为她们做事，但不知为何总融不进去。自己所在的宿舍有两个圈子，第一个是最活泼的那种，第二个是次活泼的那种。自己游走在这两个圈子的周围，不被任何一个圈子接纳，和次活泼的圈子交流感觉有更大的难度。他们叽叽喳喳地每晚都要说到1点左右，自己11点就上床了，但睡不着，不吵了睡了一会儿，但3点左右还是会醒的，然后想这些让自己烦心的事情。

再有就是自己挺不自信的，比如说话，一直觉得自己说不好，别人买来一件衣服，自己只会问一下多少钱，哪里买的，其他就不知道说什么好了。打电话，要是自己接了个电话，别人问谁打的，只会说某某某。要是别人接的，其他人就会问男的女的？说了些什么？聊得挺开的。她觉得自己很不灵活。在学跳舞的时候，觉得自己学得很慢，比较笨。还有唱歌、手工等等好多课，以前不知道要学这么多东西，虽然别人说只是浅浅地学一学，但自己还是感到很有压力。

她说他们班的人都很活泼、外向，自己的性格很内向，觉得自己不适合学习幼儿教育这个专业。有女生说，搞艺术就是不要脸。她觉得自己做不到。

我该怎么选择

我在和朋友修电脑的时候接到了她的电话，她想和我说一些事，问我是否能给她一个具体的时间。我说半个小时以后到咨询室面谈。从朋友家出来，就赶往咨询室，到的时候，她已在门口等候了。

从她脸上我并没有看出特别的不一样，但真的在半个小时之前她的内心经历过激烈的挣扎，想从一幢10层高的楼上跳下去。可以想见，她的内心是如何的翻江倒海啊。但我没能从她的表情或体态语上看出来。这对我提高自己的观察力和敏锐捕捉言语之中或言语之外的信息提出了更高的要求。

这时她谈到，“我不知道做什么，就在校园内到处走，我到了那幢教学楼，这时我突然想跳下去。”

“后来为什么没有那样做呢？”

“我想到了我的父母。”

“哦，过去有过类似的想法吗？”

“有，在军训的时候。”

“这种想法告诉过父母吗？”

“没有。”

“是怕他们担心你吧。”

“嗯。”她点了点头。

其实在第一次面谈中她已经露出了一些蛛丝马迹，只是粗心的我没有在这方面多想一下，比如，她提到凌晨3点左右醒来，对于1点刚睡下的年轻人来说，这是一个十分反常的现象；她说感觉到别人欺负自己时，说话的声音变低，似乎要哭的样子；她想退学；在咨询室坐着的时候其实是蜷缩的，每次咨询从始至终姿势基本没有变化；她几乎不能和舍友们融到一起，感到被拒绝、被抛弃等等。但我真的还做不到"见一叶而知天下秋"的境界。

她说，"我现在感觉到很难受，几乎和她们没有话说。昨晚，晚会演出我们在候场的时候，和其他学院的同学在一起，她们谈得滔滔不绝，我一句也插不进去。我怕一说场面就冷了下来，或者别人不理我。因为我不聪明。"

我问道，"你理解的聪明是什么意思?"

"我的聪明指灵活，假如不灵活那一个人就什么事都做不成"，她回答道。

"什么时候形成这样的想法呢?"

"有一次接电话的时候，我听别人说得很得体，但要是让我接，我可能就会实话实说，很笨的。"

"那或许是因为你第一次遇到那样的场面，假若再次碰到的话，你可能会像别人那样表现得比较好的。"

"总之，你得灵活，不灵活是不行的。"她低声说。

我感到她说得比较严重，想到了上次她提到的睡不好，我又问她饮食和白天的精力，感到似乎是抑郁，我就让她做一个SDS量表。我计算了一下她的总分，重度抑郁。她说，这种状态持续一个月了，白天上课基本上没听进，就在想这问题，和别人交流的困难似乎也从这里找到了一些解释。

她说在高中的时候她就对前途比较悲观，就不想上大学。当时她的想法是到偏远的农村去做一个乡村教师。当时看了感动中国人物，觉得农村没有那么复杂，人与人之间比较淳朴。觉得高中文化也可以做得了，想追求一种比较淳朴的生活。尽管知道这有点不现实。

她家里人都很疼她，"其实我的生活几乎都是父母给我包办的，尤其是我父亲，我特别佩服他，他几乎是一个超人，无所不能。我填报志愿的时候，他一直陪着我。他还帮我联系其他高校的国际班，只是后来补录到这里来了。我入学的银行卡也是我爸陪我办的。”

“你和母亲关系怎么样呢？”

“还可以，她帮我洗衣服，做我想吃的饭菜。”

“你在高中的时候在哪些方面比较自信呢？”

“语文，我的语文蛮好，老师经常让我回答问题；还有英语，也不错。”

“有男生追你吗？”

“有，但我不怎么理他们。”

“谈过朦胧的恋爱吗？”

“没有，我只是和女生在一起玩，没有考虑过。”

“我现在似乎对你遇到的麻烦有了一个相对清晰的思路，你高中的时候在学习上比较有自信，并且得到了老师的赏识，也有一些男生追求你，这些都会让你感到一种价值感。你的父母给你提供了庇护，让你在他们的羽翼下生活。现在，一下子把你暴露在了风雨之中，让你独自来解决遇到的问题，而大学很多时候不是很看重你的成绩，更注重你的个性和特长，加上你从父母那里或其他途径了解到的社会的复杂和险恶，你总担心自己不能适应这样的生活，会受到像父母在某些时候受到的欺负一样，你更多地在防御。在缺乏安全感，又不够自信，又没有了原先的依赖的情况下，你感到了自卑、自责，变得很敏感。”

“嗯……”她在思考。

“我感觉到你的交往没有问题，是因为你现在和我说话丝毫没有不适当的地方，我相信你在和父母或你的好朋友交流方面也不会有问题的。”

“那是，因为我不用担心那么多。”

她接着说，“我们班下午有球赛，我说不想去看的，但她们都去，我要不去的话，怕她们说我独来独往，不关心集体。”

“其实，你有自己做事的权利，可以不用管别人的看法。但是，假若你有这样的想法的话，为什么不在做这件事情的时候变得主动一点呢？你可以在其中找到一些值得你去关注的感兴趣的东西啊。比如，看球场上核心队员的组织才能，欣赏力量之美等等。”

“她们去看主要是看男生，讨论那帮男生。”

“到了大学，男女之间的这种关注是自然而然的事情。这会为以后的恋爱和婚姻做一些准备的。”

“我现在什么都不想参与，什么歌唱团啊、学生会啊，我都想退出来。我是被拖着走的，我对那些没有兴趣，只是看到同学们都那么做我就也跟着那么做了。”

“在你现在的这种状态下，还是暂时不要退出的好。为什么呢？往往有抑郁情绪的人总是想找一个角落独自思考问题或者品尝自己的忧伤，这样会把自己封闭起来，变得更加抑郁的。假若有这么一个机会，让你投入其中，逼着你和外界接触，会好一点。再有，你现在有些不自信，要是退出来的话，假若暂时走不出这种状态，很可能再去竞争这些职位的时候，你就不敢去表现了，再加入这样的社团会更困难。”

“嗯，也是的。”

我还提到了，对于越不希望要的东西越敏感的观念。并举了例子，越是希望自己成功的人越关注自己不成功的地方，觉得自己总是失败；越希望自己快乐的人，越是记起自己不愉快的时光。她也是这样，希望这些不喜欢的东西都不要出现。

知道了是抑郁情绪，大致明白了造成这种情况的原因后，我感觉到问题豁然开朗了。我按照贝克治疗抑郁的方法对她进行了讲解。首先给她讲解了贝克治疗抑郁的理论，让她明白这种方法的思路。其次，分析了她言谈中表现出来的自动思维、中间信念和核心信念。然后，我画了一个自助分析表，让她记录和分析生活当中出现的这些自动思维。我建议她每天或每周三次参加体育活动；学习把人和事分开，这在咨询中也作了举例；找一些笑话之类的东西看一看，让自己轻松一些。

自我成长

她这段时间心情不好影响到了身体，因为失眠、支气管炎住了一段时间医院。病中的这段日子她学会了换位思考、面对现实、尽量学着去独立，也考虑到了自己的前途，为自己操心的父母。老想着学习的事情，想如何把落下的课补上来，尤其是钢琴和声乐；怎么样和人交往；如何制定切实可行的目标。还想到能否每周再增加一次咨询，因为怕自己遇到打击的时候挺不住。

她讲了和同学一起去购物的例子，她买东西的时候问同学好不好，感到同学总是在敷衍她，不像对别人那样回答的具体，自己想尝试和她们交流和沟通，但感觉很差，她们总是逛来逛去又不买，很没意思，还不如自己一个人去买。我鼓励了这种行为的积极之处，分析了她产生这种感受的原因。

她提到楼层的阿姨收了他们宿舍的热水器，别的同学都骂那个阿姨，她觉得没什么，没有必要那样做，但又不敢表达出来，怕别人说她。我尝试着让她表达出来自己的感受，想和他们交流的时候就交流，不想交流的时候就做自己的事，不要把别人的看法放在心上，说自己想说的，做自己想做的。

还有一次午休的时候，楼下一个摩托车一直在启动但启动不起来的事情，说当时自己大吼了几声“让不让人睡了”，但没感觉到怎么样，因为别人也这样吼了。好像她觉得和别人不一样才行。

她谈到了她对于其他同学化妆、购物、谈恋爱的方式的不接受，甚至反感和拒绝。我分析了她高中或一贯的方式与现在的冲突，她好像是认可的。

我让她从行动上开始突破自己，先从化妆开始，变个样子，看看会怎么样，这个可以请教她的姐姐。她感觉很好，说她想明白了很多。

山重水复疑无路

本来是周四咨询的，但她发信息说明天有课，想今天咨询。王媛谈到自周一来每天都很烦，周一晚上10点多特别不想在宿舍，无目的地坐公交出去了，最后在师专的表姐那里住了一宿，今晚就又不想呆在宿舍了。我想，她一定很痛苦才要求即时咨询的。她想回家但又不能回，家中的期望和关心既是动力也是压力，宿舍又不想待，只能选择流浪，极端的时候可能不辞而别。

王媛提到只要离开校园和宿舍就感觉好多了，自己和同学交流困难，融不到一起，但在老师和许多同学面前，却可以大胆地表演唱歌呀、跳舞呀，不觉得害怕，反而是那些平时活泼外向的同学紧张了起来，结果把她们排练的准备上元旦晚会的节目给搞砸了。同学和老师对于她的表现很吃惊，和她平时的一贯表现连不起来。在大众场合练声也不怕。

但和其他班级一起上的体育课上，她就和别人不说一句话。我理解的是她不会和宿舍同学很好地交流，她说也交流，但是不会打闹，希望能像其他同学之间一样无拘无束地打闹。她也学着和同学打闹但总感觉别扭，不像别人一样理所当然。我让她举一个她和别人打闹的例子，她举了一个不让正在看视频的同学吃橙子的例子，她认为一是学她们；二是吃就给就打闹不起来；三是因为关系好一些，那同学没有不高兴。她觉得其他人之间说话协调，不像自己和大家一样有隔阂。

王媛认为高中也有能打闹起来的好友，反思之后认识到那些人和自己一样都是比较内向和安静的，有共同语言，当时是自己开她们的玩笑，现在却融不进大家中去。大学里别人聪明，开玩笑，想做什么就做什么。自己总是附和别人，有几次别人明确地表明"问她？她只是听别人的"。别人买东西的时候也很少或从来不征求她的意见，她感觉到了自己缺乏主见。

大家在宿舍谈论的话题，大多数内容她不喜欢，但有时又为了融进去，非得听，很难受，参与几句，又觉得气氛不对。比如，和她们一起吃饭、上课，感觉是人在一起但心不在一起。王媛认为大家排斥她，感到她不说话，不会开玩笑，没主见，软弱。王媛不敢说，怕说出来之后和大家有分歧，不敢表达自己的不同意见，担心和别人吵架，认为这样可以关系好一点。王媛认为自己是一个自卑、不灵活、墨守成规的人，她们是得体、灵活、相处融洽的。

练声课后，同学们怪叫声声的，她感到既想又厌。想融入，又厌恶。我指出她没有体会到其中的乐趣，并举了一个例子，有重要考试的学生听到邻居家请客的吵闹声，很烦，但邻居和客人是高兴的。刘瑛要是能体验到放开的乐趣，就不会觉得这是一种吵了。王媛认为自己怕羞、自卑、不敢。

我感到王媛的问题在于自己总是把目光盯着自己身上，注意自己的一举一动，而忽视了周围的世界，不关心别人或周围的生活，以至于对很多东西不熟悉、不了解、不感兴趣，越不知道，加上自己的敏感，越不敢说。对于自己相对熟悉的电视、电影，她则可以聊得多一些。

我们交流了看法，她同意要大胆说，先不要考虑太多，可以选择一两个方面深入去了解，把目光转移到外围的生活。

她逐渐能够和舍友交谈，有说有笑，但心里很烦。有几件事让她感到别人不欢迎她，一是下雨天一个同学给别的同学带饭而不给她带；一个是和她玩的好的一个同学在书写社团组织去某个地方参观的名单时又忘了写她。我反复地讲解怎样和舍友沟通，怎样摆正心态，但她显出很痛苦的样子。辩证地、多角度地看问题会看，可是做不到。她不是不会交往，而是过于关注是否被别人接纳，她不能处理想保留自己又想融入别人的圈子中的矛盾。

在这一过程中，她的两点看法让我为之震惊，我看到了王媛的巨大力量，也让我明白有时候是陷入她目前的苦恼中而被她牵着走了。她说她一是嫉妒她们之间的融洽；二是对人的不信任。我最初也是这样理解她的，但随着她苦恼的增多和程度的加深，我的注意力转移到了关注她的当前。不被王媛牵着走多么重要啊！那样你会在原地打转，王媛也会认为你没有能力帮她一起解决这些问题。

王媛高中时有两个很要好的朋友，但那两个人都背叛了她，让她感到很痛苦，这深深地影响了她对于人的看法。加上父亲在生意上被人欺诈的一些耳闻，她厌恶这个尔虞我诈的社会，希望像新闻中看到的那些到乡村支教的人一样，在淳朴的山村里和孩子们打交道。

现在想起来，还要加上敏感——因自卑而产生的敏感，独立意识的缺乏，自我表达的缺乏，思想的封闭性这些因素，造成了来她到高校的不适应。

大家的爱护

王媛最近睡眠较好，只是还有一些早醒。王媛周末又回家去了，不想返校，在家人劝说下才来到学校。我问了她来和不来的最好和最坏后果是什么，她没有正面回答。王媛说也没想那么多，就是想逃避，冲动起来就不愿来。王媛想找一个地方，过自己想过的日子。

她提到哥哥对她的评价"消极地看待自己和事情"，觉得很有道理。她是家中的老小，上面还有一个哥哥和一个姐姐。家中人来学校看她，哥哥还请宿舍的同学吃了一顿饭，家里人对于她的关心，她觉得是负担。为什么不能像别人那样独立起来呢？我让王媛换个角度想一下，她说，"这是一种幸福啊，别人想要还要不到呢。"但是心里还是觉得会有一些压力的。她说，也许是自己成长得太顺利了吧，想要什么就要什么，不像其他同学一样要自己奋斗，闯出自己的一条路。家里对她的期望就是拿到毕业证就行了，这一点她自己也感到挺难受的，因为她想做最好的自己。

特别值得一提的是，王媛认为自己的情绪变化太大，这一会还高高兴兴，很快就会变得不高兴。自初中以来一直是这样，初高中遇到这样的时候就翘课、上网之类的。王媛举了一个例子，比如排练话剧的时候，这一会儿还能和别人说说笑笑，很快就坐到一旁一句话也不说了。"觉得用得着的时候就和人说话，不想说的时候就一句话也不说，谁会受得了你啊?"王媛说。中学时玩得好的同学评价她"阴晴不定"，现在宿舍的同学有时会说，"捡到钱了，这么高兴!""你一句话也不说，到底在不在这里啊!"王媛说这是自己想到的，觉得是这一点影响到了与人交往。这也使我认识到，对别人的期望也会影响到别人以及个体对自己的评价。正如上台阶的残疾人不要人帮忙一样。挫折、自立、奋斗的苦与乐、自我表达、对人的信任、韧性、自信、社会化等对于一个人的成长多么重要。

王媛提到自己到181医院对她的诊断是神经衰弱，家人听别人说她情绪反复变化是精神分裂的前期。我对于传言提出了批评。我谈到了这一段时间的探索和交流，让我们双方理清楚了造成王媛目前困扰的原因。

情感的过于大的变化、嫉妒、对人的不信任、自卑、不独立、自我表达的缺乏、思想的封闭性等这些因素造成了王媛目前的困难。接下来的就是做了，唯有面对才能解决。

我和她商定，一是继续对不合理信念进行辩论，我举了她刚刚谈到的没有坚持下去这作业对于自己的贬低和自责，家人对她的关心带给她的压力，希望她能真正体会到改变观念之后带来的情绪上的变化。二是学会宣泄，通过和别人的交流、运动、唱歌、记日记、到僻静的地方大声说出来等办法宣泄心中的愤懑。三是培养自己的兴趣；但最重要的是要有一个目标，把成绩搞上去，保证这学期不挂科。在围绕目标活动的前提下，遇到情绪不好的时候用这些方法来调整自己。

元旦放了三天假，她回家了一天就又返回了学校。很有意思啊，原先是往家里跑，现在放假了却从家里跑到了学校。她说一个人在家没意思，其他人都不在家。

她感到这段时间发生了较大的改变，不那么讨厌宿舍的同学了。我说上次你也这么说，但过了两天你就感觉很难受，这次真的是感觉好一点了吗？她笑了笑说，应该是吧。她想和他们说话就说，不想说就不说，不多想别人的感受了。在谈论电影、追星的时候也敢于发表一下自己的不同见解，尽管有时候说着说着别人就不听了。其他时间自己就学习一下，看看电影。她认为自己比较成熟，看的比其他人更深刻一些。我肯定了她的这一重大变化，鼓励她继续表达自己，不用过于关注别人的评价，让自己的生活充实起来。

对于自己还是不能有效地和别人交流感到困惑，我提出了“学会理解别人的内心感受”也就是“共情”这一概念，她很有兴趣，但我说我们一次谈论一个主题，这个有机会再谈。我已经意识到，她在咨询中总是不断地转化话题，想听，说白了是想让别人决定她自己应该怎么做，这是一种依赖，也是一种逃避或阻抗，逃避要做的，对于改变旧习惯或思想的阻抗。而我很长时间以来被她牵着鼻子走了，缺乏全局意识，没有把握好重点和关键，结果两个人都迷失了方向。反思，让我明白了这一道理，有了更进一步的体会。真正的成长是王媛让自己的成长，此言不虚。

抹不去的思念

生活在这个世界上，我们往往被眼前的需要遮住了双眼，为了生活四处奔波，追逐着权力和金钱，梦想着成功。但真正闲下来静心思考的时候，你会发现其实情感也许才是人生最需要的东西，不论是亲情、爱情还是友情。一旦某一天你失去一样的时候，你会感到心里空落落的，甚至会陷入无限的悲痛当中难以自拔，受到很大的伤害。刘瑛正是遭遇了这样的事情。

刘瑛穿着土黄色又有点偏灰的上衣，进来咨询室之后坐在沙发上，脸色有些忧郁，双手不停地搓着。刘瑛说自己的压力特别大，好多事情一下子都聚到了一块，感觉到都难以承受了，睡不好觉，上午第三、四节课一点精神都没有，对于刚考完的计算机和即将要考的英语专业四级心里没个底，很焦虑。尤其是母亲的去世让自己感到很伤心，经常想起过去的那些日子，疼爱自己、知冷知热的人已经永远离开了，不知道以后的路该怎么走。

母亲的离去

刘瑛有两个弟弟，大的小自己两岁，因为沉溺于网络，不上学了，现在外地打工，小弟也不上学了，在工作。刘瑛妈妈去年元月份生病，半夜被送到医院，过去也这么折腾过，最后都治好回家了，没想这次却真的出事了。当时刘瑛孩还在学校，她爸打来电话，说是妈妈想她，想让她到医院看看。等刘瑛到医院的时候，妈妈已经离开了。刘瑛扑簌簌地掉下了眼泪，“我根本没想到会是这样，太突然了。过去她也一直住院，但总是去去就回来。她走的时候我们几个子女都不在身边，连和她说句话的机会都没有。”

刘瑛和本家的一个哥哥一起料理了妈妈的丧事，因为根据风俗，父亲不可以亲自做那些事情的。整个过程都是刘瑛和本家的哥哥在忙。特别是在停尸房，刘瑛看到停放在那里的其他的尸体，感到很可怕，她哥哥回来之后又和别人说起了这事，当时她在旁边就受不了了，但又不好意思不让哥哥说。后来她每天晚上都做恶梦，一直到开学后还是这样。

今年春节的时候，正好是刘瑛妈妈的生日，他们看着妈妈的相片感到很伤心。特别是过去和刘瑛家关系很不错的一个亲戚，春节也没像往年一样去拜年，让刘瑛感到很凄凉。整个假期她都不开心，一直到现在，都觉得很孤独。

刘瑛说，“我觉得她是最了解我的人，第一次高考失败的时候我爸说我不努力，我气得跑出去了，我妈跟在我后面，等我气消了才对我说，‘我知道你很努力，我们再来一次嘛。’”

我问，“你和弟弟们交流过妈妈去逝后的情感没有？”

刘瑛说，“和小弟弟谈过，他也像我一样。”

我又问，“和爸爸说过吗？”

刘瑛回答，“没有，我爸也爱我们，但不是很健谈的。”

我接着问，“和朋友或同学谈起过吗？”

“我妈的事情办完后，我回到学校就该期末考试了，别人看出我有些不一样，我装作没事的样子，我觉得这是自己的事情，跟别人说没用的。只是前几天实在太难受了，才和一个室友说了一下。我觉得妈妈没有像别人一样看着子女结婚成家，尽享天伦之乐。我们买的房子一直租给别人做生意，她还没来得及住呢？我好想毕业之后找到工作和妈妈一起住，妈妈曾说过，假若我做了老师去上课的时候，她会给我做好饭等我回来一起吃的。”刘瑛边说边哭，我都被感染了。

我意识到刘瑛没有处理好母亲去逝这件事，想通过空椅子技术让她在重新再经历一遍自己对于母亲还未完的心愿，或是母亲对她的希望。

我说，“那假若妈妈在天有灵的话，妈妈看到你现在的样子，会对你说什么？”

刘瑛说，“妈妈肯定不希望看到我目前的样子，她要我坚强，要我快乐。我也知道我不能一直这个样子，但我做不到。”

我说，“妈妈希望你怎样呢？”

刘瑛说，“希望我找到一份好的工作，好好地生活。”

我说，“你怎么看待死这个问题？”

刘瑛说，“我知道每一个人都会有那么一天的，但这事摊在自己身上受不了。”

我说，“有许多我们改变不了的东西，就像你妈的病一样，会给我们留下无尽的遗憾，甚至于深深的痛苦，她不会再像往常一样爱我们了，但她永远期望自己的子女生活得好。”

刘瑛伤心地哭了，任凭眼泪满地。

我说，“那么面对这个现实和以前有什么不一样呢？”

刘瑛抽泣着说，“没有人像妈妈一样理解我了，我得独自面对生活当中的问题了。”

我说，“经历过这样的事情，你们都会长大的，会变得更成熟。”

刘瑛稍稍笑了一下说，“我小弟弟原先经常在外面和他的同学在一起过夜，现在每天晚上都会回去陪我爸爸。还说要挣钱给我用，要我好好读书。”

我说，“假若愿意的话，清明节你回去可以和爸爸、弟弟交流一下对于妈妈走后你们的心里的想法。”

刘瑛点了点头。

无尽的怀念

刘瑛第二天又发信息说，自己回去后又重新梳理了对于母亲的感情，尽管是边哭边想边记在日记里的，但终于明白了自己该如何做。

刘瑛对于妈妈的怀念还是很强烈，有时候会在梦中惊醒，想到没能照顾妈妈心里就很难过。最让刘瑛痛心的事是，妈妈替子女考虑的很多，妈妈不想让家里为自己的病再花钱了，也不想再受病痛的折磨，有一次趁家人都出去的时候用双手抓住了电线，想了结自己的生命，幸亏爸爸正好赶了回来，制止了，妈妈的一只手被电灼烧了。家里人紧张坏了，也把妈妈好生数落了一通，刘瑛哭成了一个泪人儿。

刘瑛的胃不太好，吃了很长时间的药也不见效，情绪很低落。她会时不时地在QQ空间里说，在自己身体虚弱的时候，妈妈都会熬一碗姜汤给自己驱寒。妈妈去了，嘘寒问暖的人没了，要自己照顾自己才行。每当看到家里的摆设就想到了妈妈，好像她有事外出，一会儿就回来了。在每次等来的都是失望后，刘瑛真的感觉到，一些东西失去了就永远失去了，永不再来。她长时间保持一个姿势坐着，眼睛怔怔地看着一处，同学唤她几遍才听得到，缓缓地转过头来看着别人，挤出一个很勉强的微笑。

"我的心理空落落的，不知道自己想做什么。觉得什么都需要做，但什么都不想去做。日子就这样一天天过去了。我会莫名其妙地流下眼泪，我也不知道是为什么。"刘瑛诉说着自己的烦恼。

对刘瑛来说，考试不论是计算机还是英语专业四级，平时是不放在心上的。她平时成绩还算可以，学习没感到有多吃力。尽管性格不外向，但是在宿舍人缘还可以，和室友相处得比较融洽。现在大三了，她的同学都在考虑将要做什么，是否要考研，开始为前途做打算了。如今看着听着别人对未来的打算，她感觉到很迷茫。她觉得自己自从高二以来就很不顺，一直艰难地走到现在。她寒假过后来校到现在就一直不开心，感到很孤独，什么事都不想做，没精神。

加上这次刘瑛最亲近的人谢世，她觉得自己是最不幸的人了。大学一年级一门课程结束的时候，老师送给每位同学参加课程学习过程中的照片作为礼物，其他同学都是一张，刘瑛的是两张，她很高兴，觉得自己与众不同，上面写的是希望能多看她开心的笑容。

成长中的困惑

清明节，我在回家的火车上收到了刘瑛发来的短信，她想做第二次咨询。假期结束后的周六，刘瑛说想参加学校组织的去聋哑学校的一个活动，那是一个很好的学习机会，咨询预约在了周日。

那天刘瑛脸上挂着笑容，我问她去聋哑学校的感受，她惊讶于那些孩子的父母怎么能忍心把孩子们交给学校，一个月才去接一次。她对于同学们给出的也许父母们比较忙的解释还不是很能理解。我又询问她清明节回家的感受，她兴奋地说，出乎她的意料，这次老家都来人了，大家一起热闹地到殡仪馆祭奠了母亲，还放了好多鞭炮。自己在家呆了一宿，第二天就返回了学校。

她说现在困扰自己的问题一是现在学习没有动力，觉得需要学而又不去有效地行动；另一个是自己现在不敢面对爱情，觉得男生都是不可信的。“我最关心最想解决的是第一个，因为学习关系以后的前途，爱情是可遇而不可求的。”刘瑛很谨慎地提出了自己目前的困惑。

我说，“可以描述一下怎么没有动力吗？”

刘瑛说，“我制定的计划总是做一两天就坚持不下去了，不像别人一样那么有毅力。”

我说，“你的计划符合实际的情况吗？是否在制定好之后不断地做出调整？制定计划很容易，但要制定符合自己的实际情况的计划就难了。假若你的计划偏离自己的实际太远，执行起来显然会碰到困难的。”

刘瑛说，“哦，我还没想过这些，我总以为是我自己的问题。我回去要好好思考一下这个问题了。我羡慕别人要做的时候能坚持下去，我常常不能，比如练书法，有时候兴趣上来了我可以整个上午都在写，但平时一点都不想碰它。别人常常能把任务有效地进行规划，而我总是要到最后的截止期限才去拼命地赶，搞得很紧张。”

我说，“你说的这些是许多人都有的通病，不仅仅在你身上。你能看到自己的不足之处，想改变，这就是改变的开始。你可以制定一个比较可行的计划，明确自我奖赏和惩罚，或让别人对你有一个监督，这样在完不成的时候有一种机制可以制约你，或许会好一点。你以后想做什么呢？”

刘瑛说，“没想过，不知道。”

我问,“你最喜欢的职业是什么呢?”

刘瑛说,“不知道。”

我问,“你有什么爱好呢?”

刘瑛说,“没什么爱好吧,哦,我还是蛮喜欢手工的,可惜不常做。”

“你的长处是什么呢?”

“没感觉,让我想想,好像老师和同学说我的想法有些独特,嗯,别的就不知道了。”

“你不喜欢自己的专业吗?”

“高中的时候喜欢英语,到了大学学了这个专业之后,反而不喜欢了。我觉得语言是一门工具,整日去研究那些东西没用。有些同学想考研,想象要再和不喜欢的东西打三年交道,我受不了。”

“嗯,你学习的动力不足可能和你对专业不感兴趣以及你不知道自己将来想做什么有关系。假若你目标很明确的话,你就会有意识地去培养需要的能力,那样学习的劲头就会足些。”

“但是我的室友也不知道她将来想做什么,她只是想考研,有个短期目标。”

“哦,有个清晰的短期目标也可以使自己明白应该怎么样去行动的。我们可能更多的时候看不清自己的将来,只是大致有个方向,让自己一步一步达成目标的更多的是这样十分明确的具体的短期目标。”

“但是我不想考研啊。”

“那就看看自己究竟想做什么,好好想一想这个问题,可能会对你目前的学习状况产生一些积极的影响。”

很多时候,一些大学生不知道自己到底要追求什么目标,父母按照自己的经验和社会的流行趋势为他们选定一个专业,有时候父母选的也是自己喜欢的,但更多时候,自己学习之后才明白这是不是自己的最爱。小时候很多人都会有一个理想,做医生、当警察、成为科学家爱,但是真正到了大学之后,反而对追求的目标模糊了,不知道自己到底喜欢什么,想要什么。

失败的自我

刘瑛高二之前是一个性格开朗的人，和别人一样有说有笑，好像忧愁很少。但这之后的感情上的事和几次高考的失败让她的生活蒙上了一层灰的色调，到大学后也是这样，没什么特别的事能让她高兴起来。那时她喜欢一个男生，在交往了一段时间后那位男生不理她了。刘瑛平时的成绩很好，但每到高考的时候就紧张、睡不好，本想报上海的学校，因为高二时喜欢的男生在那里，可最后因为各种原因，复读了两年才考到这里。

我问，“你是怎么考虑那段感情的呢？”

刘瑛说，“我是那种不依不饶的人，他突然不理我了，我感到特别气愤，就缠着他，他可能感觉到我很烦，就更加远离我了，现在想起来那可能是一个恶性循环。不过也许他觉得和我在一起不合适，或许喜欢上了别的人，觉得和我在一起很内疚，因此想远离我。”

“他的这种远离使你感觉到受了伤害，并且归因于自己纠缠他的这种性格。”

“是的，我不喜欢自己的性格。我不会像别人一样幽默。”

“但是你现在看到了另一种可能，也就是他和你在一起可能有一些内心的愧疚，这样来看的话，是你的错吗？”

“或许都有一些。”

“这样你的感受和先前有变化吗？”

“这样考虑的话，我不会那么不喜欢自己的性格。”

“你怎么看待你高考的成绩呢？”

“我感到自己很失败。”

“你有没有做得比较成功的地方呢？”

刘瑛想了一会说，“没有，我感觉到没有什么成功的地方。”

“那你说班里只有两个入党的名额，你是其中的一个算不算是比较成功的事情呢？”

“哦，算吧。”

“现在看来，你是不是把高考的失败看作是全部人生的失败了呢?”

“好像是的。”

“你把这件事情夸大了,这只是你高考过于紧张、焦虑造成的,你在高考上的失败并不代表你整个人生的失败,是吗?”

“哦,我过去是把这事看得太大了,我觉得高二之后我总是不顺利。”

刘瑛看到了自己思维的不合理的地方,慢慢地开始思考自己看待问题的方式。一天,她发来一个信息,说是一个非常要好的朋友失恋了,很想找她吐苦水,但她很怕听到这些,不想听,自身都难保了。但又担心老是躲着人家会伤害了友谊,问我该怎么办。我意识到她在情感方面有值得探讨的地方。

情感纠葛

刘瑛说昨天有一个很重要的考试,感觉考得还可以,虽然考前也有一些失眠,但总体来说还不错。我询问刘瑛这次想探讨哪些问题,刘瑛说自己的性格可能倾向于悲观,可能不是一下子就能改得了的,对于高考的问题不想再探讨,想交流一下对于情感的看法,因为自己对于感情不知道怎么办才好。

“那你是怎么样看待感情的呢?”

“我和我的同学讨论过,假若一个男生已经有女朋友了,是不是可以再追他。”

“你们的看法是什么?”

“我的同学说只要爱他就可以的,就是爱得发狂那种。但我觉得不可以,那样做就是第三者。一方面是他长得帅、有才气还是是真的爱他?爱情要通过这种竞争的形式来获得吗?要是他爱你的话他会选择你的,用争吗?另一方面,这样做伤害了另一个女孩子。假若真要这样的话我就退出。”

“哦,你一方面考虑到了这是不是真正的爱情,另一方面考虑到了别人的感受,你的想法是很善良的。你认为的第三者是个什么样的概念呢?”

“破坏了别人的情感。”

“这是否要分为两种情况，一是还未成立家庭之前，一是成立家庭之后的情感。”

“我指的是前面的一种，成立家庭之后就更不可以了，因为那影响的就不是两个人了，还有小孩子呢。”

“嗯，有一定的道理。我们就恋爱来说，一个人爱另一个人有很充足的理由吗？”

“说不上来。”

“你看重你喜欢的人那些方面呢？长相、才能、家庭背景还是性格、情感呢？”

“情感吧。”

“假若另一个人看重的和你不同呢？你选择退出会怎样呢？”

刘瑛无奈地笑了笑，“我不知道，搞不清楚。”

“也许他们结婚了，但婚后发现当初的选择是错的，这不是他要的爱情，他的生活能幸福吗？或许他会重新选择。”

“哦，我没考虑过。”

“也许另一个女孩子真的爱他，他在其他人对他的追求下会怎么样呢？”

“不知道。”

“也许能让他更好地明白自己究竟爱的是谁，是什么。在爱情方面没有先来后到，都是平等的，只有公平的竞争。”

“我似乎明白了一些。”

“第三者这个概念指的是破坏别人婚姻生活的人吧，在恋爱期间，一个人爱上了另外一个人所爱的人能不能叫第三者呢？”

“哦，好像不能。我对于我高中的那段感情纠结了五六年，那男生现在分到了一个电信公司，他本来可以进更好的单位的，我觉得有点快意，我有时候有点邪恶。

这时我想到了刘瑛在别人有女朋友时主动退出可能和高中时的那段情感有关，会不会因为担心重复高中时的那种模式而遭人拒绝，故先拒绝别人以避免失败。

刘瑛又问,“你说在异地的两个人能发展得好吗?”

我说,“这要看具体情况。”

“我和一个人经常电话或网上联系。”

“你们有过较长时间的接触吗?”

“很少,他在北京工作。”

“有时候远距离的联系会让人感觉很好,就像读一位作家的小说一样,觉得很美,但真正见到这位作家之后是不是就真正喜欢他呢?有时候会很不喜欢的,因为原先的喜欢是距离造成的。”

“你的话让我想起一次打电话时,他正在吃东西,呱唧呱唧的响声听起来很烦。要是生活中一直这样多难受啊。”

我想起了刘瑛曾谈到男生大多都是不可靠的。我问她是怎样得出这个结论的,她说自己亲眼目睹了朋友、同学被男孩子甩掉的事情,高中时也看到过有的家庭离婚,妈妈也说过异地的情感大多不会有好结局的,大多是男生的错,自己高中时的经历也说明了这一点。当时我提供了一种可能的解释,大多是男生主动追求女生,当男生发现这位女生不是自己喜欢的类型时,可能会停止追求,而女生是被动的,也许还沉浸于被爱的喜悦当中,当感觉到爱不像过去那样时,会认为受到了欺骗或被甩了。当然也确实有男生真的不是认真严肃地对待爱的,那是男生的错,所以恋爱当中要学会保护自己,尽量避免受到伤害。刘瑛认为有一定的道理。

刘瑛说自己不知道要是真的和男生在一起该说什么话、该做些什么。

我问,“你是不是更多的时候生活在自己幻想的世界当中呢?”

“为什么?”

“你看你的两次情感都是远距离的,单相思的成分比较多,你不介入身边的现实的情感,这样是不是让你感觉更安全一些?”

“哦,是吗?”

“你看你可能有过许多关于恋爱的想象,比如怎么样约会、散步,但你没有经历过真实的情感生活,你生活在自己想象的世界里。”

刘瑛大笑，"我感觉到自己是这样的荒诞，太幼稚了。"

"我们每一个人在小时候都曾用过幻想的方式来解决问题，但当我们长大了之后，大都会选择成熟的现实的策略来解决问题。假若一直生活在自己幻想的天地里，这是一种逃避。"

刘瑛说他们班没有男生，许多谈恋爱的同学好像都吹了，他们班女生选择的是外院的、外校的或高中时的同学，主要是通过活动认识的。她没有碰到合适的。

我说，"遇到合适的人选再忙也会挤出来时间的。"

刘瑛笑了。

曾经有一位已经工作的研究生，上学时家里对她说不要谈情说爱，工作了再考虑。工作后她碰到了一个自己觉得很不错的男生，很希望和那个男生在一起。后来那男生慢慢疏远了她，但她还是对男生一往情深，直到那男生结婚，一直坚持了两年时间。她后来才发现那男生的选择很现实，和男生结婚的女孩子家有房有车，她伤心透了。再有人给她介绍男朋友，她感觉自己好像年龄大了。我们有时候认为，上学时要好好学习，到工作时再考虑恋爱的事，但恋爱是一下子就能找到合适的吗？那也是要学习的内容啊。

刘瑛笑着说，"我毕业后要是还是过去的想法就太可笑了，我对爱情有新的认识了。"

刘瑛认为问题基本上得到了解决，可以终止咨询了。我认为目前令她困惑的一些问题暂时得到了解决，在刘瑛需要的时候再咨询可能效果更好。

咨询结束后，刘瑛说她经过这三次咨询，感到很有收获，从谈到母亲就流泪到现在基本上能够不受大的影响了，对于学习也找到了一些兴趣，尽管对于未来还不很明了，但对于爱情有了一个新的认识。一些事情不想和家长说，一些事情和老师说了，但老师只是站在自己的角度给出指导，有时并不适合自己，有时不想和同学说得太多。在这里，她的问题得到了很好的解决，咨询给她提供了不同的思考问题的可能性，最终通过自己的努力找到了解决问题的办法，自己真的得到了成长。

刘瑛还说，她在获知咨询预约成功的前一天晚上做了一个梦，梦到前面有一堵墙，一个男生在墙上站着把她拉了过去。结果第二天她的师姐告诉她预约到一个男的研究生，第一次咨询过后，她觉得很信任我，我可能会帮她走出困境。她说她很注重第一印象，她很感谢我的咨询。

她还说到，一个在深圳的她有点喜欢的男生在高中帮忙给她传送情书，上大学后和他初次交往的时候他说没有女朋友，两个人联系得很频繁，但后来他说他有女朋友了，她就远离了男生，但感觉还是很喜欢他的。她分析也许他这样做是因为感动、内疚，他不想欺骗自己喜欢的人。刘瑛不知道两次让自己喜欢的这个男生是否是真爱。并且她隐约感到他好像不是真爱的，因为在那边他有女朋友。

刘瑛也提到了一个女孩儿，好像是她的同学，高中毕业后追着自己爱得发狂的考入清华的男生到了北京的一所大学，那男生现在考上了中科院的硕士。那女孩子现在感到北京不是她待的地方，说是去做心理咨询也不管用。刘瑛疑惑为什么会不管用呢。

大部分人还是喜欢能给自己带来快乐的人，整日愁眉苦脸的人别人可能会少和其交往的。不开心会影响到一个人的人际关系，从而影响到个人交际技巧和交际模式以及对人和世界的看法，这些东西反过来又影响到情绪，陷入一个恶性循环当中，不容易走出来。

保持开放的心态、开放的头脑对一个人很好地适应变化的世界是很有帮助的。把自己固定在自我封闭的小圈子里对问题看法歪曲的可能性会增大，因为信息不全面，思维比较单一，往往不容易做出符合实际情况的决策。

活出我的精彩

李雨是大二的一名男生，衣着整洁，近段时间以来情绪很差，动不动就发脾气，并且什么事情都不想做。他还记得一年前考到这里的欣喜，但令人感到困惑的是入校军训结束后，在课堂上不自觉地就睡着了，下课时自然就醒了，再上课时就又情不自禁地睡着了，结果一学年下来成绩一塌糊涂，并且他还沉迷于网络游戏，也不敢在众人面前说话，怕羞，不会和人深入交往，感到很苦恼。

李雨回忆起高中二、三年级时，上课就会睡觉，复读时刚到校的前一个月也有这种情况，但不知怎的后来就好了，到大学后，就又恢复了原样。唯一例外的是上英语课，旁边坐了一个漂亮的女同学，自己觉得不好意思睡，其他课都和男生坐一起，也不用顾忌什么，不知不觉就睡着了。到图书馆看书的时候也会睡着，这时就不想再看下去了，于是就去上网，上网时则睡意全无。他来咨询的目的是希望改变目前状况，学会交际，提高成绩，远离网络。

李雨是在农村长大的，父母关系一般，平时很少和父母联系。他有一个哥哥，大他两岁，在另外的城市读大学，平时两人也很少联系。

我处处不如人

“小学的时候，我的成绩很好。”似乎家长和很多当事人在回忆过去的时候，都可以得出类似李雨的结论，“老师和同学都很喜欢我，爸爸妈妈对别人说我的成绩的时候也很高兴，觉得我有出息，我沉浸在周围的赞美声中。那时候觉得学习好就可以得到自己想要一切，自己也很满足。但是到了六年级，尤其是上初中之后，我慢慢变了，课余时间喜欢和别人聊天，每天中午和同学们一起偷偷地去游泳，上课想些离奇古怪的事都让自己感到很有趣，这和从学习中得到的快乐是不一样的，是纯粹的。”在享受纯粹快乐的同时，李雨的成绩也在退步，他的父母很是着急，狠狠地教训了他，希望改变这一状况，重新回到以前的让他们骄傲的状态。但是遗憾的是，李雨再也没有回到以前独领风骚的时代，他和大多数人一样，磕磕绊绊地考上了一所高中。站在新的起点上，李雨梳理了一下所走过的路，有很多想法，其中最重要的一个就是重振雄风，找回昔日的风采。

他努力学习，抓住一切可以利用的时间，不停地问老师问题，不停地请教同学，成绩上有了一些起色，但是并没有根本的改观，一直徘徊在班级的中等水平。他感到很累，也有了一些动摇，感到学习压得自己喘不过气来。“你是怎么搞的，不行的话就回来算了，上学没个出息，还花那么多钱。”爸爸有时会嘟哝他。每当听到这样的话的时候，他都很难受。上化学课的时候，老师让李雨回答一个问题，他说了半天也没把答案说清楚，老师生气地说，“算了，算了，坐下。连句话都说不清。”他一整天都不开心，觉得自己怎么这么窝囊呢。当班级举行什么活动，比如元旦晚会的时候，他都不愿参加，因为比起能唱会跳的同学，他只能做一个看客。“我很羡慕他们的才能，可是我什么都不会，我很想唱，但我一开口就跑调，别人要笑死我的。”李雨幽怨地说。他感觉到自己付出了很多努力，可是为什么成绩却没有多大改观呢。即使如此，在内心深处他依然坚信自己一定能够成为一个好学生。每次试卷发下来的时候，李雨都会认真地看一遍，看到那些没有做对的题目，他总是惋惜地告诉自己，“这个要是细心一下的话，就又多得3分，这个要是能多考虑一点的话就又多得5分，这个要是……”然后在心里给自己一个满意的分数，觉得能够成为一个好学生了。但是这样的想法和做法并没有真正地改变他的现实，每次考试结果还是在原地徘徊，第一年高考他没有上线。

不愿意和别人交往

他很要强，脸皮又薄，感到自己太没有出息了，不愿意往人前走。在家里，农活多的时候，时不时地要借邻居家里的一些农具，每当这个时候，他都是百般推脱，不愿意到别人家去借，而是让他妈妈去借。他不敢进邻居家的门，担心别人会问他的学习怎么样，要是那样的话，他不知道该怎么回答。因此，星期天回家，他就躲在家里看看书，或者在家门口站一站，望望蓝蓝的天和白白的云，活动范围不想超出家门。

"我怕走亲戚。每次和父母一起去走亲戚的时候，亲戚们总要问我读书的事情，太难受了。面对他们的期望，我感到很有压力。"李雨对于成绩的重视和别人对自己评价的重视都让他感觉到不舒服。

在学校和同学们交往略好一点的，大家都知道每个人的底细，成绩好的组成一个松散的群体，成绩一般的又是一个群体，还有一些成绩更差的，他们看起来什么都不在乎，整日都很快乐。李雨想不明白，为什么自己这么差呢，想上上不去，不学习，破罐子破摔又不甘心。他整日里闷闷不乐，老师看到了和他谈了几次话，建议他改进学习方法，多和好同学交流一下。但那都是官样的文章，正确的废话，根本没有针对性，说了等于没说，依旧没能解决了他的问题。

李雨越来越不爱理人了，低着头走路，一个人坐着发呆，埋头学习，一天很少说几句话。他心中还有那个梦，只是似乎越来越遥远了。现在，当他回首那段日子的时候，说当时他什么都不想，麻木了，只是沉浸在一个人的世界中，体会到成绩提不上来的原因，除了学习方法外，还有基础知识薄弱，理解和运用知识的能力差也是一方面因素，但是这些东西短时间之内怎么能补上来呢，老师也没有时间只对他一个人负责，况且也许老师根本就没有考虑到这个问题，只是象征性地履行一下义务罢了。

李雨家厕所的门在客厅的一边，从厕所出来，一定要经过客厅才能进入他的房间。有一次，他上厕所的时候，刚好爸爸的一个朋友来家里做客，客人在客厅谈笑风生地和爸爸聊了好长时间，他在厕所里呆着，一直等到客人走。这是李雨最不想见人的时候。出来后，爸爸痛心而又生气地说，“你这个孩子啊，怎么会这样呢？我是想赶紧把客人送走，让你出来，但客人的话好像说不完。”“什么狐朋狗友，不管别人死活，只顾说，有什么好说的，都是废话。”李雨气愤地说。

随着高考的临近，大家都投入到了学习当中，无论谁说不说话别人也不太在乎，李雨这样的状态在紧张的学习当中别人看起来似乎是正常不过的。谁要是有事没事缠着别人说话，反而是不上进的表现，浪费别人的时间等于谋财害命啊。

回避问题

高三的时候，成绩好坏基本已成定局，要想有一个突然的变化似乎是不太可能的，除非有一个很坚实的基础，又有了良心发现，找到了适合自己的学习方法，没有白天黑夜地钻了进去，否则，一直到高考这一格局基本没有变化。抓好两头，是大多数老师的策略，让尖子生保持目前的状态甚至更尖，不要让差生影响班级的学习气氛，不出事或者说不出大事，就万事大吉，大多数中间状态的学生就靠自己了，想学就学不学拉到，现在不学还有高四在等着呢。

李雨就是芸芸众生当中的普通一个，他有自己的想法，“自己一定能成为好学生”。他还能记起小学时自己的骄人成绩，他还在想要是自己再细心一下，这次考试每科再提高个 10 分是很容易的，这样总分就可以提高 40 多分了，这是多大的变化啊。有时候又感到很无助很无聊，一直在挣扎但还是处在挣扎当中。这种苦闷的情绪也影响到了上课，听课有一搭没一搭的。有一次上课睡觉，班主任看到了，批评了他，“李雨，什么时候了，还睡觉，你要是认真听课的话，可不是现在的样子，怎么着也能再往前挪一挪吧。”李雨并没有听老师的话，相反，他上课的时候睡觉更频繁了。

他沉浸在自己的世界当中，在春天来临的时候，利用两周一次的星期天，他独自一人骑自行车到距学校 80 里远的一个风景区远行了一趟，看着眼前的青山绿水，远行的新鲜感让他又充满了精力。

他坚信努力才能结出好果子。但是当一次段考又打击了他的时候，就又退回到了上课想睡觉的懵懂状态。就这样终于熬到了高考，在度过了紧张、焦虑、痛苦的两天考试之后，他倒下痛快地睡了一天。

分数出来之后是几家欢乐几家愁，他只好再一次投人备战当中，依然有坚定的信心。说来也怪，刚复读的第一个月上课还是想睡，但是随后他就变了，一直到再次高考，来到了这里。

学会面对

李雨描述了从早上起床，一直到晚上睡觉自己的情绪变化和一周来发生的影响自己情绪的事情。我引导他回忆情绪低落时候在想什么，并了解自动思维对情绪的影响。

我问他，“你看见别人无拘无束地在和大家交往，你有什么感受？”

李雨说，“羡慕，自责。”

“为什么呢？”

“一遇到陌生场合或集体场合就总是想到被别人关注，担心万一说不好怎么办。结果就紧张，尽量回避发言。”

“说不好结果会怎样呢？”

“被别人看不起。”

“我们可以看到，不是同学的‘谈话、讨论’这些事件引起了你情绪上的困扰，而是你对这些事件的负面解释和评价影响了自己的情绪，阻止自己采取积极的行动。这些负面解释和评价经常自动出现在你的思维中，造成焦虑和抑郁。”

“是的，我觉得自己不如人，不去想未来，别人问我明天上什么课或昨天上了什么课，我都记不起来。我对自己感到失望，对自己没有能力摆脱目前的烦躁生活感到沮丧。”

“这些负面自动思维是一种绝对化思维。你想一想，一个很糟糕的人能考上大学吗？”

……

我帮李雨认识到自己的认知模式，帮助他确认一些认知歪曲，并向他说明情绪困扰与持续出现的自动思维和不断的消极暗示有关。这次咨询从最初只是谈他的情绪状态，转变到开始考察自己的思维方式了，开始认真地考虑和分析这些引起他困扰的观念，有多少是可信的。

贝克认为自动思维是在特定情景下产生的认知中最肤浅的认知，它来源于一个人的核心信念。核心信念是人们在早期发展生存环境中，与世界和他人相互影响而形成的对事物整体的牢固的并被全面概括的信念。认知行为疗法就是要对成员的最根本的核心信念进行深刻的修订。我努力找出支配李雨的思想的核心信念。

我问他，"在学校有能深入交流的朋友吗？"

李雨回答，"高中时有几个，现在没有。"

"你理解的朋友是一个什么样的概念呢？"

"朋友就是不在乎对方的出身，家庭背景，能说知心话，可以帮对方的人，而生活中大部分人都不是这样的，交这样的朋友不如不交。"

"怎样才能交到你说的朋友呢？"

"自己要有一定的能力，不然的话就会被冷落和看不起。"

"被冷落和看不起会怎样。"

"自己很差劲。"

"很差劲对你来说意味着什么？"

"就很自卑。"

"让我们看看，前几周有什么感到不错的事吗？"

"上周打电话邀请了七位同学去溜冰，有三位答应去。"

"很好，你是否可以对自己说，这意味着你做得比较好。"

"没有，到了溜冰场后，先进去了一位女生，里面有女生的同学和自己宿舍的人，因为场内人很多，另两位朋友不会溜不想进去，自己很为难。最后，自己决定进去，让另外两个朋友回去了。感觉不好。"

"对，这就是你的认知模式——'假若做不好事情我就很自卑'，是我们所说的核心信念。在生活经历中你感到自卑，同时又对自己抱有很高的标准，这两者结合起来，你确信自己不优秀，缺乏自信，你几乎完全相信它。特别是抑郁时，这个观念变得活跃起来，你会很容易注意到似乎支持它的证据，而忽视或扭曲其他的信息。”

……

接下来的咨询中，让李雨理解观念不是固有的，是能够被修正的，进一步学习运用苏格拉底提问法驳斥不合理的核心信念。

“你认为自己假若做不好事情就很自卑，你还有哪些证据？”

“还有很多，如我没有得到我想要的。”

“你想要什么？”

“学习上发展得好些。”

“如果有两个同学，一个通过复习考上了大学，一个还在复习准备再考，你认为哪个成功一些？”

“考上的那个。”

“那他就不是一个失败者，他迈出了有希望的一步。”

“是的，当然！”

“你看到原来的想法是不合理的，是需要做些修正的。”

“我明白你的意思，但怎样才能把它们从我的头脑里驱除出去呢？它们是根深蒂固的。”

我让他记录和修正不合理的想法，对事件进行重新评估，探讨自己情绪的变化。让李雨知道自己的情绪问题是缘于自己的认知建构方式，帮助他不断从各个角度了解自己的认知模式，正确理解认知和情绪行为的关系，系统地、渐进地学习构筑一个积极的认识概念，达成认知重建。并且学会自己对于自动思维的质疑，用合理的信念代替不合理的信念，从而增强信心。

李雨的交往由被动变得主动多了，生活也丰富了许多，这期间还参加了一个师姐组织的欢送毕业生的舞蹈排练和表演，自己感觉开朗多了。随后我们把目标放在对课堂睡觉问题的探讨上。

我们一起探讨了如下可能性：高中时自己就相当自尊，担心失败，看到别的学习不好的同学上课睡觉，认为假若自己上课睡觉学习不好就有理由了，“不是自己能力不行而是自己不学”，每当在学习上缺乏自信的时候，就会选择睡觉，为自己寻找自尊免受威胁的理由，避免成为心理上的失败者，获得一种安全感。高三复习时紧张激烈的学习氛围，严格的管理，大学的梦想激发的动力抵制了一些自己未意识到的内容，上课睡得少了或不睡了。到大学之后，宽松的氛围暴露了他依赖和自控力差的弱点，加上新生适应得差又使他陷入用上课睡觉甚至泛化到一看书就睡觉这种维护自尊避免失败的模式当中。但青春期阶段，在女生面前要表现出良好形象，他认为上课不睡是一个好男生的基本条件之一，为了给女生留下好印象，坐在女生旁边听课的时候就睡意全无，其实这也是维护自尊、增强自信的一种表现，可以避免失败的感觉。

由此看来，现实中他很自卑，把自己定义为一个失败者，但是在内心深处他又极力避免自己成为那个失败者，他采取的自我防御方式却是逃避的，只是在心理上给了自己一种暂时的安慰，而随着时间的推移，必将和现实产生越来越大的距离，这样更加强了我是一个失败者这样的现实印象，但内心自己又不承认，继续陷入这种自我防御的模式当中不可自拔，在遭遇挫折时常借助于虚幻的网络使自己暂时避免交际和学习带来的焦虑。

李雨认为这样的解释很有道理，他看到了自己脆弱的敏感的一面，他生怕自己的自尊受到威胁，成为一个失败的人。通过这一解释，他更多地理解了自己。

经过近三个多月的个别咨询，李雨感到积极的情绪多了，精神状态显得阳光多了，能够愉快、坦然地面对自己的学习、同学，他觉得自己轻松开心多了。针对别人的反馈，结合自己的生活感悟，他得到了成长，变得更成熟了。

咨询改为一个月一次，开始为结束做准备，后来征求李雨的意见后我们终止了咨询关系。

案例分析

抑郁情绪在大学生中很常见，很多时候是由于存在认知上的缺陷和障碍造成的，大学生的文化和思维水平较一般人要高，很适合在心理咨询中运用认知行为疗法和自我防御机制理论。认知行为疗法认为，人的情感和行为受他们对事件的知觉的影响，这种影响不是取决于他个人的感觉而是取决于人们自身构筑的情景……是根据他们产生的想法不同，对此情景有相当不同的情感反映。贝克的认知理论认为，对自己、他人与世界(包括未来)持有负性认识或信念是导致个体发生抑郁的根本原因。根据认知行为疗法理论分析，李雨升入高校后感到交际上有困难，是源于认知上的偏差，有绝对化的信念，因此应用 REBT 和 CT 对李雨的症状从认知和发展两个层面进行分析。在认知层面上，李雨的思维模式存在一些不合理的信念，导致了焦虑和抑郁情绪，也引发了其自我封闭等自我挫败行为。李雨先是认为朋友就是不在乎对方出身，家庭背景，能说知心话，可以帮对方的，而生活中许多人都不是这样的，不如不交。而且交朋友要有一定能力才愿意走近别人，才会结交到想结交的朋友，不然的话就会被别人冷落或看不起。可见在他的思想里面，交际方面存在着只有真正的朋友才交，只有自己有能力才能深交的极端思维。当想法和事实有差距，特别是处于大一新生适应困难时期，导致焦虑、抑郁情绪的加剧。精神分析理论认为自我防御机制可以帮助个体应对压力，防止自我被压跨。防御机制有两个共性，一是它们不是否认就是歪曲现实；二是它们是在无意识的水平上运作的。从自我防御机制上看，高中时李雨认为学习不好的同学上课睡觉，自己上课睡觉所以学习不好，不是自己能力不行，而是自己不学，这种认识就可以维护自己有较高的自尊。长期的这种自我防御方式让自己在课堂上不自觉地就进入睡眠状态，结果是老师所讲内容没有掌握，学习受到影响，进而导致低自尊，而自己不能够认同这种低自尊，所以就继续用上课睡觉来作为提高自尊的一种防御措施，结果现实是成绩更差，引起情绪抑郁、焦虑和行为障碍。在认知行为疗法和精神分析自我防御机制理论的指导下，咨询方案分为两个阶段，一是修正认知、信念，运用认知行为疗法，引导他看清自己的负性自动思维和核心信念，调整和修正思维方式，建立新的人际关系。二是意识到自己的这种防御方式，直面现实，学会悦纳自己，达到自我的成长。

我总是梦到我的父亲

原野现在读大学了，看起来十分的忧郁，整个人就像一位多愁善感的诗人，常常独自沉思，然后说出一些感受深刻的话来，别人感觉到他应该是学哲学的才对。原野有一颗善良、纯真的心，按照教科书上塑造的人物形象来演绎自己的生活世界。他有时感觉到这个世界怎么和自己从书本上学习的那些有那么大的差别。尽管如此，在内心他还是把自己认为可贵的精神作为圭臬。

失去的就永远失去了

已经有一段时间，原野感觉身心疲惫，夜里总是失眠，总是莫名发火，时常有悲观消极的想法，呆呆地坐着。原野也尝试过放松自己，但都无效，还是那样不可自制地情绪低落。看到别人那么开心地笑着，他怎么也打不起精神来。

我和原野的心理咨询就此开始。

在心理咨询的过程中，我了解到，原野的父亲在一次车祸中丧生，留下了母亲和两个儿子。孤儿寡母生活得很艰辛，一方面是农田里的活计，一方面是经济上的拮据。原野曾经想到过放弃考大学，去外地打工赚钱。但是，母亲坚决不同意，坚持让原野考大学，她不想让儿子这几年的努力白费，她想让儿子有个更好的前途。原野很争气，考到了现在的大学，也想好好学习，找份好工作让家里过上好的生活。但是，他最近老感到很没精神，不想和其他人一起走，只想静一静。

也许是高考那会太忙了，还没来得及悼念自己的父亲。这些天晚上总是梦到父亲，在梦里，父亲还像往常一样和自己有说有笑，父亲说自己有些事情要出一趟远门，不用几天就回来的。原野十分高兴，心里想，我就说吗，父亲没有走，果然是。但是，在静静的深夜，当他睁开眼睛的时候，发现还是夜晚，能听到其他同学均匀的鼻鼾。他潸然泪下，想想刚才不过是一个梦，还能记起父亲的清晰的影子。

没有什么比丧亲之痛更让一个孩子感到难过了，母亲的去世会让人感到情感上少了那份母性的呵护，父亲的去世则失去了经济的强有力的支撑，还有全家的那份安全感。原野感到自己应该支撑起家里的这片天，但是他还不知道怎么做，也没人教他怎么做。亲戚朋友虽然有很多问候和安慰，但是内心的痛又有几个人能够体会到呢？

这样的梦还在反复出现，每次在梦中父亲都还健在，都露出慈祥的笑容，甚至原野问父亲到底是不是已经到了另外一个世界，父亲回答他说，傻孩子，我怎么会扔下你们不管呢。但是，醒来时依旧是满天繁星的夜半。原野静静地躺着，回味着梦里父亲的话语。是的，他相信冥冥之中父亲真的还在一个地方劳作，终有一天他会回到家里来的。

家里原野就是依靠了，每当春天灌溉农田的时候，他就会想到自己的母亲。在黑夜里，在广袤的大地上的那块田里躬着身子劳作，要么是有月亮的夜晚，要么是漆黑一片，母亲很胆小，他担心地想着母亲怎样在荒凉而又恐惧的满是坟堆的田里灌溉。春天是美丽的季节，别的同学都到郊外踏青去了，原野不去，他心里空落落的，他想，母亲在家种了好几亩田，一个人怎么忙得过来，又要撒种，又要插秧，还要把农家肥弄到田里，找人来耕地。谁能帮母亲分担一些呢？其他人是不知道的，这些不用他们操心，而对于原野就不同了，他的心里装着全家。

弟弟还小，还在上初中，原野知道弟弟也很不开心，有时候写信给弟弟让弟弟安心读书，他知道弟弟的性格似乎也变了些，原先的活泼和开朗不见了，整个人变得稳重和懂事了。弟弟成绩还可以，但还不是出类拔萃，他想赶紧毕业，给家里减轻些负担。但是现在每月还要家里寄生活费过来，自己又不愿意到外面做零工，想用剩下的时间多学点东西,因为这机会太难得了。只有努力学习他才能感到心里轻松些,才是对自己最大的安慰。

伤感和迷茫

原野感到无比的伤感和迷茫。他感到了一种无力感,想改变的东西太多了,但是现在什么都做不了,坐在这里看着校园里上课下课的同学,看着大街上熙来攘往的人群,未来的路该怎么走呢?

他感到自己欠缺的太多了,根本不知道自己会做什么,拿什么来拯救自己的家庭。有的同学家庭条件很好,整天衣食不愁,嘻嘻哈哈,而他做不到,有时候下一顿饭吃什么自己都不知道,虽然母亲总是按月给自己寄生活费,但是他不想让母亲太操劳,总是告诉母亲够用了,不要再寄了。然后就在饥一顿饱一顿的日子里思索着怎么也想不明白的问题,慢慢地越想越深,说出来的话自然就带有了深度。

不是不想和同学们一同出去,而是不知道怎么和他们一同出去。原野很少和大家玩,几乎到了不会玩的地步,打牌啊,喝酒啊等等,他几乎不参与,更别说那些条件好的同学到校外玩更高级的游戏了,所以他也感觉到和大家有一定的距离。除非是老乡们一起到外面玩,否则的话,他不知道怎么约大家去玩。

这段时间,原野朦朦胧胧地喜欢上了一个女孩子,但是愈是喜欢愈不敢见面,若是在路上碰到了会感到很紧张,心跳地很快,脸也发烫。他很想和那个女生在一起说说话,但是不敢,他不知道说什么好,只能把这份情感埋在心里。有一个周末,女生所在的宿舍和原野他们宿舍联谊,一起到西山公园去玩,原野高兴极了,一个晚上都没睡好,在脑子里想那个女生的一颦一笑。

终于到了天明,大家兴高采烈的出去玩,原野感受到了那位女生对自己的关心,在坐公交车的时候,为了赶车,那位女生伸出手拉着原野奔跑着跑到站牌那里。原野久久地沉浸在牵手的幸福里面,是的,这就是一位多愁善感的男孩的最初的和异性接触的深刻感受。听着这位女生的喘息,嗅到女生的体香,和她聊着生活里的点滴，原野感到好幸福。但是，这样的幸福总是很短，在活动结束之后，原野就又回到了原先的生活，他没有勇气再约女生出来。在他的心里还背着一座大山，他不想把这压力带给心爱的人。原野在惆怅当中度日，诗意更浓了。原来相思比相守更富有诗意，在痛苦中原野感受着爱的甜蜜，他把爱深深地埋在自己的心底。

在豆蔻年华，每一个少女都在幻想着自己的白马王子，原野心仪的那位女生在他看来也很喜欢自己，但是原野不主动约人家，人家自然也没有约他。但是，爱情是挡不住的，那位女生不久便有了另外的约会对象，原野是过了很长一段时间才知道的。他很心痛，在心里骂了那位女生的轻浮之后，心里便有了更深的失落，把对这位女生的爱埋得更深，不再让人觉察。在静静的夜晚，他才感受一下这爱，原来是因为爱得深才不敢随便开口，才不愿意把自己的压力带给她，才不敢开始一段没有结果的爱情。

至于将来的出路在哪里，原野不知道。不知道将来自己到哪里就业，会不会顺利就业，自己能否养得起自己，更不敢奢望自己爱的女生能和自己在一起，因为家里不会给自己提供什么帮助，倒是自己得肩负起养家的责任。原野没有抱怨，只是有些遗憾，他自己不能够把握的东西只能顺其自然。

只是他更忧郁了，忧郁写满了他的脸庞，倒也增添了一份魅力。同学们都知道，我们班有一个忧郁的哲人，但是他们不知道哲人有多痛苦。当一个人能够品味自己痛苦的时候，文字便变得优美了，原野开始写一些豆腐块文章，散见于报纸和期刊上，在学校也有了小小的震动。这些原野都不在乎，他在乎的是自己内心的感受，只是让他们自然地流淌罢了。

同样的生活，不同的人看到的东西不一样，有的人过得平淡，有的人过得热闹，有的高潮迭起，原野的生活总是充满了忧郁。几重压力压在身上，他找不到开心的理由。家世背景没有，经济基础没有，社会关系没有，和老师交流的也不多，办事能力一般，他只是比较实在，而实在在这个年代是不是有价值他也不知道，所以任凭风浪把他卷到任何一个地方，他还是个懵懂未知的孩子。

毕业在即

时间总是飞逝，大学时光很快就要过去了。到了照毕业照的时候了，很多人欢天喜地，原野还是打不起精神，他不知道自己这几年到底学了些什么，凭什么到社会上立足。大部分人在摄影师的镜头下露出了灿烂的笑容，原野还是一副忧郁的神态。大学时光，竟然就这样度过了。到底是好事还是坏事呢？在这忧郁当中，他发现了过去不曾注意的自然之美，哲学之美，相思之美，体验到了情感对于一个人的重要，经济对于人的发展的重要。但是他并没有找到解决问题的办法。

他不知道未来的路会怎么样，这一从入学到现在依然没有解决的问题，要在现在变成现实。学校没有上岗前的培训，所谓的实习不过是自己联系了一家单位随便盖了个章而已。他还是不敢想自己的将来，拿什么来养家。看到有些同学拉广告赚钱，听了他们的经历，他感到这个社会生存的压力太大了，不知道方向在哪里。

没有人帮助自己，包括自己的亲戚朋友，因为他们也不知道怎么样能找到好工作。他们整天都和庄稼打交道，没有几个人知道该怎么办。有些同学已经通过家里的关系找到了单位，有些人准备留在学校附近继续寻找，还有些人打道回府了，想在家乡谋个职位，显然，原野是要回去的，因为家里需要他的帮助。他很想留在大城市，也想搏一搏，但是家里更需要他，能够帮家里分忧更好，其他都是浮云。

到了诀别的时候，不用再留恋什么了，很清楚再深的爱此时也带不走，只能装在心里。那些曾经海誓山盟的男女现在不得不含泪说再见了，原野的心也在滴血，也许对方知道，也许对方不知道，不过他确实曾经爱过，而且爱得还那么热烈和持久，感受到了爱一个人的痛彻心扉和牵挂。也许，这就够了，或许比拥有更美好吧。

大学生活丰富了原野的精神，开阔了他的视野，给了他更多的自信，让他结识了来自天南海北的同学，有些交往得深一些，大多交往得浅一些，这是他踏入社会的一段过渡之旅。他没有想以后继续攻读硕士学位，他觉得该为家庭分忧了。

带着这股忧郁的气质，原野开始了新的生活。他的忧郁还在，只不过后来梦到父亲的时候少了，他依然没有一个清晰的目标，他不知道自己要过什么样的生活，只是想把整个家庭支撑起来。没有人告诉他怎么来支撑，他感觉能为母亲分忧，帮弟弟解决遇到的难题就可以了。

案例分析

本案例中原野是需要哀伤辅导的，在亲人去世之后最容易受到影响，产生类似于创伤后应激的反应，主要就是经常想起逝者之前的音容笑貌，不相信逝者已经离开的事实，情绪低落，丧失兴趣。原野正是这样，大学阶段基本就是在这样的状态下度过的，忧郁是生活的全部。所幸的是，原野能够找到生活中的其他美，感受到了自然之美，思想之美，甚至忧伤之美，他把这些东西加以升华，转换成了更有价值的东西，用文字的东西表达出来。这是对自己内心世界的反观，让自己的内心更加明朗，尽管前途还未可知，但是自己的心灵已经做好了迎接挑战的准备。遇到不幸事件，若是能够及时咨询的话，显然更有助于尽快走出失落的状态，找到自己人生的坐标。在处理完哀伤之情后，较快地投入到生活当中，胜于长时间的哀伤和忧郁。

一切都是我的错

新年过后的这个学期，小学三年级学生刘文华上课心不在焉，总是愁眉不展，老师问他有什么事他也不说。班主任打电话到家里，向家长反映情况，家长告诉老师是因为发生了一件事情，这件事情影响到了孩子。

到房顶放鞭炮

刘文华活泼开朗，在学校和家里都是闲不住的，上课的时候回答老师提出的问题把手举得老高，怕老师看不到。老师要求分小组讨论的时候，总能听到他的声音。整天笑呵呵的，喜欢搞些恶作剧，在班级里人缘还不错，很多男生都爱和他玩。这么一个突然的转变，老师不理解很正常，所以就和他的家里联系了。在家中，他说了算，奶奶家几个孙子孙女，刘文华也是最淘气的一个，经常惹得别人急了要骂他。不过，他要是懂起事来，那也是让大家喜欢得不得了。

今年过年，大家去给奶奶拜年，刘文华一家人和大伯一家人都过去了。奶奶很高兴，在给大家发完压岁钱后，让大家放鞭炮和焰火。几个小孩子听了高兴极了，抢着要去放。刘文华说，大家都不要抢了，我和大伯到房顶上去放鞭炮，这样听起来更响。大家觉得也新鲜，他和大伯就上去了。两个人在上面放，其他人在院子里看，放着放着大伯走到了房顶的边缘，大伯没注意，一脚踩空掉了下来。大家吓坏了，赶紧跑到跟前看，看到大伯头上出血了，赶紧开车送到了医院，没多久大夫就说人不行了，赶紧准备后事吧。

本来热热闹闹的新年，竟然过成了这个样子，全家人沉浸在痛苦当中。大家都觉得要是不去房顶放鞭炮就不会有这样的事了，刘文华感到是自己害了伯父。大伯的事情办完之后，刘文华家和他伯父家的关系明显地有了间隙，奶奶也说，谁让你们到房顶去的呢？刘文华的父母没敢多责备儿子，怕他受不了，他们的心里很难过，谁也不希望这样啊。

出事后，刘文华夜里就没睡过好觉，往往是正睡着就惊醒了，嘴里还说胡话，“不是我，不是我，我不是故意的。”父母赶紧把他喊醒，然后再睡。几天了都是这样。原先活泼开朗的刘文华，现在沉默寡言了，他整天待在家里不出去，一个人呆呆地坐着。父母也不敢说他什么，只是暗暗担心。有时候躺在床上怕做梦，就不敢睡觉。

我问刘文华：“睡不着觉的时候，你在想什么？”

刘文华说：“什么都想。想自己怎么变成这样！想大伯怎么就那么脆弱。”

在大伯这件事情上刘文华很难过，也很自责，如果他当初不缠着伯父去房顶放鞭炮就不会有这样的事情发生。他把悲伤留给了自己，把自责深深嵌入到心灵里。

孩子应该负什么责任

随着时间的流逝，刘文华逐渐淡忘了这个悲伤，但这一切都存留于他的潜意识里。他开始焦虑，因为自己的做法而自责伤感，陷入抑郁。

刘文华经历了沉痛的创伤性事件，在情绪上出现了创伤事件应激障碍（posttraumatic stress disorder，简称 PTSD）。PTSD 是一种应激反应，这些反应当时没有得到及时的心理干预和良好的疏解，最后，这些反应带来情绪上的伤痛而导致各种症状的出现，比如睡眠障碍、焦虑抑郁情绪、极端惊恐反应。

刘文华听完我的解释，终于明白了他的抑郁和焦虑情绪来源于伯父的意外离去，也明白了他为什么总是梦到伯父，也明白了其他亲人对自己的责备。

心理治疗的过程中，我采用了格式塔空椅子技术。刘文华回到了当时的情境，说出了自己的难过，说出了自己的内疚，说出了所有

的心灵感受。他的心灵枷锁终于解开了，重新客观正确地面对人生意外的来临，终于走出了自己情绪的阴霾。

我们几乎每个人都会遭遇亲人或身边的好友离世，虽然生死是人类始终都要面对的现实问题，而这样的不幸仍然会让我们的心灵痛苦许久。当我们遭遇这样的不幸的时候，虽然痛苦的心情是意外事件发生的正常反应，但我们还是需要及时处理自己当时的心理感受，和亲人朋友或者咨询师交流，把自己的悲伤情绪、痛苦的感受说出来，以获得及时的心理安慰和心理支持。

案例分析

我们都知道或曾经体验过，当手指偶然碰到燃着的烟头时会极快地缩回，当听到剧烈刺激的声响时会立即堵住耳朵，当遇到危机或突然处于险境时会失声大叫。其实，这些都是人们面对痛苦、恐惧时进行自我防御的本能反应，也就是人和动物都具有的应激性。

以上这些情景不但能够引发人的各种不安情绪，还可以在不同程度上激发我们的潜能，身体在极其紧张的状态下会迸发出超乎寻常的力量和速度，同时心理也将受到强烈的冲击，而且这种冲击会根据受创的不同程度延续下去，受创程度越大，冲击延续时间会越久。随着冲击的延续，个体心理的健康发展也将受到一定的影响，这就是心理学中所提及的创伤后应激障碍。

当然，以上所述的情况还不足以称之为创伤，创伤性事件一般指的是涉及死亡、危及生命的个体不可抗事件，这种事件可能是针对自身的，也可能是涉及他人的，诸如暴力伤害、意外交通事故、突发自然灾难、亲人朋友离世等。

刘文华和伯父上房顶放鞭炮遭遇意外身故，给刘文华的心理造成了剧烈的冲击，在亲人的指责和自己的自责下，他把这份悲伤和自责深深埋藏在了心底。空椅子技术，你可以想象空椅子上正坐着一个人、一种物体或是一种感受，然后与椅子上的人、物进行“对话”，这就是源自德国格式塔心理学派的空椅子疗法。

空椅子能够将个体的思想和身体整合为一，可以助人把有关被压抑的冲突和强烈的感受通过想象表现出来。就如波尔斯所说："我们必须重新接受人格中投射出的片断部分，重新接受梦中出现的潜在力量。"

刘文华在咨询师的引导下，面对空空的椅子，仿佛看到了伯父坐在那里，他们一同追忆曾经的快乐，一同分享离别的痛苦，刘文华再也无法隐埋自己的感受，积压许久的悲痛、自责、感伤统统伴着泪水倾泻出来。

对于悲伤、痛苦，人们往往习惯于自我压抑或是逃避。事实上，只有客观合理地去理解这些发生在我们身上的不良情绪，而不是一味机械地防御或逃离，才有可能真正将它们摆脱。

扯不开的"好朋友"

在学校的心灵驿站我第一次见到小琳,她是和好友小佳、同学小媛一起来的,准确地说是这两位同学和她一起来的。因为怕羞不敢来,老师就让一个来过心灵驿站的同学和她的一个好朋友把她拉了过来,她进门的时候整个身子还一直往回缩着,我热情地招呼她们坐下来聊一聊。

不敢开口

小琳身子有些孱弱,白白的面庞上少了一些健康的红润,很少说话,不敢和陌生人对视。两位同学说她上课怕回答问题,不举手,都是旁边的同学替他说。

我先问她们平时玩什么,小琳说玩游戏,计算机上的拼图和连连看。我又问除了这些还和朋友玩什么游戏,小佳嘴快,说从幼儿园到现在,她和小琳一直都是最好的朋友,玩的最多的是"踩脚"。我让小佳教我怎么玩,后又让小佳和小媛表演了一下,她们两人很大方。又让小琳和小佳再玩玩我看看,小琳轻声地说话,小步子退了一下,被麻利的小佳给踩到了。

接下来我让小琳说小佳的优点,小琳想了一会儿没有张口。小媛却说小琳有优点,我就想让另外两个人说一下小琳的优点,她们一共说出了十个,字写得好、大方、头发长、淑女、文静、英语好、喜欢帮助人、穿得干净等,小琳也承认是这样的。然后又分别说了小媛、小佳的优点,小琳很少表情,说得很简短,两次说两位同学的优点都是"喜欢帮助别人"。

我看小琳紧张,坐在沙发上两手放在膝盖上,身子往前倾。于是就说大家放松了坐，把头靠在沙发上，双手自然地放，看谁坐得最放松。小媛的还可以，小琳不敢让脊背靠着沙发，但身子却又往后倒，双手紧紧抓住扶手，看起来很紧张。小佳让小琳站起来，坐在小琳的沙发上试了一下，很好。我们又让小琳坐，这次好了一点，我动了动她的手让其自然地垂了下来，感觉她的手有点凉。我说现在还害怕吗？小琳点了点头，小佳说也有一点。我用手夸张地比了比心跳的样子，她们都笑了。我说，在熟悉的环境中，比如说家里或和好朋友在一起不紧张，是吗？但有压力的时候紧张，比如说老师让回答问题时，或者碰到要和陌生人交流时就紧张，比如在咨询室碰到我。小琳点点头，说是这样的。

我问，“在玩的过程当中，小佳和小琳你们谁是管命令另一个人的?”小佳说是自己。我说我们这次扮演另外一种情景，反过来，小琳来命令小佳。小琳说不敢，我鼓励她试一试。我们用“喂！帮我把书包拿过来”这句话模拟。小佳先说，小琳自然地把书包拿了过来。要小琳说了，她却迟迟不敢张口，小佳说我求求你了，就要听你的这句话。小琳脸有点红，但还是没说出口。看看天色已晚，我们约了下周再聊。

玻璃碎了

小媛、小佳和小琳如约而至。首先我请他们介绍一下自己养过的动物。小媛说自己养过一种黑不溜秋的像壁虎一样的鱼，但自己经常忘记给它喂食，要妈妈提醒，妈妈不允许养狗，因为嫌脏。小佳说，自己养过鱼，喂得太多了，给撑死了。小琳还是不敢主动开口，询问后，她只简短地回答一下，不会展开，表情也很单调。我问她，“你家养的小猫调皮吗？拖过你衣服没有?”她说，“拖过。”其他同学说有一次拖了她的睡衣。我说，“是吗?”她回答，“是的。”就不知说什么了。

接下来进行了故事接龙，每人接前面的人讲一句话，小媛和小佳思维活跃，到小琳这里她要么是不知道怎么说，要么是重复前面人已说过的话，但在开口前都要停一会，好像想不起来，而不是急不可耐想表现的那种。

小佳看到了画笔，说要画画，画我。画出来后，我让她们描述一下我，小佳、小媛敢于观察我，然后做描述，小琳不敢看我，我说让她看她还是不敢，两句话重复了别人一句。

为让小琳减少紧张感，我说玩"打手背"的游戏，小琳也参与了，她的手比其他人要凉一点。后小佳又提议玩石头、剪刀、布的游戏。参与完后，小琳站起来走到旁边的大桌子旁摆弄起花来，大概是觉得有点压力了吧。

我说每人唱支歌吧。小佳唱了《小黄鹂》。小媛说自己不会唱，因为在唱的时候老爸说自己唱得不好，总是调侃着问"谁教的啊！"，自己没信心。在我的激将下，小媛唱了《两只老虎》。小琳说，不会，我说你刚才不是说会唱吗？小琳说，想不起来。我鼓励她再想一想，她说出歌名后，两位同学翻开了音乐书，她们一起唱了起来。小琳的声音有点小，变化较少，但已属难得了。我问小琳，下次敢不敢主动叫她们两个人过来，小琳还是说不敢。

我说上次让小琳对小佳说的那句话还没说呢，现在说一下。小佳说后，小琳把书包递了过来，小琳还是迟疑着不开口。小媛说她在你面前不好意思，你到帘子后边去，她就说了。我走到帘子后边，听到她用不大的声音说了。还没等我走过来，就听到一声巨响，"哗啦"一下。我想茶几的玻璃碎了，跑过去一看，小琳坐在了茶几上，玻璃碎了一地。我赶忙把小琳拉了起来，小佳给吓坏了，连说对不起。我安慰她们说，不要担心。并询问"谁最担心，为什么？"小佳说她最担心，因为是罪魁祸首，要是自己不推小琳就不会这样。小媛说她也担心，因为平时在家里打碎东西后，妈妈总是凶她。我问小琳，她说，不是自己打碎的，不用担心。我们一起把碎玻璃捡到垃圾桶里，我说没事的，小佳问要多少钱？小媛说几十块钱吧。我们又聊了一会，我说时间到了，她们还想继续，但总得结束啊。

出来的时候，我跟老师说了打碎玻璃的事情，老师把来向她说事的小媛、小佳二人留了下来，老师会怎样解决呢？

小秘密

今天，学校开家长会，来来往往的人很多，小琳她们班上信息课，有几个五年级的男生咨询了如何把他们看不惯而老师又宠爱的女班长给撤掉后，我出来看看小琳她们今天来不来。

我第二次出来看她们的时候，看到了小佳在玩“校长、书记、老师、学生”的游戏，小琳也在那里。我问小佳上次老师怎么批评的，小佳说不去了，怕再损坏东西。有同学过来问什么问题，她赶紧示意我不要说，生怕别人知道。我看到小琳在玩的时候，和同学有一定的交往，但动作放不开，声音也不大，依从的多，表达自己意愿的少。我想小佳不愿来了，就让小琳一个人来吧。我问小琳，到心灵驿站去吧，她不来，我拉她的手，她还是不来。我说，能不能请参加家长会的妈妈来心灵驿站和我们坐一坐，她说不敢跟妈妈说。我要她试试。正好小媛过来了，愁眉不展，担忧她妈妈回家去责备她，因为老妈听完班主任的介绍后又找校长去了。但她转了一圈回来后，开心多了，她说老师说她这学期开始的时候进步很大，妈妈很高兴，自己不用担心了。

我回到心灵驿站正在想小琳的问题该怎么办。一会儿，她们三个又来了。我问小琳上次布置的作业完成得怎么样了？小琳说忘了学唱歌，不敢说要求别人的话。我问小琳想不想改变自己的这种状态，她说想。她说见到陌生人，在课堂上都很紧张。我让她谈了谈紧张的感觉，做了做紧张的样子。小佳在画画，我让小琳画一个，小琳说不会，我让她随便画，她说画个苹果吧，三笔画了个苹果。我问，“第一次让你画的时候怎么想的？紧张吗？”她说，“是的。”“头脑中一片空白还是不想画？”“一片空白。”“画完苹果后还紧张吗？”“不紧张了。”“再让你画还紧张吗？”“是的。”

我想用行为疗法，对出现期望的行为后进行强化，但没想出妥善的办法。就先布置了一个作业，每天和三个不同的同学主动打招呼，要坚持做下来。

我们感觉她想改变的动机不强，自我约束能力又差，很容易放弃。和家长联系，假若家长没有意识到的话，家长也不放在心上。如何是好呢？这时我想到了常来这里的他们班的几个男生，我和这几个男生有了一个秘密约定，多和小琳玩，但不要让她感觉到是有意的，我不知会有什么样的效果。

家里我排第几位

这次以后小媛不来了，只有小琳和小佳两个。我们首先探讨了上次布置的作业，和不是经常在一起玩的三个同学每天打一个招呼。小琳说，没有做，不敢。小佳说，小琳太胆小了，到楼上值日都不敢，要小佳陪她去。我们问为什么不敢，快嘴的小佳说怕老师呗，因为老师在里面啊！小琳想了一会儿，点了点头。许多时候小佳都替小琳回答。

我让她们谈一下家中权利的大小，谁是第一，谁是第二。小佳说自己在家中老爸第一，老妈第二，小弟第三，自己第四，小猫第五。小佳说自己恨小弟，以前老妈很爱自己，但有了小弟之后就变了，她高声说"滚出去"，停了停又说，"再滚回来"。小琳说自己家中老爸第一，老妈第二，自己第三，小弟第四。我问小琳，假如你是老师，其他家人是你的学生，你想对他们说什么？我还画了一个方框，一边是爱一边是不爱，让小琳从中间画一道线，用面积的大小来表示爱的大小。结果老爸对她的爱最少，对老爸说的一句话是"不要打我"；老妈对自己的爱比老爸多一点，对老妈说的话是"不要骂我"；小弟在家中给自己的爱最多，线从中间画了下来，对小弟说的一句话是"不要烦我"。

在我和小琳说话的过程当中，小佳就起身出去，跑到后窗敲打，喊小琳，小琳就坐不住了，跑到窗前跟小佳说话，一会儿小佳又到门口敲门，小琳就从沙发上站起来跑到门前，从门缝里往外看。有了上一次坐碎玻璃的教训，每当敲门的时候，我就赶紧上前把门打开，我怕小佳猛地一推把小琳给撞伤就麻烦了。这样反复了几次，我喊小琳也喊不住，她对小佳就像着了魔，小佳的每一个挑逗，小琳都会做出回应。在结束时，我给小琳布置作业，也是这种情况，我说了三遍，但我怀疑小琳没有听进去。

现在想来，上一次坐碎玻璃不是偶然的，小佳在家中处于被统治的最底层，想得到别人的重视，可是她成绩又不是很好，可能不自觉地习得了老爸的管理模式，在和小琳的交往过程中一直运用这种模式，因为她们从幼儿园到现在一直很要好，当小琳那次说，“帮我把书包拿过来”的时候，小佳在潜意识当中感觉到一直听命于自己的小琳在要求自己做事，违反了一贯的做法，就不自禁地推了小琳，是比较用力的，结果，小琳一屁股坐在茶几上，把玻璃坐碎了。

从交谈中看到小琳在家中没有感受到更多的爱，从他对其他人所提的要求来看，她得到的负面的东西较多，也有一种可能是她在消极地看待问题。但小琳、小佳之间的交往模式都深深地影响到了对方，小佳渴望被关注，控制场面，小琳希望找到依赖和安全，然后她们紧紧地结合在了一起。

我们的朋友

过去是小佳在咨询时影响小琳，这次是两个人在咨询过程中相互影响，但是小佳的活动还是多一点，一会儿出去，一会儿到后窗户旁，小琳就立即跟上去，喊也喊不住。

当小佳在说话的时候，小琳不听而是到窗下的桌子旁翻看来访者记录，并且翻到了后面的案例记录。我喊她坐下来后她就翻放在桌上的一本故事书；我要求她静下来听我们的谈话，她不会。而过去，若不是小佳带头，小琳是不会主动去做其他事的。过去我们一个一个发言她也能坐着听，不知这次是怎的，问道她原因的时候，她说不知道。

但看得出来她比过去活泼一些，尤其是出去和我们的那些秘密联系的小朋友追逐打闹，感觉这姑娘好多了，在心灵驿站也比过去大方多了。

本次请小佳先谈她玩得比较好的朋友，小佳提到了她的同龄的表姐，两个人在一起很开心，比较平等，但小佳又说，有时候感觉到玩纸牌又像消磨时间，去她家有时感觉像打工的。小琳说和邻居的一个小姑娘玩得好，只说“玩拼图游戏”，却不叙述整个过程和感受。我问怎么交好朋友，小佳说，“先玩，玩熟了就成了”。小琳说，“告诉对方自己的名字”“向对方问好”“然后玩”。这时我看到了小琳的表述和小佳的不同，我好高兴啊！

我问她们是否有不同类型的朋友，小佳说有三种，这时小琳走到一边去翻看预约登记本。第一种是自己领导别人的，只有一个，她和小琳；第二种是平等的，也只有一个，自己和表姐；第三种是别人领导她的，许多人都领导她，自己就像别人的宠物一样，有时自己想做宠物，逗他们开心。我问，“和表姐在一起也故意逗她笑吗？”她说，“不，我们打牌，消磨时间。”小佳说，“要排练节目的话，自己有优势，可以做导演，因为自己总可以让人发笑。可能自己更适合做小丑。”

在我们谈话期间我让小琳坐下来听，小琳坐下来后就翻放在桌上的那本书。

小佳说，“别看我笑哈哈的，那是表面。其实我的心是黑色的球，要得到一些表扬和赞美的话，就会发亮一些。”我问，“最快乐的心是什么样子的？”她说，“像宝石一样，闪闪发光。”我说，“你最快乐的时候是什么样子？”她说，“一只小鸟，快乐地飞来飞去。”

我让小琳说的时候，小琳说不知道。我就问她，“你觉得你和小佳之间是什么关系？是这三种关系中的哪一种？”她说，“平等的关系。”我说，“但是小佳和你的看法不一样。你能举一些例子来说明吗？”但是小佳这会儿坐不住了，和窗外的孩子们闹了起来，小琳也跟着小佳一起闹。

咨询没法进行下去，只好结束。

小琳有了一点变化，但不能急，不能太快，否则，她接受不了反而起坏作用。

小琳可能有许多想法，不是不知道而是不想说，因为她很敏感，细微的一些东西，她就觉察到了，然后就会提醒自己不能说，就用“不知道”来掩饰，这样才安全。尤其是她可能意识到了和小佳的这种关系，她想摆脱但又有摆脱后的恐惧，毕竟两人的交往她感觉到是很安全的。

她们两个人在一起负面的影响太多了，但小佳不来或出去小琳就不敢单独咨询。

我们的愿望

5点左右下课时，小佳和小琳一起来了，小佳一坐下就说，“小草被烧了还能再长出来吗？”“它能，因为根没有被烧死”，我说，“就像竹子一样，地上的被砍了、烧了，但春雨过后，竹笋还可以长出来。”小佳说，“不信。”我问小琳，“你说会不会长出来。”小琳说，“会。”小佳说，“但我爸好像要把我的根给铲掉。”我说，“要是铲掉根的话，你还能坐在这儿吗？”小佳还是抢着说，抢着表现。我说介绍一下上周你们最开心的事，小佳说他弟弟的手足口病好了又上学去了，再也不用烦自己了，弟弟简直就像自己肚里的蛔虫。接着就给我讲笑话，故意抿着嘴发出含糊的声音逗得小琳咯咯咯笑个不停，反复了六七次，有时笑得还坐到地上。讲完这个之后，我想让小琳发言，但小佳又要讲个谜语。正好铃声响了，两个人赶紧跑回教室听老师布置作业去了。

我在想怎么样运用她们两个人的资源，使她们都有所提高。等了十多分钟，她们布置完作业之后又跑了过来。这次我讲了规则，我们三个人任何一人在讲话的时候，其他两个人必须认真听，我还说别人都在等进来咨询，你们两个人要珍惜这一宝贵的时间，小琳做了停的手势给我，我就打住了。小佳又要猜谜语，我说只有30分钟时间，我们要利用这个时间做一点更有意义的事。我问，“你们说一下来这里想收获什么或解决什么问题呢？”小佳说，“不要爸妈打我了，天天开心。”小琳说，“不知道。”我说，“你再想想。”小佳说，“我知道，给心灵帮助。”我说，“小琳自己说，小佳又不是你肚里的蛔虫，她怎么知道呢？”小琳大笑，接着说，“可以选择吗？”我列了四五个选项，诸如开心、敢在陌生人前讲话、上课敢发言、不怕羞、会交朋友等，小琳没选，而是说“不要男生欺负我了。”小佳说，对，并数了一大串男生的名字，连他老爸也包括进去了。我们探讨有什么好方法可

以避免被男生欺负。小佳说,"还打和报告老师,还有可以跟男生说不要打人,但没用。"小琳说,"报告老师。"我问小琳,"报告过老师吗?"小琳说,"没有。"小佳说,"报告过,管用。"我问,"还有其他办法吗?"这次小琳主动地说,"靠自己解决。"我立即表扬了小琳,并讨论了靠自己解决的三个方面,一是多吃饭长得壮一点;二是锻炼身体,这时小琳做了一个健美男生的有力量的动作;三是有长处,像班里会跳舞的那个女生一样,别人都很羡慕的,受的欺负就少了。小琳、小佳说那个女生敢打男生,还敢和老师顶嘴。我问小佳的长处是什么,小佳想了一会没想出来,我说,"搞笑啊!像赵本山、冯巩。"小佳说,"他们都是男的。""那宋丹丹呢,还有赵丽蓉。"小佳说,"赵丽蓉是谁?"我说,"就那个老太太。"小佳说,"我有那么老吗?"我说,"不是比年龄而是搞笑。"小琳这时主动说,"小沈阳挺搞笑的。"我又问,"小琳,你的长处呢?"她说,"搞笑。"我说,"不许抄袭,要有自己的长处。"她想了想说,"下飞棋。""下得好吗?",我问。小佳说,"别人下的时候她在旁边看。她准备买。"我问,"什么时候买?"小琳说,"就今天。"我说,"那你下周教我下啊。"

我说,"我要问你们问题,你们想想怎么答。第一个,你们想长大吗?"小佳走到我跟前在我耳旁说,"想,长大了建设祖国。",她是怕小琳听到了学她说的。我说,"是真的吗?"小佳说,"是的。"我说,"该小琳说了。"小琳说,"想,长大了打败男生。"我说,"好,打败男生,建设祖国。"小佳说,"边建设祖国边打男生。"我说,"我们做老板,让男生搬砖盖楼去建设祖国。"小琳笑得前俯后仰,我伸出手来和小佳握了握,要和小琳握的时候她躲开了,她把小佳的手给我,我坚持要和她握,她才伸了过来,手有点冰凉,几次了都这样。我说你的手怎么这么凉,她说有点冷。小佳玩笑地说,给你衣服穿,她也笑了。第二个问题,有没有碰到过不愿做的事,但后来还是做了,感觉怎么样?小佳说,"做错了事本不想说,但想一想终究还是会被人知道的,还是说了好。感觉开心。因为别人会原谅我的。"小琳说,"敢于承担责任。"这时又有一帮人在敲门了。

我抓住最后的时间请教小琳摆的那个健美的男生的动作姿势,

小琳又把小佳往前推，我故意错误地做了一下要小琳教我，小琳摆了，还说还有这样的一种，她又夸张地做了做，我又学了学。她看我学她的样子，很开心。

小琳有了一点变化，主动说的多了，尽管还有不知道的时候，还有模仿别人的时候，但已经有了自己的看法，并且敢于表达自己的看法。有些时候往前推小佳，其实是自己想表现的开始，因为在小佳做了之后她就顺理成章地做了，或在小佳不做的时候，她还是做了。她烦恼的是男生打她，她的生活开始有外力在逼着她和别人交流，她在压力下开始融入别人的圈子。要让小琳有大一点的突破，就是要她消除依赖感、不安全感，培养独立性、自信心，学会交往技巧。

如何让她们两个相互支持，共同进步，开创一个新局面呢？这是一道难题啊！

我可以不这样做吗

小强是个高中生，长得很壮实，在大人面前一点也不感到拘束，说话比较随意。他所在的学校是全省数一数二的学校，每年的高考率都是社会引以为豪津津乐道的新闻。他成绩还算可以，只要他愿意，还可以有很大的提高。只是有些事情困扰着他，让他感到很不舒服。正是在这样的情况下，他的父母联系了我，让我看看有无好的解决办法。

干净了才舒服

小强第一次来咨询室的时候，是父母陪同前来的，我向他的父母了解了一些情况，就让他们随便在校园里走走，一个小时之后再来接孩子。小强就在靠近窗户的椅子上坐下，刚开始有些局促，但是很快就放松了下来。

他从小学习很好，经常考第一。小强说，"我从小就非常不老实，在小学时，曾将胳膊摔断，而且也经常和别人打架，几乎天天被人找上门。人家领着孩子找上门，我父亲就十分生气，就打我，这样我几乎天天挨打，但我仍旧不改。我从小谁都不服，十分胆大。""到了初中，学习仍然很好，可仍恶习不改，还经常和老师闹别扭。有一次，我又和老师打了一架，他不让我上学了。后来，父亲向校长赔礼道歉，几经周折，我勉强又上学了。"小强上了高中以后，毛病依然未改。刚入高中一个周，便伙同其他两人，与高年级同学打架，被学校严肃处理，受到严重警告处分。可是，不久他又伙同他人，把另一个同学打成重伤，使其住院两月之久，赔了不少医药费，并被学校开除。由于多方努力，在写了保证书的前提下，两个月后又来上学。

“从那次打架后，我们两个被赶回家，我回家看到我家里人为了我的事整天奔走，愁眉苦脸，心里很不是滋味，就下决心改掉老毛病，并把以后怎样为人处事写在家里的一个本子上。”

“重来上学后，我就认认真真按照我所规定的做，做事非常谨慎。开始几天，除了和同学互相问候，其他的什么都不说，偶尔和同学们在一起，也不像以前那样，只是说些面上的话，同学们都说我变了许多。过了几天，我觉得这样非常难受，渐渐说话又多了起来，但对自己言行仍是十分注意，有时和别的同学闹得有点厉害了，就生怕得罪了人，也开始胡乱猜疑。有时看到别人目光有点特别，或者和我说话时面部表情有什么稍微的和以前不同，就十分紧张。对老师见到我的表情，我也十分注意，稍微发现点什么就胡思乱想。同时，对老师、同学对我的看法和评价也十分关心，与有的同学闹点小别扭，就生怕他在背后说我坏话，便努力使自己与所有同学都保持良好关系。但以前的有些坏毛病仍无法改掉，如遇事总想显示比别人强。同时，自那件事后，村里人对我的看法也有了新变化，所以，我重新上学后，非常小心，觉得如再被开除回家，我简直没法在村里待下去了。因而，干什么事都前思后想，每干完一件小事，都重新想一遍该不该这样做。”“到了后来，特别是考试时开始焦躁，如看到笔头有点小裂缝，就用透明胶粘起来，虽不影响写字了，但还是老觉得别扭，老是想它。心里知道没事，不应该想，可是又总是想，心里很烦躁，影响了考试。后来考试时，偶尔感觉到鞋底有点不平，腰带有点紧，就感到很不舒服，就老想，心里想不去管它，可是越想不想，就越想。其实鞋底根本就很平，腰带也不紧。自此以后，平时上课也想，无法好好学习。后来又发展到看到衣服上有点脏或有点小线头之类的也想。这一毛病持续了差不多一年。”“后来我又开始嫌别人脏，嫌东西脏，总怕别人把什么病传染给我。有一次，笔不小心摔在地上，我就想，笔掉的地方也许有人吐过痰，也许有人的鞋踩过，于是觉得很脏，摸完笔后就什么东西也不敢摸了。还有一次，一个同学做了手术，我知道这种病根本不传染，但我仍然十分担心，有

时这个同学碰我一下，我就十分紧张，把碰到的衣服的那个地方擦了好几遍才放心。”

强迫症的典型特点是有意识的自我强迫和有意识的自我反强迫并存，二者的冲突导致患者十分痛苦。由上面来询者反映的情况可以看出，他患的是强迫性神经症：强迫观念（强迫疑虑为主）并伴有强迫行为。强迫症属于一种压力型的神经症，往往由重大现实生活事件引起。小强自从打架被开除以后，面对学校、家庭及村里人对其看法的三重压力，产生了很强的悔改心理。因而自返校后，为人处事十分小心，与前判若两人。但因其毛病时间已久，担心克服不掉，再度引起同学及老师的不满，因而对老师、同学的反应十分敏感，便加强自我克制，而越加克制，越担心他人看法，矛盾症结由此产生。随着压力的加大，矛盾的加深，矛盾冲突发生变形，由担心他人的看法发展为对自身物体及身体有关部位的关注，后来又发展到对他人的怀疑，最后发展到对学习内容的怀疑。强迫症状的形成往往以强迫性格为背景。小强原本性格开朗、大胆、满不在乎、不拘小节，自经历那次事件以后，力图改变自己的性格，由于改变和完善的途径不正确，又走向了另一个极端，致使性格变得敏感、多疑、孤僻、刻板和胆怯。这就具备了强迫性性格特征。

小强今年 18 岁，因为高中学业紧张，几乎所有的学生都住在学校，每次往学校走，他妈都会给他准备 6 双袜子，每天一换，换下来后装到袋子里，周末回来之后妈妈来洗。他书包里的书摆得整整齐齐，所有的东西都干干净净。

高中的时候，他开始独立生活，住在六个人的学生宿舍，矛盾就渐渐多了。他的习惯是别人无法承受的，而他也更不习惯于其他同学的生活方式。这样一来，他慢慢疏远了同宿舍的同学，一个人独来独往，但内心却更不安和郁闷起来。

他的生活是幸福的，但是他感觉到在学习上现在和以前相比已经落后了，这些困扰在一定程度上也影响了学习。父母虽然对自己没有太多的要求，但是自己感到一直以来上学是很轻松的事情，从来没有因为学习的事情烦恼过，现在大家都在拼命，感到了一些压力。

说也奇怪，要是回到家里的话，很多多余的动作就少多了，但是要是在学校的话总感觉到脏。

他睡的床铺原先在下铺，放学后大家习惯坐在他的铺上聊天，这是他最受不了的，开始和大家和颜悦色地说，大家说这怎么了，我们就那么脏吗？他便不再言语了，但是内心很痛苦。他不想得罪宿舍的同学，但是这些同学让他感到很难受。没办法，只能让老师给他换到了上铺，他感到宿舍同学对他有些疏远了。但是和不能忍受的脏比较起来，他感到还是换了好。

后来，他感觉自己其他方面的多余动作也多了起来，比如宿舍的厕所很脏，大家都不愿意去清理，他每次上厕所后都要反复洗手，洗得自己都很难受，也很浪费时间。

幸福中的烦恼

一直以来有个女生很喜欢他，他也知道，但是很害怕和那位女生接触。有一次，春游活动的时候，那位女生主动要和他分在一组，他们这一组 6 个人，两个女生，四个男生。他们在一起玩得很开心。他和那位女生说了很多话，两个人感觉不错，于是进一步交往。当有一天，那位女生去拉他的手的时候，他开始紧张。不是心跳得紧张，而是感觉她脏。但他感觉女孩确实也招人喜欢，各方面都比较好，所以他认为，随着交往的深入也许以后会慢慢好吧。直到有一天他们在一起接吻的时候，他开始出现呕吐。

女孩以为他不喜欢她，也就渐渐疏远他。分手以后，他再也没有勇气去重新恋爱，他决心要把成绩搞得更好，进入全年级的优秀行列。每天他在清洗消毒，反复洗手，疲惫的状态下越发没有生活的勇气。有时，他身体不舒服的时候，也想过不要再这样了，可他却无法控制自己。

他发现早晨起床穿袜子的时候也出现了这样的情况，本来穿上去就可以了，但是小强感觉假若袜子的后跟没有对准他的脚后跟，就会感到很不舒服，一定得重新穿一次，这样反反复复要折腾好几次。但是事情实在紧急的时候，他就顾不上这些了，过后也就忘了这件事情。

一次考试当中，他因为一道题书写觉得不好，不符合自己的想法，写了擦擦了写，反复了好多次，在这道题的书写上浪费了好多时间。他担心，这样下去，在有限的考试时间内，怎么可能把试卷做得更好呢？

小强第一次来到心理咨询室，面带愁容。我请他坐下后，他便立即述说起来："老师，我十分痛苦，也不知为什么，我总是对一些事情产生怀疑，虽然觉得没有必要，但控制不住，弄得我十分痛苦，老师您看怎么办？"从他这几句简单的表述中，我已初步明确这是一种强迫症状，于是我又问了几个具体问题，但他往往说不出来或语无伦次。在这种情况下，我对他讲："你这种问题是能够解决的，但你必须完成一个作业，回去以后，你重点考虑以下几个问题，并把它写下来。第一，你这种症状的具体表现有哪些？当时的具体感受是怎样的？最好按时间的先后顺序写下来。第二，这种症状最早从何时开始的？为什么？第三，把你从小时候与现在的具体情况介绍一下。"

从他详细的叙述中，我进一步明确了他的症状特征，对原因也有了一个较为清晰的线索。经过分析和考虑之后，制定了咨询的具体方案和步骤。第一步，向他说明他患的是一种心理毛病，是强迫性神经症中的强迫怀疑并伴有强迫行为。并进一步解释这种心理障碍的特点及一般形成过程。同时，向他说明这病不是人们常说的精神病，也不会导致精神病，以解除其不必要的心理负担。第二步，与患者共同探讨病症的发生过程，目的是使他明确此症的发病原因，揭开患者心中的疑惑，为进一步治疗奠定良好的基础。第三步，采用森田疗法具体施治。首先向他介绍森田疗法，并反复多次用事实说明如何顺其自然地学习和生活，对症状要采取无所谓的态度，不回避，也不过于关注和思虑。症状发生时，不要在意，不去管它，该干啥就干啥。这样做症状就会逐渐减轻，坚持下去，症状就会消除。其次，向他说明采用森田疗法的目的。顺其自然，就是为了打破有意识的自我强迫和自我反强迫这个恶性循环，只要顺其自然，强迫与反强迫的矛盾症结就会解开，症状就会逐渐消除。这样就增强了他采用此法的自觉性和坚定性。同时，还配以认知疗法。具体解释应如何对待挫折，特别是详细说明，对待挫折关键是找到导致挫折的根本原因，并采用正确的理性的途径和方法加以克服，而不能对自己的一切都加以否定。同时要注意道德和行为修养等。

案例分析

小强从小受到严格的教育，形成自己的习惯模式。这样好的习惯，在单纯家庭结构的父母那里是好的行为，得到父母的认可和赞赏。在随后的学业生活里，他的习惯却未必被很多人所接受，在处理人际关系方面，让他无法适应。他曾经是最优秀的，受到老师的喜欢，他有了强烈的最初标准。在最初他的眼里，这个世界就该是这样的，所以他无法接受在进入社会后形形色色的不同性格的人和事情。同时，他无法处理好期望的良好人际关系时，他的内心会更为敏感和小心，于是强迫性的行为日益形成。

期待爱情，是每个人都渴望的，小强也是如此。但从小的家庭教育给小强的是，那样的行为是不好的，在自己的理解上接吻是肮脏的。他注重精神上的爱，却无法接受肉体上的接触。

在心理咨询的过程中我们需要给予他正确的认知，小强可以保留自己的洁癖，但要理解他人的感受，理解他人的行为。需要寻找彼此尊重对方的生活方式，而不是刻意期望他人改变来适应自己，这样在处理人际关系上就可以给自己一个缓和的空间。

在不停地清洗过程中，很大程度上是让自己放心，是减缓焦虑、安慰自己的很好方式，也有疏泄情绪的作用，对于自己这样的行为要顺其自然。

心理治疗除了解除和减缓焦虑，也有人格完善的作用。小强的强迫行为在深层次的意义上说，是追求绝对的完美。当小强意识到这一点的时候，他已经能从容地面对自己的要求和期望，也能逐渐适应一切。

反复更换咨询师的小健

前来咨询的来访者叫小健，现在读大三，身材高大，戴一副眼镜，说话轻声细语，比较谨慎。这之前他曾经找过一位咨询师，主要是感到现在没有了刚入学时的热情，有很多事需要做但是没有兴趣去做。另外，感到和别人的交往也存在一些距离，别人好像总不喜欢他。

无聊的当下

小健是专升本来这所大学就读的学生，在专科学校读书的时候，他一门心思钻在学习中，想通过其他途径来改变专科学历的状况。在学校尽管有丰富的社团和课外活动，但是他都不看在眼里，也没有兴趣去参与，或者说除了学习，他不知道还能做什么。"你怎么就不能和舅舅家的红红一样啊，人家考了个重点，你上个专科叫我怎么在人前抬头呢?"小健常常想起妈妈说的这句话。当大家快乐地在操场奔跑着踢球的时候，他一个人坐在教室里，他想通过自己的努力改变命运。功夫不负有心人，他最终实现了专升本的理想，妈妈可高兴了，在同事当中逢人就讲，"我家儿子又继续读本科喽，哈哈……"小健的心理也有了一些安慰，觉得自己的努力没有白费。小健还有很多想法，他想通过这两年的学习考一些证，比如法律资格、专业八级 、计算机等，然后顺利毕业。

然而，事与愿违，学习了一段时间之后，他发现自己的热情渐渐地冷却了下来，学习和生活都不太让自己开心。"我很想搞好自己的学习，但是还要参加那么多活动，要是不参加的话，别人说你不和大家交往，独来独往。尤其是他们在一起聊天的时候，他们挺聊得

来的，和我却没多少话说。别人不太爱和自己开玩笑，自己在睡过头的时候没人喊，去食堂吃饭的时候别人也不太注意到自己，像个透明的人，不存在。有人说我太多心啦，想得太多，总是注意到别人的一言一行。”小健似乎怕冷场一样，滔滔不绝地诉说着，“我还感到我没有一技之长，过去只知道学习，但大学不仅仅是学习。我觉得自己的性格也是很女孩子气的，我爱好的是乒乓球、羽毛球等女生爱玩的，篮球、足球我不喜欢。自己也没主见，做作业老是问别人。听别人的意见改作业最多的时候改过四次，才算比较满意。”

“我放不开，读专科的时候很多人都喜欢吃喝……，我是不喜欢的。那时候说的成绩多一点，只学习好就行了，不像现在要参加这个活动那个活动，加分啊什么的。总之吧，学习、生活、各种活动让我很烦。我很想学习好，但又坐不下来，很矛盾，不知道怎么办好。”

小健感觉自己现在的大学生活比较糟糕，并不像自己原先想的那样美好，“读了本科之后，学历更高一些，学识更多一些，能力更强一些。”小健想到了自己专科实习时候的那段时光，总感觉到实习单位不太重视自己，自己做得也很不顺心，那时候他想读个本科应该会好多了的吧。本科算是考上了，但是这一摊子的事他感觉到烦。

躺在床上的时候也被这些烦心事缠绕着，想想学习，又想想别人如何对待自己。为什么别人不理自己呢？为什么他们去玩的时候不喊自己呢？这些事翻来覆去在头脑里闹腾，还做梦，醒来之后感到很疲倦，精力也不怎么好。小健那么认真，想把开的课尽可能地学好，但有时又感到没有精力。有时候在咨询当中小健会说，“等下，让我把你说的记下来，我怕记不住。”

敏感而又缺少快乐的童年

“能谈一下你和父母之间的关系吗？”我问道。

“我父母在外面自己闯，也可以说是县城里的小干部吧。”小健的语音较重，似乎在强调。“他们读书很少，过去总是很忙，说得不多，他们也不懂大学的这些事。在家里的时候我和邻居的孩子们玩得不多，一个人孤零零的。我因为这个恨我父母，我说为什么我们这里没有亲戚呢？我爸责怪我不和表哥表弟说话，我说你让我孤零零地长大，我不会说。他们就说，你没和我们在一起吗？我小时候就不愿意和小朋友玩，2岁多的时候上幼儿园就坐在教室里不出来。后来父母说，我不爱那些吵闹的东西，好像是4岁多的时候让我开碰碰车，我害怕。”

我说道，“你还能记得2岁多的事？”

“我总是记住那些不好的事，还是忘了的好。”小健回答，“我上小学的时候，成绩不是很好，别人也不喜欢我。初中时曾有过几个朋友，和我玩的朋友因为家庭条件不一样，玩高尔夫啊、玩高级游戏啊，就远了。高中时分在了文科班，女孩子多，但我和她们交往不多，老师还说我不喜欢说话。我母亲是很爱面子的。大伯有时候和我联系一下，舅舅也曾读过大学，比较看重大本，他的子女也都考了较好的学校，不像我考了个专科，舅舅是看不起的，很冷淡。现在我也很少去亲戚家，因为他们总是问你在哪个学校读书，什么时候毕业，很烦。”

“和你有过类似经历的人，有的没读完书就步入社会，其中一些人遇到了更大的麻烦；有的却发展得比你还好。碰到过吗？”我问他。

“有，有的走上了邪道，有的人真的是发展得很好。”小健说道。

我感觉小健最为关键的问题是建立自信。“你能想到别人，包括父母、同学、老师肯定过的你的地方吗？”我问。

小健想了好长时间，说道：“没有，真的没有。”

“你自己认为哪一方面是你的优长呢？”我又追问了一句。

“也没有。”小健说。

我让他在纸上写下了自己的优缺点，又问了他的兴趣爱好，让他看了他写的这些优点和爱好，问他和原先对于自己的认识有何不同，他说原先没想到自己还有这些方面；我再让他来评论一下有这些优点和爱好的别人，他说他不会评论，我帮他评论了一下，再让他来谈感受，他说原先没有意识到自己还有这么多好的地方。

因为时间关系，我布置了作业，一是记录自己感觉满意的地方，

增加自我效能感；二是最好结伴运动；三是研究一个自己喜欢的专题，成为一定范围内的“权威”，有利于增加自信。

活动和学习的关系

小健下课之后来到了咨询室，因为他总是频繁地给我发短信，我向他解释了我没回短信的原因，同时让他明白我不是任何时候都会回他发给我的短信，希望他不要把这作为我对其好恶的评价。小健也说自己是在忍不住的时候才发的，但是他发的短信总是一些有一搭没一搭的事情，有时候问得没头没尾，不知道他到底想了解什么，似乎要设置一个陷阱一样，似乎又是有话没话地在和你套近乎。他会问你读过某某书吗，看过某某电影吗，他觉得里面的情节很不错等等。显然，他发的短信已经打扰到了我正常的工作和生活。咨询中的这种关系其实也是他现实关系的一种反映，别人会比较烦的，会直接或间接地表达出来，成为他人际交往的一部分。同时，这也是他心理的一种反映，他希望能够和我或其他对他有影响的人走得更近一些，联系得更频繁一些，这里面还掺杂着他个人的一些考虑。

我们首先谈了上次布置的作业。来访者拿出了他的本子，上面记着一周以来的感到满意的事情，例如参加社团、歌唱团选拔等活动，我就问他参加这些活动的感受，有什么收获。他感到可以培养能力、学会组织协调、积累一些经验。谈到收获的时候，他说可以加分，但自己加的少，别人加的多。我注意到他更看重加分，就让他在知识学习和培养能力之间做一选择，如果一个社团给他一个紧急的任务要他很快完成，在他没有时间的情况下如何完成，他说课下完成、让别人替我、向社团负责人解释三种情况，看出来他总是把学习放在第一位。我决定和他探讨一下如何把知识学习和能力培养这两者之间的关系搞好。

“你怎样处理知识学习和能力培养这两者之间的关系呢？”

“平时我会看书看得少一些，但是临近考试的时候，更注重知识的学习。”

“你觉得应该如何培养能力呢?”

“多参加社团活动,多和别人交流。我实习的时候用人单位说我不会和别人很好地交流。我很想融入到他们当中去,但是我不懂他们说的,也不知道怎么说。”

“你经历过实习,懂得能力的重要。”

“是的。”

“那你为什么那么看重学习呢?我不是说看重学习不好,我是感觉到你过于担心自己的成绩,害怕自己毕不了业。你读专科的时候挂过科吗?”

“有一次。”

“当时什么感受?”

“感到天塌下来了。”

“后来呢?”

“我和辅导员、任课老师打招呼,帮辅导员做一些事,我想有时候他可以帮我看看成绩、打个招呼什么的。”

“这样你就可以感觉好一些了。”

“是的。”

“你们班毕业的时候,有几个人没毕业?”

“有两三个吧。全校 900 多人有十几个没拿到毕业证。”

“这么来说,差不多是四十分之一。”

“是的。”

“但你的担心呢?是四十分之一的担心吗?和这个比例相称吗?”

“我是过于担心啦。”

“你能再想想还有其他让你特别看重学习的原因吗?”

“我小学和中学也没有很把成绩放在眼里啊,为什么到大学更看重成绩了呢?”

“你想一想?”

“辅导员曾经说过,成绩好、获过奖,填简历的时候就有可写的东西,那栏里不至于什么也没有。”

“还有吗？”

“……”一阵沉默。

“你想成为什么样的人呢？”

“有份工作，能自己养活自己。”

“你崇拜的人是什么样的人呢？”

“学历比较高，有稳定的收入，或者和我一样有类似的经历，但做出了辉煌的成绩。”

“还有吗？”

“我舅的影响，他很看重学习，他的子女考的大学也很好，他有好几个外甥，成绩不好的他都很冷淡。我要是做与学习无关的事情，父母就觉得我赶不上舅家的人，说我丢他们的人。”

这时候我问他是否在父母、老师、同学提出问题的时候自己有过自己的不同看法。我是想知道他是否是按照乖孩子的标准来要求他的。他说有想法的时候就说，没想法的时候就听别人的，基本上是一个乖孩子。父母认为不看书，出门就是浪荡。他在自考的时候父母让他报公务员考试，他没那么多精力，结果考得不好，他的父母就责备他。

“你觉得所有让你学习的原因对你现在的影响是积极还是消极的呢？”

“有积极的地方，我终于考上了更好的本科院校，我父母把这一消息告诉遍了他们的同事。也有不好的地方，没有能力。”

“你看到了现在的你为什么总是把知识学习摆在第一位的原因了吧。你的内向、爱面子的性格，还有你小学、中学在学业上的不自信，加上上述的外界的压力，让你不得不看重学习。在升入大学之后，应该锻炼一下自己的社会能力的时候，你依然是紧抓学习，你想证明自己，改变自己的自卑的心理。现在对你看重学习有了一个更进一步的认识了吗？”

“有了。”

“所以，在你学习的时候被逼着参加活动拿分，在参加活动的时候又担心学习搞不好。”

“老师，是这样的，我正是这样想的。”

“对你为什么特别看重学习有了一个较深刻的认识后，你可以再想一想，以后如何来安排知识学习和能力培养的关系。假若在培养能力的同时，又收获了加分，岂不是更好的事情吗。”

“是的，我明白多了。”

我提到了来访者提到的其他两点，“自己加的分少，别人加的分多”，“自己得过两三次奖学金，别人年年都得”，我让他说一下是怎么和别人比的。结果，他发现自己只关注别人比他强的地方，并且很少和自己的过去比。他说父母说要跟前面的人比。而这正是造成他目前焦虑状态的一个原因。所以，在总结了本次咨询之后，这次的作业就是在继续完成上次任务的同时，变消极的问题叙述方式为积极的叙述方式，每天主动做一件事。

无法信任他人

一次咨询中，小健问我考不过计算机等级考试是否会影响到毕业，他上次的考试没有及格，还需要补考，担心以后也考不过去。我告诉他我不是太清楚，可以问一下已经毕业的同学或老师。他问了其他同学，得到的答案是没有考过计算机等级考试不影响毕业。他怕其他同学也不清楚情况，又问了辅导员，辅导员告诉他，不会影响到毕业。他说我要记下辅导员的话，万一到时候毕不了业，我可以追究辅导员的责任。这正反映了小健的问题所在，他对人没有基本的信任，总是怀疑别人说的话。咨询的进程很缓慢，每次咨询过后，小健都很少能完成咨询的作业，但是，他还是能够按时前来咨询。

慢慢地，我感觉到每次他来都能够提出很多新的问题，他总是不断地抛出问题，频繁地转化话题，很难在一个问题上深入下去。在一次案例讨论会上，几个咨询师提到的案例和我咨询的小健的案例很相似，我详细询问了一下，发现他同时在向几个不同的咨询师咨询。关于这件事情，他从来没有告诉过我，他缺乏改变的原因似乎应该在这里了。他可能不知道这样做不仅找不到最准确的答案，还可能让自己更加混乱，因为每个人对于问题的看法和咨询的风格

是不同的，看似是全面收集资料，实则让自己更不知所措。同时也可能是，他需要得到更多的关注，因为他总是不断地发短信给咨询师、辅导员和他的朋友，而那些短信很多时候是自言自语，别人也不用回复的。我把这个案例向我的督导进行了汇报，我的督导说，“他是在控制咨询师。要跟他签订咨询协议，同意在一个咨询师这里咨询的话，就不能到其他咨询师那里咨询，假若发现他同时向不同的咨询师咨询的话，立即终止咨询。”在学校，面向在校学生的咨询是不收费的，他这样做的话对他来说没有经济上的压力，这个协议对他还是起到了一定的作用。

这也说明了小健对于别人的不信任，包括对咨询师。我又想到了他第一次来的时候想解决的两个问题，他想拿到一个好成绩顺利毕业，他觉得别人不喜欢和他交往，把他当作为透明人。他担心社团活动和学习会有冲突、平时作业老师给的分数低、英语考试不过、计算机考试不过都可能让他不能够顺利毕业，他过于关注自己的学习，不是想超越别人，而是担心是否能够顺利毕业。在学习这件事上，他很敏感，也很不自信。他专科时有一次挂科让他有天塌了的感觉，那可能对他的影响很大。再有就是父母和亲戚环境中对他的压力吧，父母觉得考专科很让他们丢脸，舅舅对他也是看不起的。在成长过程中因经济原因，玩的方面受到一定的限制，让自己更多地封闭起来，和同龄人交往较少，缺乏了解别人和表达自我的能力，找不到自己的爱好和长处，生活在相对狭小的人际空间里。按照家长或老师的要求按部就班地学习、生活，缺乏主见。在学习不理想，社交不成功的时候，生活变得很无趣，需要得到别人的关注，尤其是老师的关注，因为他还抱有老师能在自己遇到学业上的困难的时候帮自己一把的想法。长期习惯于按家长、老师的指导来学习和生活，在遭遇失败之后，对周围环境产生了疑惑，产生了到底该听从还是不该听从的矛盾，不信任他人，因为缺乏主动性，缺乏对于问题的理解、把握，这样容易丧失了自我。在人际交往方面，根据个体的言语和行为表现，别人会做出接近还是远离的判断，专注学习，忽视社会技能的培养，会影响到和别人的交流，造成的尴尬让自己受挫。

小健的问题是他的环境和成长经历的反映，要解决问题，首先是找到自我，建立自信；然后是练习社交技能，恰当地和别人进行交往；再次是和别人建立信任关系，享受信任带来的便利和人性的温暖，驱散疏离和孤独的感受。

毕业之后的联系

和小健的咨询断断续续地持续了差不多一个学年，他很快就要毕业了，因为找工作比较忙碌，咨询就中断了。他想考公务员，竞争激烈是可想而知的。他后来回到了家庭所在地，应聘到了一家事业单位。在网上又联系我，问如何才能和同事、领导相处好。他说，看到别人和领导相处说说笑笑很轻松，别人也不用做那些繁琐的事，自己和领导总是没话说，领导总把别人都不做的琐碎的事让自己来做，很是郁闷。这样的问题何尝不是在学校时的问题的重复呢？和同学、老师交往的内容里面包括了多少和同事、领导的交往技能啊。他又问了我一些他所在的地方的咨询师的联系方式，我告诉他要到正规的咨询机构，认认真真、踏踏实实地做出改变才可以有更大收获，也许收费的机构对他更有帮助。

小健在每逢过节的时候总忘不了发短信给我，我辨别不清这个短信承载的到底是什么。问候？希望得到关注？方便提供给他某些便利？……在他成长的道路上又有了哪些变化呢？敏感而又较少成功体验的他建立起自信了吗？是否可以独立地解决问题了呢？路漫漫，但愿小健能够充满阳光地生活。

案例分析

家庭对于一个人的影响太大了。父母把自己的压力转嫁到孩子身上，给孩子造成了很大的心理伤害。不了解孩子的性格、心理及一些事件的可能影响往往会影响孩子的心理健康。根据实际情况，客观适当地比较，可以让孩子看到自己的优点和缺点，不断进步、快乐成长、积极生活。

有时候帮来访者梳理一下他的生活经历，就可以让他明白好多道理。因为他过去很少从这个角度去考虑问题。这时候也不用什么理论和技术，效果就出来了。你让来访者把精力放在了关键问题上，并且深入地思考下去，他就豁然开朗了。然后，在生活中再做一些事情，来强化这一认识，培养自信。

另外，对于比较复杂的问题，抓住关键问题进行深入探讨是咨询有效的前提，避免不断地接受抛出的问题而浅浅划过，假若遇到这样的情况，要指出来和来访者进行交流，这也是阻抗的一种表现方式。小健正是缺乏对咨询师的信任，而又希望得到咨询师更多的关注，在这样的背景下，反复地更换咨询师并没有取得很好的效果。

如何培养孩子的学习动机

暑期我遇到许多父母都为孩子报了一两个学习班，想让他们趁此机会在学习上有一个大的提高。但是，暑期班的训练更多重视的是知识的传授，对于孩子的学习态度、学习动机、学习兴趣的培养几乎很少涉及，而这些恰恰是影响知识学习的最基本的因素。我们常说"知之者不如好知者，好知者不如乐知者"说的正是这样的道理。一些成绩不好的孩子不是不聪明，而是不想往作业跟前走，一提学习就头疼，犯困，无精打采，可要是玩起来就成了一匹撒欢的小野马，精力充沛。造成这种情况有多方面的原因，学习动机不足是其中很重要的一项。我就在博客上写了关于孩子学习动机的这篇文章和大家一起分享。

学习动机是指激发个体进行学习活动、维持已引起的学习活动，并导致行为朝向一定的学习目标的一种内在过程或内部心理状态，它影响学习的过程和学习的结果。这一过程或内部心理状态形成的驱力越强，孩子学习就会越主动，就越想学，越容易养成专心、认真的好习惯，在碰到困难的时候容易坚持，喜欢想办法去克服，取得成功的可能性就大；驱力弱的孩子往往要靠家长督促才不情愿地去学，很被动，一心想着赶紧完成任务去玩，整个学习过程也就敷衍了事，容易形成粗心、不踏实、字迹潦草等坏习惯，在碰到困难的时候就容易逃避和放弃，失败的机率就高。高学习动机下学业获得成功的话，家长、老师、同学给予孩子的肯定就多，这是一种强化，会增强他的信心，使之无意当中又加强了自己的学习动机；低学习动机下学业多次失败的话，孩子就容易形成消极的自我概念，认为自己不行，并且从环境中得到的负面信息就多，结果会强化自己不行的

观念，不敢挑战有难度的学习任务，或者逃避学习，形成上网、贪玩、幻想等等不适当的应对方式，陷入厌学的怪圈当中。因此，激发孩子的学习动机，不仅可以提高其学习成绩和学习效率，更重要的是可以培养他们对生活的积极心态，促进健康人格的发展。

那么，如何才能培养孩子良好的学习动机呢？可以采取的具体的做法是：

首先，树立远大理想。我曾询问一些小学生自己的理想是什么。成绩较好的小学生的回答表明他们大都有比较具体的理想，比如科学家、发明家、医生、教师等等，而成绩较差的学生的回答则表现出缺乏明确的理想。还有一些学生虽然有一定的理想，但不敢说出来，比如说想当科学家，但知道自己成绩不好，自认为成不了科学家，羞于说出口。在这种情况下，要根据他们的日常表现中反映出的兴趣爱好，启发引导，帮他们树立自己的理想，并且要采取一定的措施使他们认识到，只要努力自己的理想就可以实现。在日常的学习生活中应注意根据他们的具体情况，提出恰当的要求，并注意把抽象的道理同他们的具体行动结合起来。如把按时上学、专心听讲，坚持及时完成作业等具体的学习任务与实现自己的理想联系起来，引导他们明确学习的社会意义，激发他们较强的学习动机。

其次，设立合理的目标。根据维果斯基的最近发展区理论，"最近发展区"是指在有指导的情境下，儿童借助成人的帮助所达到的解决问题的水平与在独立活动中所达到的解决问题的水平之间的差异。在学习过程中要根据最近发展区理论为他们设立合理的目标，目标不能太高，否则他们无法达到；目标也不能太低，让他们感觉到没有什么意思；合理的目标是让他们付出努力后就取得成功。也即常说的"跳一跳摘桃子"。这样可以最大限度地调动他们的想成功的欲望，从而激发出较强的学习动机。

其三，不断体验到成功的感觉。心理学上塞利格曼曾经做过一个著名的"习得性无助的试验"，实验中实验组的狗在被电击又不能逃脱的情况下学会了默默忍受，即使在有机会逃脱的情况下这些狗依然是这样；相反，控制组中的狗每次在被电击之后都有机会逃脱，这样只要这些狗受到电击，都能很快逃脱，以避免持续电击。塞利格曼指出，实验组中的狗习得了一种无助感，这种无助感使它们放弃了逃脱而选择忍受。这种无助感是哪里来的呢？不断地被电击，每一次想逃脱最终却没有能够成功逃脱的经验。这对我们人类的启示是，不断的打击、失败可以使个体产生无助感，放弃成功的机会，从而减少了成功的机率，陷入不能成功的恶性循环当中。因此，在孩子的教育当中，我们要创造条件、创造机会，让他们体验到成功的感觉，这样在遇到困难的时候，他们就敢于挑战，敢去战胜，容易增强学习的动机。

其四，建立有效的激励机制。激励是一种强化，具有信息性和动机激发性。积极强化能为学生提供行为进步的信息，具有激励作用。一个点头的动作、一个微笑、一个激励的眼神或一句简单的表扬，都能产生积极的强化作用，能促进孩子进一步努力学习，向新的目标迈进。特别值得一提的是代币管理，这是一种综合性的行为矫正方法，它能把矫正不良行为和塑造良好行为有效地结合起来。所谓代币是指可以累积起来交换别的强化物的东西，如五角星、点数、分数等有明确单位的东西。例如，教师对学生在学校的良好行为以贴五角星来记录，当五角星积累到 10 个时，就给一支笔作为奖励。在这里，五角星就是代币，而笔是强化物。代币可以用来换取学生感兴趣的强化物（如糖果、玩具、出去玩等）。系统地运用代币来矫正不良行为、形成良好行为的程序就是代币制。恰当地运用代币管理可以有效地促进孩子形成良好的学习行为。

第五，引导孩子正确归因。维纳等人的归因理论认为，人们往往倾向于从三个维度六个方面对自己的行为结果进行原因解释，即内部和外部，可控和不可控，稳定和不稳定。内部可控的不稳定的因素主要指努力、学习策略的使用等，内部不可控的稳定的因素主要指能力等；外部不可控的不稳定的因素主要是指机遇、运气等，外部可控的因素主要是指老师的对待、同学的帮助等。归因方式的不同会影响学习动机。将学习成功归因于机遇，或将学习失败归因于能力不足，都会降低学习动机；而将学习的成功归因于自己的能力

和努力，将失败归因于努力不够，则会提高学习动机。因此，在教育中家长要引导孩子进行正确归因，帮助他们认识到学业成功归因于能力、努力或学习策略的使用，这样有助于激发他们的学习动机。

第六，进行成就动机训练。成就动机是指个体积极主动地从事某种自认为重要或有价值的工作，并力求达到完美地步的内在推动力量。阿特金森的成就动机理论认为，人们有追求成功的动机和避免失败的动机。高成就动机的学生能够积极地向中等难度的课题和任务挑战，并选择有可能完成的学习任务，以求得成功；而低成就动机者或无成就动机者往往选择不恰当的任务以避免失败。可以通过训练，教导成就动机低的孩子学习高成就者的思想、言谈及行动方式，并对未来仔细思考与计划。可以灵活地运用一些游戏，潜移默化地培养孩子的成就动机，比如，可以玩流行的套圈游戏，引导孩子选择中等难度的任务，在游戏当中以进一步激发其学习动机。

在培养学习动机的过程中还有许多可以采取的措施，比如，激发孩子的好奇心和求知欲，正确运用表扬与批评等等。要做到这些需要家长做一个有心人，不要只把眼光定在眼前的知识学习上，更要注意上述几个方面，这样可以从根本上激发和培养学习动机，从而更好地促进文化知识的学习，有利于孩子的长远发展。

在男友离开的时候如何面对

这是我收到的一封邮件，小莉陷入了爱情的困境，一段时间以来很不开心，希望能够找到解决问题的办法。这也是一些相恋而又希望毕业之后能够走到一起的同学可能遇到的问题。在此，征得来访者同意之后，把这封信呈现给大家。

方老师：

您好！

感谢您能在百忙中看我的邮件。我和相恋两年半的男友分手了。各种现实的原因，说好他来我的家乡，可由于工作和他家人的原因，他还是走了。他走的时候我没有挽留，我气他的犹豫和答应我的事情没有做到。这些事情就不说了。后来他把他空间里我的照片和留言都删了。我曾经怀疑他是不是有了新的目标，知道自己是自取其辱，还是问了他，他说没有。我想他是不再留恋和回头了。由于他的户口和档案还在我们县，他也没有转走。如果有机会考试，我想让他回来，可他说，不想回来了。

也许我们真的是走到了缘分的尽头。我心里一直有个结，一次意外，我怀孕了。做了人流，不能打麻药。受了很大的伤害。如果他在，我觉得还好，可是，他离开了，留给我的是更大的心理伤害。我觉得自己再面对其他的异性时，会觉得自己抬不起头。告诉实情我想会更糟，不说，我也觉得愧对人家。

您能帮我解开这个结吗？期待您的回复。

祝工作顺利！

小莉

这是我的回复，表达了对于小莉目前境况的理解，并且协助她一起面对现实的问题，做出理性的分析，同时，改变传统观念带来的心理压力，积极地去生活。相信，随着时间的推移和对生活认识的加深，小莉能够很好地面对自己的经历，这或许还能成为人生的一笔财富。

小莉：

你好！因为太忙，一直没给你回复，让你久等了。我理解你现在所承受的痛苦，所爱的人离你远去，让你感到失落，因为爱而流产，让你的身心具受折磨，而这一切都不愿意也不能向别人诉说，只能独自承担，太累了。这些烦心事搅乱了你的生活，你还想着让他回来，但似乎现实让你感到无能为力，当初无限美好的理想在现实中碰了个粉碎。我不敢贸然说你们的爱有多深，但我知道相爱的人分离的痛苦。假若能续前缘，一切都不是问题，目前分离似乎是必然的问题。

造成目前的原因之一是当初没有考虑到男生家里的意愿，他的父母是否愿意男生到外地安家，这既涉及男生是否是独子或家长思想是否开放，还涉及随后的男生家长的养老问题；二是是否有合适的工作，在当前工作难找的情况下，有一份不错的工作，似乎男生的家长接受的可能性大；三是男生对自己能力的自信和追求爱的理性的认识。在这些都没能较好解决的情况下，家长的观念和找不到工作两方面的压力很容易动摇他爱的信心，动摇对自己的信心和爱情的看法。因此，相对于一般的恋爱，你需要承担更多的重担，从而爱情也得经受更严峻的考验。

我们都是普通人，在遭遇挫折的时候，能够对自己充满信心而又能够坚守理性的爱情留在爱人身边的毕竟是少数。过去不可改变，但可以改变对过去的看法。两个人相爱没错，但是能真的步入婚姻的殿堂还有一些现实的因素要考虑。爱是高尚的，还受到现实的制约，我们能在多大程度上突破制约，突破的越多，距我们理想的爱才可能越近。当现实不能顺利提供这些条件的时候，矛盾就产生了。很多时候，我们输给了现实，尽管也有赢的时候，也需要我们努力去赢。那么，这里面是否有对错，能否简单地用对错来衡量爱呢？你错了，他错了，还是其他？只能说校园的环境和社会的环境让同样的我们产生了不同于当初的想法，上述因素在逐渐地发挥作用，慢慢地改变了我们，最终我们有了新的不同于当初的想法，心还在牵挂着，心又在改变着。你还希望像校园中一样相互爱恋，他在种种因素的制约下有了更多的更现实的感受，这感受不一定冲淡了爱，却让爱退缩到了一个角落，现实的东西渐渐占了上风，因此，做出了新的选择。

为什么是他来你们县？也许是你这边有更现实的因素。那么现在其实也是审视爱情的时候，你到底追求的是什么？那叫爱吗，还是其他？值得更多的付出吗？他又需要什么呢？你清楚吗？你们相互吸引的是哪些方面呢？假若值得的话你会做什么来改变？有效吗？是爱破碎了，还是被现实制约住了，能突破吗？不能突破的情况下该怎么办呢？当回答了这些问题之后，你可能对他的情感会有一个更清晰的认识。

假若你真的决定分手了或事实上分手了，就涉及到了你说的"如果他在，我觉得还好，可是，他离开了，留给我的是更大的心理伤害。"更大的伤害，一方面是受苦的时候爱你的人不在身边和你一起分担，另一方面是你付出了很多却没有收获，这是更深一层的失落和悲凉。决定要分手的时候，尽管我们内心渴望被关怀，似乎总是让受苦者承担苦难，仿佛这样才能表明分手的决心。那就需要面对现实，在痛苦中自我疗伤，让自己静一静，想一想，自己到底要什么？谁能给你要的东西？现实吗？你要选择什么样的人生？追逐理想还是在现实的基础上抓住眼前的幸福？这是人生观的问题了。

关于"我觉得自己再面对其他的异性时，会觉得自己抬不起头。告诉实情我想会更糟，不说，我也觉得愧对人家"这一问题，要看具体情况。有的人很在乎这些，有的人不太在乎，但是谨慎为好。毕竟这关乎到自己的幸福，可以旁敲侧击地试探一下，在条件成熟的时候再决定是否告诉对方。其实，假若真正爱一个人，也应该接受

一个人的过去和将来，而不仅仅是现在。再说了，这更多的是观念的问题，似乎现在更趋向开放了。更重要的是改变你的观念，有过恋爱甚至性经历的人并不比别人少什么，低什么，自卑什么，由爱而性是人之常情，因为性是爱情的核心内容。西方文化在这一点上比我们的文化氛围宽松很多，不管是少女或是已婚的女性，只要爱就去爱，不以是否和别人怎么样为条件，这样说似乎理想了一点。但我的意思是放下担子，大胆去追求属于自己的幸福，而不是因为这件事就抬不起头，相反，应该更成熟、更理智地去追求。因为，假若你一直抬不起头又能改变什么呢？从这个层面上说，也要自己救自己啊。你说呢？

另外，假若可能的话可以跟父母或其他信得过的人交流一下看法，能够得到更多的支持，可以更好地帮你渡过难关。

祝好！

方老师

小莉后来通过网络和我交流说自己和姐姐说了痛苦的经历，姐姐很是理解和支持她，给予了悉心的照顾。小莉感到心理压力小了一些，有信心面对这样的问题了。

案例分析

很多处于热恋当中，满怀憧憬的少男少女希望“执子之手，与子偕老”，这也是人生的一大幸事。然而，现实并非能按照自己所想，能够让自己如愿，我们还需要面对一系列的问题。小莉的境遇正是真实的写照。在遇到这样的问题的时候，痛苦是在所难免的，因为分手是对两个人的伤害，只不过每个人因为性格、做事方法等不同而选择了不同的策略。失恋分手在大学生咨询当中是常见的问题，很多并不好解决，更不是一蹴而就的事情，因为情感的复杂和牵挂并不是说分手就可以撕扯得清的，但是，我们需要学会带着伤痛来面对现实的生活。

在现实不能改变的时候，似乎改变自己才是最好的办法。我们在痛苦当中变得更加成熟，更加理智，也懂得了珍惜。当一段美好的爱情不能挽留的时候，除了时不时地打开记忆的匣子，回忆一下那些甜蜜的时光外，更多的是学会珍惜眼前，让以后的步子迈得更稳健一些。

有时候真想把这一切结束了

来访者敲门之后就进来坐在了沙发上，面带笑容地谈起了她的这些强迫症状，说是自己上网查了资料后说是强迫。高三复读的时候，她复读了两年，那时候压力特别大，觉得要去看一下门或水龙头是否关了，这样心里会轻松一些。大一的时候考四级就严重多了，频繁地去想，要不断地看才行，自己也知道已经关了，但就是控制不住自己。有时候拉拉链也是这样的，它会转移，前一段时间是洗澡的开关，现在是饮水机的开关。有时写学生证号码的时候会看好几遍，生怕出错。

来访者叫王娟，她痛苦地诉说着自己的症状，"太折磨人了，明明知道那样做不好，可就是控制不住自己，就像一架不听使唤的机器，我支配不了自己了"。

成长的道路

"我有一个比我大 6 岁的姐姐，已经成家了，在城里生活，比较优越，我很羡慕她，我有什么事都和她说，包括我在网上交了一个在外地的老乡做朋友，我不知该不该把他拉黑的时候我都问我姐，我觉得听她的没错。父母对我都很好，但主要是关心吃饱了、穿暖了没有，在我第二年高考没上二本线的时候，我爸坚持让我复读，我和我爸关系紧张了一段时间，父母也意见不一，吵了几次。我过去咨询时说是我比较依赖。"

"我在高中复读的时候，感觉压力挺大的，尤其是我有一个小我三岁的表妹也高考，亲戚们会把我们两个作对比，感觉要是再考不好的话，对不起父母。来到这里之后考四级也挺紧张的，本来想四级过了就好了，谁知考专业八级的时候还是这样。我表妹考的是一本，入党了，我爸也唠叨着让我入党，我说我入不了。”

“我不和表妹比，表妹也不比，但舆论比，还是有压力。我不怕其他人对我的看法，我担心爱我的人对我的看法，比如父母、姐姐。假若他们对我不看好，我会觉得对不住他们，很内疚，并且害怕他们会不再理我了。尽管我知道父母不会，但还是想万一他们要是那样的话，我就真正处于孤独当中了。我姐结婚后就不像以前那样在我这里花过多的时间了，现在她有了小孩，更是这样。我知道她有了自己的家，要忙。”

“她现在要照顾丈夫和孩子，她经常鼓励我独立做事情，有时候我也不想把和外地那个老乡交往的事情告诉她了，她不让我和那个老乡交往，我知道她是为我好，但是我还是控制不住地给他发了一张贺卡，他就给我回了，我现在很矛盾，不知该怎么办。”

我说，“你不敢做决定，害怕把事情做砸了。”

王娟，“是的，我在这时候就经常问别人该怎么办，让别人给我拿主意。”

我说，“这样你就可以避免承担失败的后果，或者失败由别人来承担。”

王娟说，“哦，是这样，这样我踏实些。”

我说，“哦，是否可以认为你担心的正是别人对你的评价呢？要是门没关好的话，别人可能会说你不懂礼貌，水龙头没关好的话，别人认为你不讲公德之类的，所以就想确认到底关好了没有，避免被别人批评。”

王娟说正是有这样的担心。她平时主要是看书，看书之余就上网或睡觉，基本不参加体育活动，在这里也没有什么能谈得来的朋友，倒是在来回的火车上碰到过。在高中呢，也不多。平时班里或其他学院组织的一些活动，也参加，但只是一个旁观者，很被动。过去和现在交友都一样，别人不联系她，她很少主动联系别人。因为她怕把心里话告诉别人，别人会传出去。

“在高中时候的一件事可能对我影响比较大吧，高一时我和那

个女生关系很好，分班的时候我们还抱头痛哭呢，后来学校又不分了，我们又回到了原先的班，但我不和她同桌了，我和另外一个女生关系不错，她就经常拉住那个女生，把我和那个女生的关系搞坏了，这样我和她也就疏远了。后来我很少交友了。”

王娟的家庭教育和人际关系对她的强迫症状有一定的影响，从长远来说是要培养自己的独立意识，学会自己做决定，自己承担责任，一步一步地变成一个自己能做主的人。

痛苦的生活

来访者讲到自己在高中的时候，因为听到一个感冒了的同桌吸鼻涕和呼气的有节奏的声音感到特别烦，影响了学习，后来就对轻微的有一定频率的声音感到特别烦。一次考试中，一个监考老师的香水味道让她一方面在考试，一方面还要被这种气味的干扰分心。尤其是在学习的时候碰到这种情况更敏感，其他场合也会有感觉。但不像学习的时候这么敏感，那时候找一个同桌真难。到了大学因为能够自由选择好多了，但还是要选择那些人少的教室，毕竟这方面的困扰少了。

大学原先在宿舍住，夏天太热，宿舍的同学都是开着门窗睡觉，自己觉得不安全，但又不能改变大家，于是就搬出去住了，有时锁门的时候自己会反复地锁上十几分钟，尤其是在有时间的时候，更是这样，非得把自己搞得疲惫不堪才能停下来。这些天发展得更奇怪了，要凑个奇数才肯罢休，有时自己会想，和超市的打折一样，少锁几次算了。王娟说的过程中，常常发笑，好像是觉得别人看起来很好笑。但谈到锁几十次才肯罢休的烦恼，有时还不如死了好的时候，几乎要掉下眼泪了。

王娟还提到了自己的强迫观念，比如，把一个生了虫的烂桃子扔下楼去，她就会想万一这虫子又爬了上来，钻到了自己的耳朵里怎么办？去医院万一染上了细菌怎么办？对于这样的小概率事件，自己总是会想很多。知道这样的情况很少发生，但就是禁不住地要去想。

自己对于细节的东西很关注，尤其是住得越久的房子，细节就会注意得越多。我问她在做作业或重要的事情的时候是不是也是这样很注重细节，她作了肯定的回答，并且举了例子。别人告诉她的电话号码，她要核实好几遍，申请手机号销号的身份证复印件她要从服务员那里要过来再撕得更碎一些。

她提到了过去在别处咨询的时候，咨询师说她的症状是为了给落下的成绩找一个借口，以免受成绩落后造成的自尊上的伤害。还有咨询师引用埃里克森的发展阶段说她现在处于亲密对孤独的阶段，要发展亲密感，说她缺乏安全感，要多和别人进行身体上的接触。因为她很少和人进行这样的接触，包括妈妈。这些听起来似乎都很有道理，但对于这个来访者真的是这样的吗？

前者进行了一次咨询就给出那样的解释，未免太武断了吧。后者根据她在家中的排行和反复地锁门得出的不安全感的判断，是不是有贴标签之嫌呢？而这位来访者真的就相信了他们的判断，并且她承认她很容易受暗示的，她就这样不断地暗示自己，一直到现在。

王娟说小时候父母比较忙，她是由一个大约二十多岁的保姆看护的，是否在这个环节造成一些不安全感也难说。假若是这样的话，可以通过后天的合格的看护者对她的爱培养她的安全感。她又是那种听话的乖孩子，自己规划和管理自我的能力又比较强，不是像她说的自己意志不够坚强。说不坚强是因为自己和被强迫打败了比，而不是和同龄人比，她很认同这些。她对生活抱有认真的态度，又极力避免受到伤害。就像对待恋爱的态度，她知道不会有一个好的结局，就不想去开始。

艰难的改变

我和王娟讲了认知行为疗法和森田疗法的治疗观点，说明了强迫易辨别、难治疗的特点。她认为自己是比较乐观的，承认了自己带病生活的现实，尽管会有不开心的时候。尽可能把症状和人分开，通过改变自己的对于强迫的看法和顺其自然的态度慢慢把痛苦降下来，减少多余的动作。

我示范了肌肉放松的方法，她跟着做了一遍，但她的身体很难放开，做完后我询问她的感觉，她说是锻炼了身体，我让她回去后每天做一遍，在有强迫行为的时候延迟反应时间，并且做放松的训练。

王娟在生活当中开始有意识地去忍受一些想要去做的动作，坚持不做，等时间一分一秒地过去，然后慢慢延长这样的忍受时间，同时告诫自己，自己是很优秀的，有很多优点，只是烦人的疾病在折磨自己。然后尽可能地转移注意力，关注急需要做的事情，或自己感兴趣的事情。通过一段时间的联系，王娟对于强迫动作的忍受能力有了明显的改变，尽管心里还不是很舒服，但是反复的次数有了明显的降低。

就像《美丽心灵》影片中的纳什一样，在我们不能够把脑子里的影像赶跑的时候，就承认它的存在，与它和平相处，让它作为自己生活中的一部分，这样强迫带来的压力就会小很多，我们的注意力就可以放在最需要做的事情上了。

案例分析

严格的家教、完美主义的人容易产生强迫，而此例却是缺乏独立性、害怕承担责任、担心负性评价、想做一个好孩子所致，也说明了因果关系之间的复杂性，一个原因可以导致多个结果，一个结果也可能由多个原因导致或共同导致。

接触的案例越多，能发现的异同之处就越多，越容易深入把握微妙的心理。王娟因为强迫的症状感到焦虑，都和考试有关。在交际方面，她在熟人面前都有戒备心理，想做一个好孩子，为家里争光，为弟妹做榜样，但又担心别人的评价，怕承担责任，是一个追求完美的人。

已有研究证明，认知行为疗法和森田疗法对治疗强迫症有很好的疗效，很多强迫症患者都能从中受益，本案中的王娟在经过半年的治疗后，强迫症状有了很大改观，整个人的精神面貌也好了很多。

爱上了不该爱的人

阿兰是一位公司的女职员，今年 25 岁，她为自己的性取向给自己带来的烦恼感到压力很大。她在大学的时候就交过男朋友，但是在交往过程中她发现自己对女性更感兴趣。慢慢地她就和女性开始交朋友。但是家里十分反对，为此家庭关系很紧张。

爱我所爱

阿兰出生在陕西，读初中的时候，举家迁到北京。高中阶段，她曾因学业中的困难感到焦虑、抑郁，并在学校的咨询中心做过几个月的心理咨询，但疗效不佳。后来升入大学，大学给了阿兰广阔的舞台，她能歌善舞，个性鲜明，很快吸引了很多人的目光。整个大学期间就有众多的追求者，并且她曾与一个男同学同居过几个月。就像所有的花前月下的浪漫爱情一样，阿兰感到很满足，享受着爱情带来的滋润。但是，她隐约感到似乎缺少了点什么，好像在性与情感方面并不是特别的满足。

她抱怨，当在学校里遇到困难或感到心烦时，男友对她并不够关心，也不愿意为他们关系的分歧做任何努力。当她因同样的原因，在痛苦和泪水中与最后两个男朋友分手后，她觉得跟男人在一起就象跟石头在一起一样，得不到情感交流和沟通。

大学二年暑假，阿兰参加了学校旅游协会组织的一个“女生夏令营”，发现与女性朋友在一起时要比与男性高兴得多，这让她感到很震惊，她上网查找了一些资料，接触到了“同性恋”这个词，她发现和女性在一起能让她体验到更多性和情感的满足，而且她的确与一个女同学建立了性关系。尽管这个关系因为她又去“调戏”别的女性只维持了几个星期，但是她开始明确地意识到：她的情感与性欲更多地与女性联系在一起。去年，她通过交友网站和一个叫阿紫的女护士确立了比较稳定的性关系。不久前，她向父母公开了这件事。父母对此表示强烈反对，严厉禁止她们的这种交往。但是阿兰感到离不开阿紫，仍我行我素，父母感到非常丢人，一气之下告诉她，绝不允许阿紫进家门，阿兰从原来的掌上明珠一下变成了被抛弃的人物，虽然，这给她的生活带来了许多现实困难，因为她目前的工资很低，要靠父母的资助补贴生活、完成自学考试，但是她依然坚持自己的观点。

这时候她已经感觉到了一系列的压力，家里反对，自己和阿紫的恋情不敢公开，两个人以朋友的名义在外面租了房住。虽然阿紫对她很好，但是这些压力还是让阿兰感到沉重。但是想到和那些男性在一起索然寡味，阿兰觉得承受压力还是值得的。阿兰的父母可不这么想，自己就这么一个女儿，还指望她争气找个好女婿，将来他们和女儿都有一个好的归宿，这倒好，全乱套了，怎么可以这样呢？这不是让女儿往火坑里跳吗？

阿兰在同志网上和那些网友聊天，发现她们也面临同样的问题，家庭和社会的压力像山一样压在她们的身上，在这个领域里，她们没有爱的自由，她们的爱非得在地下进行，谁要是被周围的人知道了，那可就麻烦大了，周围人会把你当成怪物看的。但是，她们又不想放弃自己的所爱，因为这才是她们人生的寄托。

既然选择了这条路，就注定会遇到很多波折。假若违心地按照父母的安排选择一个异性伴侣成家的话，其实说到底是害了两个人，甚至还会殃及孩子，这又是何苦呢？难道非要把一个人的痛苦变成两个人的痛苦吗？

矛盾心态

阿兰到咨询中心来的主要原因是，她时常为公开同性恋后的结果和能否完成学业而感到焦虑、沮丧。她对咨询也抱着一种矛盾的心态，一方面，她担心咨询师会像她父母一样认为她变态；另一方面，她又希望咨询师能够帮助她，解决她的困难，从困境中把她拖出来。

咨询中，消除了她上面的顾虑后，阿兰列出她希望咨询能够达到的目标：一是能更好地处理因同性恋给她带来的各种麻烦；二是增强学习上的自信心、能顺利地完成她的自学考试；三是减少因沮丧造成的暴饮暴食、体重超标；四是消除过低的自我评价。对于阿兰的性取向，作为咨询师无权干涉，咨询师的主要工作应该是处理这样性取向的情况下，来访者遇到的情感和心理上的麻烦。

阿兰在行为方面的表现主要是：回避，退缩，过食，牢骚，焦虑，气愤。经常与父母和恋人发生冲突，工作拖沓。此外，我向阿兰解释，会谈后布置的家庭作业是咨询的重要部分，对自己的信念的思考、检查越认真，咨询的进步就会越快。并且强调，咨询的目标不是要消除所有的负性感受，只是学会使感受与事件相一致、相符合，消除过度的反应。

第二次的咨询，重点主要集中于两个不同的问题上：对父母不认可她的恋人，认为她变态感到极端愤怒以及因工作拖拉受公司领导的批评感到非常不满。从分析阿兰主要的非功能性情绪、认知和行为入手，经过双方的协商修订了阿兰咨询的目标。在行为上，学会以更有效的方式与父母及其他反对同性恋者沟通，而不是以敌对的、挑衅的方式对待他们；纠正完美主义倾向及由完美主义而产生的对学业的过高要求；纠正过食现象，降低或至少维持目前的体重。在情绪上要减轻压力和焦虑。

阿兰总认为“我不应该总是面对这么多困难，生活不应该如此艰难”，比如：我父母不应该阻挠我的爱情；老师不应该总给我布置这么难的作业；一边工作一边读书，钱又挣得这么少，这太可怜了；我的恋人不应该在我很累的时候提出额外的要求。其次她希望“社会和家庭必须认可我所做的每一件事”，比如：我必须写出出色的论文，假如做不到我就是不好的，说明我不聪明、太笨。另外，阿兰把世上的不合意、不公平视为糟糕至极，这导致了她的愤怒和挫折感。或当自己的行为不能得到认可、不被接受时，她也认为那是糟糕至极的，这导致了她的沮丧。“因为我过去的生活一团糟，未来肯定也是这样，我没有什么希望了”。

咨询的进程是艰难的，在咨询中我们开始了这些具体工作，这是和阿兰谈话的一个片段：

“我父母坚持让我参加表哥的婚礼，我说，除非阿紫陪我，否则我是不会去的。他们非常生气，我们为此几乎两周彼此没有讲过话，现在我觉得很内疚。”

“你的恋人被排除在家庭活动之外，你感到很生气，我是能理解的，你还有其他的感受吗？”

“是的，还觉得非常沮丧。好像无论我做什么他们都不满意，我已经厌倦了总是这样挣扎着生活。”

“当父母要求你参加表哥的婚礼，并禁止阿紫同去时，你在想什么？”

“我都大了，他们无权告诉我可以带谁去出席婚礼，他们应该支持我自己的决定。”

“你是不是认为他们‘没有权力批评你’的背后是‘不应该批评你’？”

“他们就是不应该么！你是不是打算告诉我，他们批评我是对的，是件好事？”

“这当然不是好事，对你来说这是很痛苦的！我想你非常希望与阿紫的关系被家人接受，不希望和他们处得这么僵，是吗？”

“是的。”

“那让我们做一个小的练习好不好？”

“可以。”

“假如你认为是希望与他们处好，而不是觉得他们和社会必须接受同性恋这种现象，或不觉得不被接受对你来说是件可怕的事，那么你的感受会怎样？”

“我还是不喜欢这种情况。”

“当然，你没有理由喜欢这种情况，我猜你仍会觉得失望和受挫，但不再是愤怒或沮丧了。但是，当你把希望你的家庭不去阻挠你的爱情变成他们必须不能阻挠你的爱情时，通常会感到愤怒、懊恼，而这些情绪又往往给你和家庭关系带来更多的麻烦和冲突，还使你为此感到内疚。”

“是的，每次我都特别烦，他们就把这作为进一步的证据，说我不正常，说这就是为什么我要搞同性恋的原因。”

“所以，我们可以试着谈一谈你的‘应该’和‘糟糕至极’。看一看会不会有不同的发现。首先，有没有哪条法律规定人们不能持有偏见？”

“很多人对很多问题都有偏见，我想没有法律禁止偏见。但是偏见的确很可怕，它能使人非常痛苦！”

“是，偏见是会带来许多不良后果，但是控制偏见比漠视或容忍这些偏见要难得多。偏见与死亡相比哪个更可怕？或说偏见给你带来的痛苦是不是最严重的？”

“也许换了您，可能不会像我一样，但当他们向我和阿紫施加压力时我真的不能忍受了。”

“很自然，你不喜欢这样，但是没有理由说你应该像现在这种样子，而且你也正在忍受着你所谓不能忍受的事情，现在我们要做的，只是学会怎样痛苦更小地忍受它。”

“可为什么非要我改变呢？是我们父母又固执又烦人啊！”

“对，我也认为如果他们不固执，不让你心烦，完全接受你是最好的，遗憾的是，我们没有办法去控制世界、控制别人。他们可以愿意也可以不愿意改变自己的感情和行为。但是，如果你通过改变自己对别人的过分反应，第一，可以使自己的感受好一些，第二，可以有机会让他们更认真地考虑和容忍你对生活方式的选择，或至少不会因为父母拒绝接受你与阿紫的关系而对他们大嚷大叫，这样他们就不再有进一步的证据指责你不正常。(暂停一会儿)来，让我们再做个小的练习，这个练习叫“合理情绪想象”，请闭上眼睛想象你与父母正在吃饭时，他们责怪你带阿紫出席表哥的婚礼，你感觉非常心烦，对你的父母非常恼火，并感到做一个同性恋者怎么这么难！能想象得出吗？”

"能,太能了,这个场面跟昨天晚上发生的情况差不多,我非常沮丧、气愤、心烦!"

"好的,继续闭着眼睛,想象相同的情绪,但是,只让自己感到受挫、失望而没有沮丧和愤怒……,继续想象,只是对他们的行为感到不高兴,继续想象……你是能够想象出来的……"

大约两分钟后,睁开眼睛。"这很难做,不过你说的情境我最后还是想象出来了。"

"好的,你做得很好,你是怎么想的?"

"我告诉自己,我不喜欢他们对待我的态度,但是他们非常固执。不过,尽管我不喜欢,我觉得还是能够忍受的。正如您上次的说的一样,这情况对我只是个困难,但算不上灾难,现在我好像能体会到这句话的含义了!"

"你做得非常好,假如你不仅在想象中而且在现实中也对自己说这番话,那你就可以大大地减少自己的沮丧和愤怒,当然,我想你可能仍然会体验到一些负性的感受。你说过你并不认为同性恋是缺陷或病态,如果你非常坚定地相信这一点,你还会不会对别人的不接受感到极端气愤呢?是不是别人的批评让你觉得自己是有缺陷的、是病态的呢?"

"从某种程度上您说的是对的,但是如果每个人都拒绝接受你、都反对你,要想感觉良好太难了,难道我们不需要别人的接受和认可吗?"

"大多数人都希望自己被喜欢、被接受,尤其希望得到对自己很重要的人的认可,否则,就会感到失望和某种程度的挫折感。但我认为,在你的例子中你感到自己被贬低了,因此你对贬低你的人感到愤怒。假如你放弃这样的信念,即'别人认为我没有价值我就没有价值了',那么你就不会总是感到被贬低和无助。能明白我的话吗?"

"理智上讲是这样的,但是从感情上说,如果受到父母或领导批评,我还是会感到相当沮丧。"

"理智上的理解,只会让我们短暂地明白:只是他们认为我不好，并非我真的不好。但多数时间，我们还会觉得他们认为我不好，我可能真的就是不好，我有缺陷、没价值或不正常。”

“是的，我就是这么想的，我怎样才能改变这种想法呢？”

“躯体上的肌肉可以通过锻炼变得有力，情绪的肌肉也是可以通过锻炼增强的。关键在于锻炼！每次当你因被否定、被拒绝而感到愤怒、沮丧时，问自己以下几个问题：第一，什么法律规定不能对同性恋有偏见？为什么我的所作所为别人必须赞同？第二，他们这样对待我，真是这么可怕吗？我真不能容忍吗？第三，他们这样对待我就说明他们是卑鄙的父母吗？第四，他们的批评能降低我做人的价值吗？此外，你也可以给自己一些正面的信息：即使我同一般人的性取向不同，即使别人认为那是病态，但这并没什么，我有权选择自己的性取向，我并没有伤害别人。同样的道理，别人也有权选择自己的好恶，有权不同意我的选择，虽然我不希望这样，但权力是别人的。”

“我想在现实生活中能做到像您说的这样太难了！”

“的确，生活不容易。但是，通过学会当别人批评你时不再感到受侮辱，通过学会拒绝自己陷入‘我太可怜了，生活怎么这么艰难’的自怜之中，可以大大改变你悲惨的境遇——愤怒、沮丧、强烈的挫折感——这些都是你对困境的反应。（暂停一会）好的，我给你布置两个作业，好吗？”

“作业！怎么干什么都这么难呢？”

“阿兰，你有没有注意到刚才你的这句话恰恰和我举的例子一样，‘我太可怜了，生活怎么这么艰难’？”

“是，是有点像。”

“当你那样想的时候，你有什么感受？”

“非常着急、沮丧。”

“好的，你的第一个作业是认知方面的，要和自己的这些信念辩论：‘世界不应该如此不公平，我不应该为了高兴这么费力’；‘我父母不应该反对我与阿紫在一起’；‘我不应该非得来做心理咨询’。第二个作业是行为方面的：你用一种自信的而不是攻击性的态度让父母知道，虽然理解他们拒绝接受你的同性恋及你和阿紫的关系是对你的关心，但是你的确为此感到受挫和伤心。”

当阿兰暴露出她的主要问题时，即她的同性恋不被父母和社会所接受时，她感到极端的沮丧和愤怒，会谈把注意力放在问题背后的不合理信念上，这些不合理信念不仅存在于这个问题之后，同样存在于其他她认为不公平、不合意和被批评的情形下。因此，咨询的基本工作在于帮助病人提高挫折阈限。

在自我接受方面，具体的工作是处理阿兰因体重过重引起的自我贬低；为要停两年才能得到本科文凭感到无能；为经常缺课而感到焦虑。提高挫折阈限的具体措施是：处理阿兰每逢因作业、工作感到焦虑时就大吃大喝；每当想到不能向同学、同事公开自己是同性恋者时就感到气愤。

我告诉阿兰，人的任何一个单独品质或行为都不等同于这个人的全部价值。一个人过去的失败并不意味着将来不能成功。在每次会谈中，与这些不合理信念争论的结果，是使阿兰有了一些相对应的合理信念，并要求她每天至少花 10 分钟时间强化这些合理信念：即使我有一些缺点，犯一些错误，但并不能说我不好，我有很好的品质，是一个有价值的人；体重超标我不喜欢，但这并不会使我变得丑陋和令人厌恶；尽管过去和现在表现得不好，但并不意味着我是傻瓜，永远不能完成学业、做好工作。

咨询中阿兰逐渐识别出容易受挫和愤怒的不合理信念：

“我受不了这么繁重的工作，我的生活应该是舒适的，所以即使变得更胖，我也要把这些巧克力全吃了。”

“我太可怜了，我的生活不应该总是这么艰难。我的情人不应该在我又忙又烦的时候抱怨我没时间陪她。”

“做为同性恋者，不仅给我带来这么多麻烦，而且我不能像那些有丈夫的女人一样可以依靠丈夫的收入辞掉工作专心完成我的学业。”

“在外面被男人纠缠真是太可怕了。”

在咨询和家庭作业中，不断地让阿兰自己对这些不合理的信念进行辩论，逐渐得出以下建设性的态度：

“当我筋疲力尽的时候，我不喜欢阿紫对我提出额外的要求，但对我来说这只是一个困难，并不是什么极端可怕的事，阿紫也只不过是向我表达她的要求而已。”

“尽管我不能得到作为异性恋夫妻中的某些好处，但我与阿紫在一起时毕竟有很多愉快的感受，能得到情感与性的满足。”

“我不喜欢被男人们纠缠，但他们并不知道我是同性恋者，这个世界是复杂的，他们也和我一样，有时会犯错误。”

我提议阿兰邀请她的好朋友谈一谈她与阿紫的关系，争取他们的理解，并建议他们帮阿兰找个合适的场合，使父母和她们两个有坐在一起沟通的机会。当父母指责她的时候，努力表现得自信一些，而不是显示敌意。

三个月的个别咨询结束后，阿兰取得了很大的进步，她已经不再为繁重的学业、工作和父母的批评感到过分的挫折和气愤，也不再为不能完美地完成作业和达不到理想的体重而过分担忧了。此外由于不再总是发脾气，和父母的关系也有所改善。父母不再指责她“情绪不稳定”，尽管父母仍然希望她能找一个男人过正常的生活，但是，也逐渐开始接受她与阿紫的关系，并且允许让阿紫来家里做客，参与一些家庭活动。

最后，她在完美主义方面的要求也大为降低，因此感觉很放松，这种放松的心情提高了她工作、学习的效率，成绩反而有所好转，这种好转又进一步强化了她放松的心境。阿兰还需要继续巩固、强化以前取得的进步，继续对人际关系中的不合理信念予以纠正。阿兰在和家庭以及阿紫的关系上显现出了较好的发展势头。

案例分析

在这个个案中，咨询师并没有对阿兰的同性恋问题给予纠正，因为DSM-IV中不再把同性恋置于疾病分类中，更重要的是阿兰并不认为同性恋是变态的，她认为自己有选择同性恋的权力。注意到这一点很重要，它涉及了心理咨询的基本原则。但是同性恋者在异性恋的人眼中仍然是异常的，由此带来的诸多问题及阿兰对此的非功能性认知、情绪、行为模式成为了咨询的重点。

在咨询中，对于阿兰的每个问题，首先要致力于减轻其面对具体情境产生的过度情绪反应，如愤怒、内疚、自我贬低、焦虑等，然后，再与她一起分析讨论引起问题背后不合理信念的核心是什么，以扩大咨询的影响，使之能从更高、更抽象的层面上理解情绪反应的来由，有更多的机会确立建设性的适应模式。

一段痛苦的感情

颖现在已是中年了。在旁人看来，她是一个十分幸福的女人，她大学毕业后分配在本市重点中学教书，三年后经人介绍恋爱结婚，婚后第二年有了一个可爱的小宝宝，今年儿子十四岁，上初二。颖的丈夫现为某建筑公司中层管理干部，性格开朗，不拘小节，在单位人缘较好，有一帮玩得好的朋友，但近几年工作繁忙，经常出差，休息时间常与朋友一起吃喝赌牌。

颖在家排行老大，有两个弟弟。儿时，父母长期分居两地，姐弟三人随母亲在A省居住。由于父亲的工作性质，在颖的记忆里，父亲一年只回家几次，母亲一人承担家庭重担。母亲十分要强，尽管生活上有很多困难，但对外从不诉苦，工作上更不示弱。在家里，母亲对姐弟三人要求严格，经常大声责骂他们，但在夜里，颖经常听到母亲的抽泣声。每当这时，颖十分恐惧、害怕、伤心。平日里颖小心照看弟弟，生怕母亲不高兴。为了减轻母亲的负担，六岁时，颖开始学习做饭。在经济落后、物质匮乏的年代，颖每天放学后需挑水、做饭、种菜。和母亲一样，颖很要强，经常早上四点钟起床学习，六点钟开始做饭。高中毕业后，颖考上了本省的师范大学。在颖大学期间，父亲不幸因公殉职。

颖长期以来每当紧张的工作之后都会感到极度的孤独寂寞，在夜里常常一个人暗自流泪。这种现象阶段性地出现，但不影响白天的工作和正常生活，对同事和家人都很和善。

两年前遇到了他，后来发展出一段感情。近一年多来，颖经常失眠，注意力不集中，上课板书时也在想着他……脑子里经常有一种声音……听到歌曲时会流泪，不能自制……“我怎么了?”颖向我提出了这样的疑问。

失落的她

这是新年元旦假期之后的第一个周末。颖如约来到了咨询室，情绪低落，半晌没有吭声。当我问“我能为你做点什么”时，颖脸上掠过一丝难为情的微笑。

第一次谈话就这样开始了。颖的主要问题是激烈的内心冲突和情感困扰，并有一定的情绪抑郁。“常常在夜里一个人暗自流泪”是她孤独无助的表现。“注意力不集中，上课板书时也在想着他”是由婚外情引起的灵魂出窍及情感困扰。“听到某些歌曲时会流泪”则是她内心冲突的情绪反应，是抑郁情绪的自然流露。颖无任何精神方面的既往病史，家族也没有任何精神疾病史。颖虽经受着难以言表的情感折磨，但她的抑郁还不足以成为严重的抑郁症。

我安慰颖：“这是很多人都可能遇到的一种情况，也是符合人性发展规律的正常现象，只是这种情况影响了你的正常工作和生活，需要一些专业的心理疏导，让我们一起面对吧！”颖脸上露出一丝微笑，从这一丝微笑中我能感到颖的一丝欣慰和信任。

理性的婚外恋

一周后的第二次面谈在宁静的气氛中进行。

“近几天睡得好吗？”我问道。

“不太好。”

“想什么呢？”

“脑子里总有一种声音？”

“什么声音？”

“一首歌。”

“能说说什么歌吗？”

“《忘不了》。”

“整首歌在你头脑中萦绕？”

“不是，只有一两句……”

“哪两句？”

“……忘不了你的好，忘不了你的笑……”

颖低头，流泪，然后她开始饮泣，我只好静静地坐在她的身边。忽然她呜咽起来，接下来是大声哭泣。

这是过度压抑后的一次自然释放，我能做的就是静静地坐在她的身旁。虽然我想递给她纸巾，但我没有，我想让她的泪水尽情地流。几分钟后她慢慢平静下来，我递给她纸巾。

“这事开始在什么时候？”

“前年的春天。”

“他是谁？”

“一位老同学。”

“你们一直联系？”

“没有，十五年没有联系了。”

“近期是如何联系上的呢？”

颖向我描述了她在一次会议上和他相遇的情景。她说当时很惊喜，特别高兴，但只是平时的那种高兴和愉快。在接下来的会议期间及会务组安排的旅游活动中，颖始终和他在一起。颖说她感受到了一种从未有过的愉悦和安全，感觉很幸福。

“除集体安排的活动外，你们两个单独约会过吗？”

“是的，约会过一次。”

“有过亲密行为吗？”

“我们在海边，他拥抱了我。在他怀里，我是那样的平静、安宁；大脑里一片空白，仿佛整个世界都不不存在了。”

“一种从未有过的安全感、归宿感……”

“还有其他的欲望和渴求吗？如性方面的。”

颖没有吱声。

“请理解我，这些信息对解决问题很重要。”

“没有，当时没想。”

“后来想过吗？或有过性行为、性接触吗？”

“没有。”

“他提出过性要求吗?”

“没有。我感到他是十分体贴的人。”

“为什么这样说?”

“他没有过分的话和过分的行为。”

“你自己有过性的渴望和要求吗?”

“没有,没朝那方向想。”

我点头。我想,我得到了颖对于性的态度和双方性关系方面的资料,我相信颖的话是真实的。

“后来呢?”

颖接着描绘了分手时及分手后的心情。她说分手时有点难过,但不完全是难过,有一种说不出的感觉。

“你知道吗?有一种说不出的感觉……说不出话,不想理睬周围的人,不想吃,不想喝,只想一个人待着,静静地待着。”

“我能理解你的这种感受。”

“随后的几天,我只想哭,可哭不出来……”

“这种状态持续多久了?”

“将近一个星期吧。”

“在这期间你最希望得到什么?最想做什么?”

“最想听到他的声音。”

“听到了吗?”

“后来我鼓足勇气给他打了个电话。”

这时我点点头,鼓励她继续。

“接听电话,听到他的声音,我一时说不出话来,只听到对方说,喂、喂、喂……。他不知道是谁,想挂机,情急之下我说了声‘是我’,他问‘是颖吗’,这时我控制不住,放声大哭起来。”

“他有什么反应?”

“他没吭声。”

“问你为什么了吗?”

“没有。”

“他什么也没说?”

“是的，什么也没说，只是静静地听我哭。”

“以后见过面吗？”

“没有，一直没见过。”

“之后是如何交往的？”

“主要是短信，偶然也通过 QQ。”

颖与他虽然彼此没有说什么，可一切都在不言中。这是来访者与那个他的一次心心相印的理解、默契和交流，来访者的这种情感不是简单的单相思，而是双双坠入情网。但颖对他没有性的欲望和渴求，男方也没有提出性的要求，双方没有性关系和性接触，这说明颖对他可能是一种纯粹的精神依恋。

我佩服颖的勇气，感知她的诚恳和坦率，看得出，她正在与内心情感作激烈斗争，一位急切想解决自己问题的来访者。

我诚恳地安慰颖：“我理解你，这是一种奇妙的感觉，也是一种真实、自然的情感，是一个健康人的正常情感。”

听到这话颖十分惊讶：“健康人的正常情感？”

“是的，健康人的正常情感。”我重复道，“从这当中，你可以看到内心真实的自我，也能发现你自己缺乏什么，需要什么，在寻找什么。咨询中需要你我的真诚合作，这样才能解开你的心结。如果我们正确地分析，理性地反思，你不但可以知道自己为什么感到孤独，为什么会暗自流泪，充分理解‘我怎么了’，而且还能清楚地知道‘我是谁’”。

颖似懂非懂地听着我的这些话，没有做声。但从她脸上的表情中，我读出了她的惊喜。

回忆童年

一个星期后，颖准时来到了咨询室，这次没有上两次的沉闷，她仔细打量咨询室和墙上的画，主动和我聊起了天气，还试探地问天气对人情绪有没有影响。我告诉她天气对任何人都会有影响。如春天明媚的阳光会让人神清气爽，心旷神怡；严寒的冬天会让人倍加思念远方的亲人，希望得到一丝温暖，等等。不过天气对人情绪的影响程度因人而异。

这时我给颖热茶,她接过后说了声谢谢。

第三次交谈在自然而然的氛围中开始。

“近来感觉好点了吗?”

“好点了。”

“能说说吗?”

“感觉比以前轻松些。”

“什么情况下会有这种轻松的感觉呢?”

“不想他的时候……”

我沉思着,点点头,然后问道:“想起他的时候呢?”

这时颖脸上出现痛苦、伤感和抑郁的表情,看得出她心里的结很深,这份情带给她的不仅仅是剪不断理还乱的情伤。

我告诉颖,提起创伤、回忆往事也许是痛苦的,但我们必须去面对,才有利于问题的解决。

“能谈谈吗？为什么这段情后来让你如此伤心?”

沉默,长时间的沉默……

“短信交往有这样的感受呢？或者有怎样的满足?”

“那是我这一生中最温暖、最温馨的时光。”

“能回忆一点吗?”

“他曾短信告诉我:你是我的玫瑰,你是我的花;你是我的爱人,是我的牵挂……”

“这是歌手庞龙《你是我的玫瑰花》中的歌词。”

“是的,但当时我不知道有这首歌。”

“后来呢?”

“……后来我听到了这首歌,很感动,多听几遍就流泪了……”

“为什么流泪?”

“……他离我太远了,见不到。以后每当我听到这首歌,不管在哪里,都会情不自禁地流泪。但,那段时光是我感觉最幸福的时光,也是最踏实和安全的一段时光。”颖断断续续地说道。

“是什么原因破坏了这种感觉呢?”

“不知道……也许是他的回信吧。”

“怎样的回信?”

“有一次我严重感冒，爱人又出差在外，我短信告诉了他。”

“他有什么反应?”

“他叹息自己不在我身边。”

“这让你伤心?”

“是的……最让我伤心的是接下来的的一条短信。他说：‘唉！人各有命啊，不要给自己和他人带来无形的烦恼!’我当时哭了，伤心地哭了……以后我就不敢也不好意思和他说什么了，只感觉他离我越来越远……”

看得出，他更理智，能进行自我调节。他采取了冷静的态度来摆脱苦恼，而颖却深陷其中。

“和其他人如好朋友说过此事吗?”

“没有。”

从颖的回忆中，我找到了她伤心、抑郁的根源。

“以后有联系吗?”

“有过，但他的回信很少。”

“为什么?”

“不是自己所期盼的。”

“你期望的是什么呢?”

“期望他温馨的问候，温暖的关怀，可是没有。”

“还有其他的期待吗？如果见面、拥抱或性需要，等等。”

这时颖又伤心流泪了。

我静静地等待她情绪慢慢平静。我告诉颖，我能理解她，并为她严守秘密。请她相信，我将真诚地帮助她。

这时颖说出期望他的拥抱，渴望在他的怀里温馨的感觉。当我再次提到是否有性的需要时，颖还是很肯定地表示没有。

“后来呢?”

“等待，不断地等待……”

为什么颖如此渴望他的关怀和爱？为什么害怕失去他？如何

消除颖的这一恐惧心理？我意识到这将是拨开颖心头迷雾，解开心结的关键，也是本案的关键。

“没有他的关心和问候你会如此伤心？”

“是的。这让我经常琢磨他的感觉，我觉得他会认为我不是一个好女人。”

“其他人有谁曾让你有过这感觉吗？”

“……母亲，母亲经常让我有这种感觉。”

她接着说：小时候总想得到母亲的关心和赞扬，但不管我怎么做，都不能如愿……现在他给我的感觉就是这样。

至此，我知道了颖问题的原因，接下来，我的咨询工作有了很大的进展。

颖希望爱和关怀，希望得到他的肯定和支持；更害怕他认为自己不是好女人。用精神分析理论来看，这些问题就比较清楚了。精神分析理论强调自我的根源和改变，强调早期发展的重要因素对后期发展的影响。同时指出一个人当前的行为在很大程度上是某一早期发展阶段内化模式的重复。

颖的问题与她的早期发展有着重要的关系，她现在希望得到的东西与希望从父母那里得到的东西有关。从颖的自述中可以看出，当前的状况是早期父爱母爱缺失、爱的情感被压抑的表现。颖童年期就渴望父母的爱，可至今没有得到。她渴望父爱，但从丈夫那里也没有得到过父爱的感觉。当遇上他时，所有的感觉让颖感受到了一种少有的父爱和安全感，颖把他当成了父亲。这也体现在颖自始至终对他都没有性的渴望和要求上。

但他毕竟不是父亲，他是一个已有家室的男人，当颖感到他愈来愈远时，她害怕失去他，由此引起紧张、焦虑、恐惧。这种紧张、焦虑、恐惧情绪长时间被压抑，没有渠道宣泄，因此转变成了情感抑郁。

在颖的早期，她不能指望别人给她提供一种被爱的感觉，在整个童年早期她没有得到爱。颖成长得太快，没有被允许做一个小孩子，她需要照顾两个弟弟，观察着妈妈的情绪，小心地帮助母亲维护家庭的正常运转。虽然颖看起来很成熟，但她希望得到妈妈的肯定和赞扬，可从没得到。实际上这使得她从来没有建立起自主性。

当颖感到他愈来愈远时，她不能自主地分析判断，更不能勇敢地做出选择。

颖一直不能确切地知道他对自己的看法和明确的态度，因此她苦恼、焦虑。对于当前关系不确定的状况，颖感到恐惧。颖一直等待、等待，等待他关心的问候和关怀，来满足自己需要得到的关怀和肯定期望。这和颖早年希望得到母亲的关怀和肯定一样，实际上，这就是颖早年发育阶段的内化模式的重复。

从人格结构角度分析，这是颖人格中易受伤、怕失去爱的小女孩的子人格。这个小女孩在夜里、在颖的紧张工作之余控制了她的情感，使得颖在孤独时成了一个无助的、流泪的人。

为了消除颖害怕失去他的恐惧心理，我决定先引导她学会理解他，理解他的无奈，也理解他的理智和冷静。

因为爱的对象是一个自己完全理解其思想、控制其行为和感觉的另外一个人，颖没有意识到这一点。事实上是颖的个人认知偏差和错误造成了她内心的痛苦，由此体验到爱的创伤。颖在感受爱的痛苦时，却忽略了对方的感受。

“你因为爱而痛苦，也许他也痛苦，但他是理智和冷静的，他是一个对自己和家人负责的有爱之人。因为这关系到两个家庭。”

“爱没有结果，并不代表爱的结束，只是因为很多原因，爱情不能继续。但爱仍可以继续，只是需要升华，需要将这种爱转变为同学之爱、朋友之爱、知心人理解体谅之爱，转变为通常所说的大爱。”

颖听了我这番话，若有所思。在此基础上，我把早期家庭对她的影响及为什么经常暗自流泪的原因分析告诉了她，希望她能看到自己已经比儿时强大的这一事实。

转换角色，创建和谐新生活

我们共同探讨了颖和她丈夫的关系及可能存在的问题。从颖的自诉中了解到她的丈夫工作较忙，虽然会做家务，但不情愿做。

颖遇到困难和烦恼不愿意对他说。当问起是自己不愿意说还是丈夫不愿意听时，颖回答是自己不愿意说。而当问起丈夫性格是否十分粗暴，是否有过家庭暴力行为时，颖表示了否定。她说丈夫的为人、性格都不错，但不是能主动地体贴人，她感受不到丈夫的温暖。我和颖共同分析了她的家庭模式和形成原因，告诉她，是她把早期的家庭问题及模式带到了现在的家庭；提醒她可能存在的“中年危机”。同时引导她学习一些家庭生活技巧，最后鼓励她考虑建立新的生活信念和目标，建立新的家庭生活模式。

在颖的童年和青春期，由于父母长期两地分居，家庭中几乎没有父亲的影响和关爱，更得不到父亲的帮助和情感支持。颖没有学会得到男人的支持和帮助，因此在家庭中，她忽略了丈夫，没有主动寻求丈夫的理解和帮助，更没有期望从丈夫那里得到情感安慰，就像她的妈妈，不能从她丈夫那得到帮助和安慰一样。但她同时压抑了自己的不满和失望情绪，她不能像母亲一样责骂小孩，而对丈夫、同事表现得谦虚和善，这就更增加了她的心理负担。

颖的问题也反映了一个普遍存在的问题，即中年危机。中年危机，也称“灰色中年”，一般发生在35—50岁。从广义上讲，是指人生阶段可能经历的事业、健康、家庭婚姻等各种关卡和危机；狭义上讲是生理机能可能出现的各种疾病症状。有人指出，中年心理危机的到来很大程度上是因为少年、青年时期的生活阅历中的污迹落在心灵这面“镜子”上。由于没有及时清理，污迹越积越多，等到中年，这面“镜子”已经蒙上厚厚的尘埃。

著名心理学家荣格认为，中年之前，生活取向为适应和顺应外部世界，为生计而奔波，不知道自己走的路是否真喜欢；中年之后，人的生活取向为适应和顺从内在世界，人就要寻找真正的自己，也就是将其注意力由外部世界转移到内心世界，重新认识自己，肯定自己。中年期是个人自我评价的新的重要阶段。

如果生活中有不如意之处，会加重自我怀疑和失落感，陷入郁闷之中。中年夫妇当面临性生理与性心理的改变未能及时调整，婚姻不满足感增强时，容易陷入婚外情。

国内首次对中年夫妻亲密关系状况进行的大型网络调查发现，情感交流、性生活质量较差、亲密关系指数普遍较低，是中国中年夫妇中的普遍现象。专家认为，夫妻关系得以长久良性地发展，最重要的是夫妻之间感情上的交流程度、日常生活的亲密程度，更包括性生活方面的亲密程度。而长期以来，很多中国夫妻，尤其是中年夫妻往往很少愿意从“亲密关系”角度来分析自己的婚姻问题，把“情”和“性”割裂开来。

颖的问题具有一定的普遍性，但对夫妇间的性生活情况及和谐程度，颖的描绘是“还算正常”，因此我没作过多的探究和分析。

我注意到，在颖的人格中存在一个坚强的、好胜的子人格，这使得她能在艰苦的环境下自强不息，克服家庭困难，在激烈的高考竞争中获胜，考上大学。对于这个子人格，咨询中我给予了积极的肯定和赞扬。建议颖在今后的工作和困难面前，继续发挥这一子人格的作用。

但在丈夫面前，我建议颖收藏好这一子人格，因为在夫妻关系中，温柔、温顺、娇弱是妻子最重要的品质。我鼓励颖学会放松、享受生活和欣赏丈夫，积极主动地与丈夫沟通，学会向丈夫表达自己的感受，从丈夫身上寻找安慰、温暖和其他尽可能多的情感支持。

我进一步建议有意识地注意自身角色的转换，为改善夫妻关系做些自己的努力：

认识到自己能力有限并重视它们，及时向丈夫承认自己需求帮助。我告诉颖，了解自己的需求并把它说出来，这是单纯的、真实的自我，也是极富魅力的个性。尝试着对丈夫说出自己的需求，就会发现丈夫其实是多么想帮你。给丈夫创造一个让他体会到成就感和自豪感的机会，让他取悦于你，你就能感到他的爱和尊重，和谐的气氛就自然而然产生了。越了解自己的需求并把它清楚地表达出来，实现这些愿望的几率就越大。如果你开始关心自己，呵护自己，实际上是在唤起丈夫对你的关爱。快乐还是痛苦，是自己决定的，而不是客观环境决定的。

颖认真听了我的这些建议，表示愿意接受并尝试去做。我告诉颖，我很高兴听到这些话，也很高兴看到她这样的态度。

接下来我向颖推荐了美国婚恋问题首席专家劳拉·多伊尔的著作《好女人有人疼》。

最后我鼓励颖考虑新的生活和目标，与丈夫一起，建立一个新的家庭生活模式。

咨询就此结束。愿颖心中永远看到蔚蓝的天空，美丽的花朵，不管天荒地老。

案例分析

这个案例表面上是一位中年女性婚外情中遇到的情感危机，但实际上是童年爱的缺失、对童年经历压抑的反应。婚外情是她寻找父亲，要求补偿父爱的体现，同时也是现代社会普遍存在的中年危机现象的反应。

婚外情总是难免与道德、责任联系在一起，会引起社会的争议，但婚外情里也有真情，只是越是真情，越少一份浪漫，少一分从容。

案例中的颖偶然遇到老同学，由最初的惊喜到发展出说不清、道不明的爱情，期间经历了意料之外的爱情突然而至的情感历程，体验到了由此给她带来的剧烈的心理冲击和情感伤痛。

一个人爱上另一个人的感觉是幸福的、美好的，美好得不现实，甚至有点糊涂、虚幻，但生命因此有了期盼，有了向往，内心有了一份安详和宁静。当这份感觉失去时，给人带来的痛苦、悲伤、迷茫、失望、压抑和无助感，是古今中外多少文学作品中描绘的，也是完全能理解的。颖是勇敢、真诚面对自己的，她没有回避情感的发生，虽然她品尝了婚外情带来的痛苦和煎熬，但她仍然勇敢地面对自己。当这一问题自己不能解决时，她积极寻找咨询师的帮助，从而最终获得心理的平衡。

婚外情常常预示着家庭婚姻关系出现了一定的问题，中年危机现象已经呈全球化趋势。英国华威大学与美国达特茅思学院的经济学教授安德鲁·奥斯瓦德与大卫·布兰奇弗劳尔完成了一项研究，其研究报告称，中年低潮是一个全球现象。在全球各地，人们的心理健康状况是沿着一条U形曲线的轨迹发展的，最低点在45岁上下。“对于现代社会的普通人而言，心理健康与幸福感下降的过程是缓慢的”，奥斯瓦尔德教授称，大多数人要等到50来岁才能走出低谷。

不少中年夫妇在以往的日子里为了建立事业、照顾子女，每天忙于应付生活，对夫妻关系及感情关注不足，栽培不够，沟通不良，待子女逐渐独立，夫妻间反而有种陌生的感觉。少数夫妻双方不满，但为了子女勉强接受，等子女长大，维系婚姻关系的纽带不再起作用，只能以离异告终。也有一些家庭，中年夫妇由于面临性生理与性心理的改变，未能及时调适，婚姻不满足感增加而踏入婚外情的陷阱，中年阶段是婚姻最容易亮起红灯的时刻。

本案例中主要应用了精神分析和人本主义疗法的治疗技术，可以说，是一种运用精神分析理论结合其他技术的精神分析取向的心理治疗方法，也是现代精神分析与人本主义融合的治疗方法。

精神分析理论强调早年家庭中亲子关系对儿童社会化的重大影响，认为成年期人们所有的人际关系都是建立在幼年与父母关系的基础上的，儿童期遭遇的重要事件将会对人的一生产生重要影响。同时指出一个人当前的行为在很大程度上是某一早期发展阶段内化模式的重复。精神分析理论认为，人受到无意识动机、冲动和抑制之间矛盾的影响，也受到防御机制和早期童年经历的重要影响。由于行为的动力隐藏于无意识之中，因此治疗必须对根植于过去的内部矛盾进行分析。

人本主义疗法是罗杰斯创建的一种心理疗法，即“以来访者为中心的心理疗法”。罗杰斯的理论认为：人类有自我实现的潜力，能了解自身，使生活态度和行为产生建设性的改变。当咨询师与来访者建立起融合的关系后，咨询师如能敏锐地觉察到来访者陈述中的情感，抱着接纳的态度，就能帮助来访者体验到他的怒气或其他情感，而这些情感是使他产生紧张、躯体反应或人际关系问题的根源，是以往被自我概念排斥而未察觉到的。这样就能创造一种独特的

气氛，使来访者感到他是独立自主的，而不像在日常生活中总是受到他人的评价、拒绝或劝说的影响。这样就可以帮助来访者从消极的防御中解脱出来，随之产生健康的和自我实现的态度，自我实现的潜力就能得到释放和发挥。

人本主义疗法的主要特点是：①治疗者应有解决问题的欲望，这是治疗强调效果必需的条件；②治疗者的作用，仅限于来访者当前的感受和体验，与之建立关系；③把心理治疗看成各种建设性人际关系的特殊例子，广泛接受心理治疗领域内的各种知识；④治疗的动力是人们普遍具有的自我实现趋势；⑤治疗成功的标志是来访者的态度发生转变，更直接地体验到自己的情感，随着治疗的进展，来访者的生活能力日益提高。

本案例中，咨询师对来访者的理解和接纳，与来访者的共感，消除了来访者的顾虑和心理防御，得到了来访者的信任，建立了良好的咨询关系，顺其自然地使来访者轻松说出了自己婚外情的发生、发展和变化情况，为问题的分析和解决提供了真实的、重要的第一手资料。咨询师从来访者的谈话和回忆中，发现来访者的问题，应用精神分析方法，挖掘出其内心深处的心理症结及形成原因；通过分析引导谈话，最终拨开来访者心头的迷雾，使之重见心中美丽的天空。

异性交往恐惧

赵华是个长相漂亮的女生，高高的个子，白皙的皮肤，说话也很讨人喜欢。她最痛苦的一件事情竟然是不敢和男生坐在一起，假若坐在一起听课的话，整节课都心神不宁，听课效率几乎为零。正因为这样，在高中时她曾经休过一年学，父母感到不可思议，后来到省城的医院看了下，医生给她做了几份量表，开了些药，但是吃过之后依然没有好转。复学之后，每天都生活中这种和异性交往的不自在当中，听老师讲的内容很有限，幸亏自己自学能力还可以，勉强考上了现在所读的这所高校。但是，困扰她的这个问题依然没有解决。

最初的不自在

她提出了会见时间，又特意嘱咐道："我不愿这件事让别人知道，也不希望众多过往的同学看见我，我没有勇气前来敲门，请你们将咨询室外的门开一小缝，我即可进来。"按照约定时间，咨询师把门敞开着。她来了，神色慌张而羞怯，大步跨入咨询室后赶紧把门关上。咨询师一面热情地为她让坐，一面告诉了她有关心理咨询的保密原则，并表明乐意为她排忧解难。

她认为自已是个怪人，有个害羞的怪毛病。从初中开始，从不多与人讲话，与人讲话时不敢直视，眼睛躲闪，像做了亏心事。一说话脸就发烧，低头盯住脚尖，心怦怦跳，肌肉起鸡皮疙瘩，好像全身都在发抖。她不愿与班上同学接触，觉得别人讨厌自己，在别人眼中是个"怪人"。最怕接触男生. 即使在寝室里，只要有男生出现，也会不知所措。对老师也害怕，上课时，只有老师背对学生板书时她才不紧张。只要老师面对学生，她就不敢朝黑板方向看。常常因为紧张,对老师所讲的内容不知所云。更糟糕的是,她现在在亲友、邻居面前说话也不自然了。由于这些毛病,她极少去社交场所,很少与人接触。她曾力图克服这个怪毛病,也看了不少心理学科普图书,按照社交技巧去指导自己;用理智说服自己,用意志控制自己,但作用就是不大。后来她哭诉说,这个怪毛病严重影响了她各方面的发展:学习成绩下降;人际交往失败,同学们说她清高。她现在学的是会计专业,在这个学校这算是比较好的专业,要是还是这样的话,她就想转到幼教专业,这样可以减少和其他人接触。但是,这样下去怎样适应社会呢?

赵华回忆道:"我从小性格内向,胆小、孤僻。父母对我要求极严甚至苛求。父亲动起怒来特可怕。记得一次我的考试成绩不理想,父亲让我重做生题,我不乐意。父亲怒气冲天地将钢笔甩到我脸上,笔尖刺伤了我的脸,鲜血直流。至今想起那件事还很害伯。父母很正统、很古板,对我的禁忌很多,不准我和男孩子交往。父亲认为女孩子在外蹦蹦跳跳、打打闹闹是不正经的,还容易上坏人的当。所以除了学校和家,我很少在外玩耍,从不和男生交往。中学时,见到男女生之间的往来很反感。"

"初中时,一向成绩很好的我,一次提问没答好,老师当众批评我、挖苦我,我难过得直流眼泪。再就是大一时,同室一位同学来自农村,家境不好,我经常主动帮助她,资助她,可这样反而伤了她自尊似的。她不但不把我当朋友,反而时常挑剔我、指责我、刁难我,故意当我的面和其他同学亲亲热热,冷落我、孤立我。这使我委屈极了,难过极了。我恨自己是不受欢迎的人。后来,我们发生了冲突。我讨厌她、恨她、不和她讲话。我也觉得她讨厌我。不知不觉地我就怕和人接触了,愈来愈害羞了。"

让我们一同面对

其实,赵华的问题可能是:内向、孤僻、胆小的性格影响到了人际交往;父母对她交往中的禁忌以及灌输的与男性交往的"羞耻感道德意识",使她形成了较强的羞耻心,这对人际交往起着阻碍作用。小时候，她父亲发怒导致的恐惧反应和老师当众的批评、挖苦所产生的羞辱反应在她的心灵深处留下了负面影响。这种影响由于日后的负性生活事件而被激活，形成了更为严重的交往障碍。在与同学相处中感到“好心未得好报”，反被误解，恶意相待，于是委屈、怨恨、愤激，得出“管好自己就行了，别人的事不要多管”这样的结论，同时自责、自怨加重了自己性格中的羞耻心和胆怯。人际交往矛盾是导致她对人恐怖的直接的、现实的诱因。赵华正值青春期，一方面有着正常的与异性接触的愿望；另一方面又受到内化了的有关两性交往的“羞耻感道德意识”，有意无意地使她批判自己的想法，抑制自己的欲望。因而，她常常处在一种是否与异性交往的心理冲突之中，而害怕、羞于见男生这种状态反而减轻了她的这种冲突。

从心理学上讲，身体的“症状”是内心冲突的“改头换面”。当她出现对异性恐怖反应后，便批评、督促自己该怎样怎样，控制自己不要怎样怎样，这就产生了一种暗示、强化“症状”的作用。再加之她愈感到“不自然”、“狼狈”、“难堪”，头脑中就愈多地出现“想象观念”。这进一步导致了她的自我感觉恶化。如此恶性循环，“症状”便日益严重了。她在这种想改变又未能改变，想摆脱又无力摆脱的困境中，早年的负性心理印痕被激活了，与现实问题交织在一起，产生了综合作用。这就是她为什么害怕男生，不敢和他们见面接触的原因。

赵华对分析很感兴趣，频频点头，表示赞同咨询师的看法。接着，我给她提出了一些建议：设身处地地站在那位被你帮助而又对你不友好的同学的角度想一想，理解并宽容她。同时检查自己是否存在过敏、多疑等不利于交往的心理。以此，逐渐解除压抑的敌意。正确认识两性间的正常交往，认识青春期渴望接近异性很正常，摒弃旧的道德意识，尊重自己的正当意愿。找两位关系较好的女生了解一下她们对她在与人交往中的反应，如脸红、发抖、目光恍惚等“不自然”状态是否确实。目的是让她通过调查，克服“想象观众”的作用。对此条建议，起初她感到很为难。但经讲解了人际交往中的真诚原则，她勉强答应试一试。

一周后，赵华再次前来，这次是敲门听见“请进”的声音才进来的，显然没有了前次的那种慌张神色。她有些兴奋地告诉咨询师，那天咨询后，有了克服自己心理障碍的信心；对障碍的原因又进行了思考，心理明朗了许多，好像“拨开了迷雾”；这几天对自己过去的想法进行了反思，和同寝室同学接近了一些。关键是，她鼓足勇气找了两个女同学述说了自己在人际交往中的自我感觉和痛苦后，一位同学说她“是有些腼腆”，但认为这是她的性格表现，并不以为然；另一位同学说根本没觉察到她有什么“脸红”、“发抖”之类的“不自然”表现，非常奇怪她为什么有那么多的“感觉”。两位同学的评价开始动摇了赵华的“想象观众”观念，认为“可能我在她们面前是没有自己想象的那么不自然，那么狼狈”。但她仍然坚信男生、老师看出了自己的毛病，讨厌自己。

对于她的思考、领悟以及行为上的进步，我给予了肯定和鼓励。在对障碍原因进一步讨论和对人际交往方面的一些方式方法作出必要的指导后，我和赵华一起商定了下一步的治疗计划：每天坚持写观察日记，着重观察周围人的举止言行和对你的态度。分别调查两位老师和两位男生对你的评价，证实自己的感觉是否正确。每天做二至三次想象——放松训练。即在想象中将最想见又最怕见的人（如某位男生），想回避又回避不了的人（如任课老师）突然呈现在自己面前，体察自己的情绪反应和心理反应，然后放松，使情绪和肌体产生由紧张到松弛的反应，最后产生意向上的适应并扩展到现实行为中。为其布置了“大目标小步走”的与人接触、交谈的作业。加深对障碍产生原因的认识，淡化负性心理印痕，提高挫折承受力，树立正确的交往观。

为了检查计划执行情况和进行反馈调节，咨询师又约见了赵华几次。从反馈中了解到，通过注意观察别人和写观察日记，发现“别人各做各的事，各忙各的，并不特别关注我，也不在意我的行为。”在对男生和老师的调查中，她意外地获知：由于自己成绩不错，听课时埋头笔记，老师说她“很有发展潜力”，辅导员对她争取入党给予了热情鼓励。男生对她的评价是“文静、端庄、矜持”，只是觉得她像一位“骄傲的公主”，但并没发现她有什么异常，更不讨厌她。这些评价证实了她自己过去“想象观念”的错误性，使她信心大增。再加之改变了过去一些不正确的观念，坚持了想象放松训练，实践了逐步与人交往的任务。

案例分析

对社交恐惧症的治疗在心理咨询中常使用转移疗法、满灌疗法和系统脱敏疗法等。社交恐惧症之所以是后天形成的，也就在于社交能力不是与生俱来的。一方面固然需要通过人际交往掌握社交技巧，以扩大社交面，一方面要具备健全的人格发展，才可能进行人际交往。因此，社交恐怖实际上是人格发展过程中，尤其是青少年难以避免的。不过，还是个人人格发展的不健全才导致了习惯性的社交恐怖，从而形成社交恐怖症，影响着正常的学习与生活。所以增强自信、参加集体活动是战胜社交恐怖的关键。

告别同性恋

李柳，大一女生，同性恋三年，前后交过三个女友。她无心学习，成绩快速下降，平时束胸，偷吃激素，上网进入同性恋论坛，加入QQ同性群，和网友交流同性恋信息，结交被老师和家长认为是不良的女孩，沉溺在同性恋者的疯狂与执着中，同时也跌落到因同性恋不被亲人认同的压抑和忧伤里。那一天，李柳一家人闹得不可开交，李柳要自杀，妈妈也要寻死，父亲手足无措，焦急万分，一起来到了咨询室。

爱的错觉

李柳说："一年以前，当时我的状况非常不好，跟家里的关系特别差。当时我和父母吵架，不光吵架还动手了，打得非常厉害，我妈妈要自杀，我也要自杀，然后闹得非常僵，我觉得孤立无援，就觉得他们都不爱我，对我都不好，就是反对我，当时我都绝望了，我完全没有办法跟他们沟通，我做的很多事其实是为了保护我自己，我觉得如果我不保护我自己，他们就要伤害我，我就是这个想法。后来就是因为这样，我觉得在这种状况下，我都没办法正常进行我的生活、学习，我的压力特别大。因为那个时候我觉得他们完全不接受我，就是把我排除在外，他们认为我是不正常的，我觉得他们不接受我。"

"哦，你觉得他们不接受你，觉得他们不爱你，是吧？"

"基本上是这样，因为我觉得他们好像是我的对立面一样，就是这个意思。"

" 哦，我没有觉得你妈妈不接受你，我觉得她没有像你想的那样子，好像她给我们陈述更多的就是你学习的问题，你学习不好了，而且脾气变得特别的怪，特别容易跟他们发火。”

“对，那个时候我就是脾气很怪，因为我觉得没有人帮助我，就觉得我跟他们发火就是为了保护我自己。”

“你说你在保护你自己，我就觉得还有一个大问题，就是你跟你妈妈的关系，我听你妈妈讲，她说你小时候很听话，很乖，独立性很强，而且当时学习成绩也不算差，应该算是中等偏上，有时候还是特别好的学生，怎么样就一下子变得不学习了，学习成绩很差，然后又整天跟他们闹别扭，非要这样去保护自己不可。”

“就是从上高中开始吧，那个时候我交了第一个女朋友，我每天都跟她一块儿出去玩儿，然后慢慢地成绩就有点儿跟不上了，也不爱写作业，父母就说我，一开始时候我还学，后来就落下太多就跟不上，也不愿意学，那个时候心思也不在这个上面了，跟父母渐渐地就由学习这些小事上，扩展到生活上，就觉得他们在很多事情上面跟我都有矛盾，都有对立。后来也是经过一件事，我妈妈发现我的同性恋的时候，我们的对立就更多了，有很多敏感的话题，所以回了家就是吵架。”

“你跟一个同学玩儿，就不学习了，为什么跟这个同学玩儿就不学习了？”

“因为那个时候就觉得跟她玩儿，觉得特别的新鲜，特别好，心思完全不在学习上。”

“那个时候，你已经确定自己是同性恋了？”

“对，她是我交的第一个女朋友，所以从那个时候，我觉得我是同性恋。”

“你交的第一个女朋友？我咋觉得好像你给我说的是初中交的第一个女朋友，她让你明白什么叫同性恋了呢。”

“我初中的时候，那个是我第一次觉得我是同性恋，但是我交的第一个女朋友是在高一的时候。”

“你这一句话让很多人都很吃惊，都搞不明白了。怎么初中的时候觉得自己是同性恋。”

“初中的时候，我跟一个女孩儿，我俩关系特别好，有一次，她跟她男朋友分手，我就一直安慰她，我们两个关系就一直特别好，后来她转学了，她走的时候我特别难过，突然有一次，有一个同学就问我，你是不是喜欢她呀？当时我没说话，不过我回去自己想了想，我应该是喜欢她，从那个时候我就觉得我应该是同性恋。”

“喜欢她就是(同性恋)吗？友谊也是相互喜欢呀，你为什么觉得喜欢就是同性恋呢？”

“因为当时我觉得我就是对她有一种离不开的、特别依赖的感情，好似男女之间那种喜欢，我就觉得我应该就是同性恋，当时我就是这么想的。”

“大家平常也都有很多喜欢，比如像我，我也挺喜欢你，那我们俩肯定不是同性恋，是不是？”

“呃，是，因为我跟您是朋友关系，但是对她来说，因为不光我自己这么觉得，好多我身边的同学都是这么觉得，他们觉得我就自己更觉得。”

“是他们先觉得了，还是你先觉得是？他们先觉得你像同性恋之后你才觉得是同性恋，还是你先觉得自己像同性恋，他们验证你才觉得你是同性恋？”

“最开始是有人跟我提过，他跟我提过之后，我就觉得自己是，然后在我自己觉得是同性恋的同时，又有很多人肯定我是。”

“呵呵，我都让你给绕晕了，他们觉得你是(同性恋)，然后你就觉得自己确实是，越想越是。”

“对对对，当时我就是这么觉得。”

“那你确定自己是同性恋，你和女友有性关系吗？”

“有，我们有。我喜欢这个女孩之前也喜欢过男孩。”

“那为什么选择喜欢女孩不喜欢男孩了？”

“但是那个男孩做了很多事让我不能接受，我觉得他跟我心里想象的那个不太一样。”

“做的事情你不接受，做的事情和你想象的不太一样，因此你就选择喜欢那个女孩子，而不喜欢男孩子了？”

“哎，对，因为那时候追我的男孩我都觉得我不能接受，相比于这个女孩来说更喜欢她。”

“你从哪个角度喜欢这个女孩?”

“我从她的性格，包括她的为人处世，而且她对我特别好。”

“比你妈妈对你还好?”

“那肯定是跟我父母没法比了，只是说她给我的关心、关怀和支持，让我觉得跟她在一起特别的安全，特别的安定。”

“我觉得你这个，我还是有点儿困惑的。你既然觉得她没有你父母好，那你为什么能因为她、因为你这种感觉而去跟你父母打架呢？而且闹得你死我活的?”

“我觉得主要是，我父母对我好，我觉得我习惯了吧，一开始我们就成了对立，他们再对我好我也不能接受，并且我觉得就是我父母对我好，也是在我调整好之后，我才觉得我父母对我是比她们要好的。”

“你说的我不认同。你知道你爸爸来找我，你肯定不知道他怎么来找我的，你爸爸来找我的时候，他是哭着来的，你爸爸那个状态给我吓一大跳，我还不能拒绝他，还想帮帮他，但是又害怕他把所有的希望都压在我身上，一旦出现什么不良的情况他就精神崩溃了，我当时心里就特别紧张，只不过我有个好的习惯，就是我越紧张的时候，感觉事态越严重的时候，我会越冷静，所以我表面上谁也看不出来什么，我就跟着你爸爸过去了。如果你爸爸像你所想的那样不在乎你的话，他绝不会是那种表现。”

“当时我就是心态很不好。”

“你已经感受不到父母对你的爱了。”

“对，那个时候我就是把他们放在我的对立面上。因为他们不认同我，或者是他们想改变我，当时我也说不清楚，只是他们不接受那个女孩，也不接受我，所以我把他们放在对立面，我觉得我想保护我自己。因为我觉得在这个家里，我的压力很大，而且我不能感受到他们对我的爱。”

春风化雨

“我现在在想，那个时候你妈妈过来，你妈妈好像跟我说过一句话，她说她和你最大的矛盾是因为你不学习了，贪玩儿，学习成绩从年级正数掉到倒数上去了。”

“大概一两个月吧，我就从年级二三十掉到后十名”

“说到这儿呢，我又想起来一个，我们做咨询的时候，这种情况是最常见的，就是同性恋了就不学习了，抽烟喝酒，女孩子装得像男孩子，男孩子装得像女孩子，感觉一切就变得那么怪、那么别扭，很多爸爸妈妈都这么描述，一同性恋了什么都没有了，就知道跟哪个女/男孩子玩了。”

“当时主要就是玩儿。”

“就是玩儿，啥都没有了，而且在一起还不干什么好事。”

“当时确实是，是我最皮的一段时间。”

“那时候做咨询最主要的就是，你妈妈给我描述的就是这个学习，第二个就是刚才你说的，老跟你妈妈打架，这一点是我始终没有办法去认同、去想象的事情。从我的骨子里面，我是不认同孩子能跟妈妈打架的，你同性恋什么的我觉得这都不是什么事，但是跟妈妈打架我觉得这是很不能理解的。”

“对，当时我记的特别清楚，有一次因为我要去找一个小女孩出去玩儿，但是我妈不同意，当天我就跟她打架，我们俩拿着那个扫把互相打，后来我还因为这个事离家出走了。”

“我再问你，现在你想起来的时候你会怎么感觉？女儿跟妈妈拿着扫把打起来了。”

“我现在觉得自己那个时候太不可思议，太不孝顺了，我觉得特别不对，我现在特别特别的后悔。”

“你妈妈过来找我，她跟我说话的时候她都会有心脏病发作，你爸爸给她端水，她就拿着速效救心丸填到嘴里。那个情形你现在还能想到不？”

“现在回忆起来觉得特别难受。”

“不是难受，是很恐怖，我都很恐怖。”

“那个时候是太恐怖了。”

“那种感觉真恐怖，当我看到她吃速效救心丸的时候，我都揪心，我给你做完咨询以后，然后再碰到这种咨询，我会流泪、会哭。以前不会，以前从来不会，不管发生什么事情我从来不流泪，给你做完咨询以后，然后再碰到这种情形，我就会不由自主地流泪，我会感到特别的悲伤。”

“因为当时我们家确实闹得特别难过，我到最后，就是跟您做咨询前的那一段时间，几乎我跟我妈妈天天打架，每天都是不是我妈要自杀，就是我要自杀。”

“嗯，但那个时候你没有觉得，那个时候我们俩一直谈的，就是说我一直跟你妈妈协商，把同性恋这个事情先放下来，先不管她，如果她是真的，就是她是真的天生的同性恋，你是改变不了她的；如果她是似同、模仿的同、假同、情景的同，或是被周围同学哄起来的同，我说你不用管她，过一段时间她自己会慢慢地扭转过来，她自己会调整的，我们不用管她，顺其自然，她就好了。一直跟你妈妈这样讲，然后你妈妈被我讲得差不多了，慢慢地算是跟着我配合了，不提你这回事。你回想一下，很多人都特别想了解的，咱们在咨询的过程之中，调整方向和目标是什么？”

“我觉得咱们咨询的过程中，最先调整的就是我跟家人的关系，还有我不学习的事，还有就是我同性恋的事。”

“最先调整的是亲子关系，然后再说学习，然后再说同性恋。”

“哎，对。”

“调整你同性恋的时候，你想想，那时候咱俩咋说的？”

“那时候，我记的最清楚的一句话就是您跟我说，先不要确定自己是不是同性恋，当时您跟我说，也许我喜欢这个女孩，并不是因为她是女的，可能我喜欢她，是因为她是这个人，所以我喜欢她。”

“在做咨询的过程之中，我从来没有跟她说过，你不是同性恋，你绝对不能同性恋，你必须跟着你妈的思想走。”

“这个是让我跟您在一块儿做咨询觉得最舒服的一件事，自从我跟老师做咨询，从来没有任何人再跟我说过：你不能做同性恋，你不能怎么怎么样。这是我觉得最幸福的一件事，没有人再逼我，我觉得最起码我心里舒服很多。”

“当时就做了一件事情，就是我不希望你束胸。”

“那个时候您先跟我说，不管你喜欢男孩还是女孩，你首先要喜欢自己、接受自己。”

“我不希望你束胸，因为我觉得束胸是影响健康的，孩子在发育的过程之中把乳房紧紧地束起来，它会导致整个乳腺发育不好，它会受到压抑，受到压抑的时候会出现肿瘤或是什么的，这样会出问题，所以我对束胸不太喜欢，凡是真正影响健康的东西我不喜欢，这个地方我做的有点儿自我。只要不影响健康，你爱同性，爱异性，都不重要，你爱选择谁你选择谁，只要你们俩合适。但是你别吃那个激素。尽管如此，这个呢，咱们俩都是一起协商的。”

“对，当时就是互相协商，我觉得这个老师说的对。一开始的时候，这么说吧，我们连吃饭都打架，吃饭的时候就摔碗、摔筷子，然后现在好多了，我们都不打架，现在特别的好。现在我觉得挺高兴的，每天都挺高兴的，现在我考上了自己想上的大学，而且朋友关系特别的好。我现在的性取向就是异性。和之前的朋友还有联系，我们都是很好的朋友。我喜欢过男生，在初中的时候我喜欢过男生。因为最开始的时候是我先跟我妈说我是同性恋，所以才把关系闹僵了，之前从小到大我们的关系一直都很好。这时候我也想说，特别特别地感谢您，如果不是您的话，我觉得我们家现在肯定早完蛋了。”

“我觉得不，我觉得主要是你自己，就是说我们帮助的每一个人，每一个求助者，之所以能改善，我不认为是我在做什么，我觉得是你本身来说，你向往美好的生活，你想让自己活得幸福，活得自在，这是你本身自己的追求，每个人都有这样的追求。我相信每一个人来到这个世上，无论他往哪个方向走，他从哪个角度、用哪种方式，他都是觉得这样让自己更享受生活，他也都是希望自己能够更享受生活，不光现在享受生活，还有未来要享受生活，我认为人都是这样子的，这是所有人的本能，甚至可以说，那些有意识的、有情感的、有选择性的动物的本能，它都会想办法让自己更舒服一点，我也就是利用这种本能，让他自己去好好地认识一下自己，然后自己接纳一下自己，弄清楚自己到底是什么，他自己弄明白了，他自然而然地就会往那个更有利于自己的方向前进，不是咨询师有什么能力，他不自觉你再帮他没用，他如果认为我跟同性在一起是最愉快的，我见了异性我就没有什么感觉，我绝对不能选择她。你再讲，没有一点用，他只会往他想要的那个方向走。但是你放下来他之后，他自己真正想一想，想明白了：哦，我的确不是那样子，我的确是这样子。他自己往哪儿走，他就走了。实际上是来访者自己改变了，你想改变他很难。”

“我跟前女友分手，就是很正常的那种分手，处不来就分手了。我现在就是喜欢男孩子，也有很多特别好的朋友。一开始的时候，我就是完全不会去了解他们，慢慢地我觉得其实他们也是可以去了解，可以去接触的，所以我慢慢改变了对他们的看法。与男孩谈恋爱，没有感到什么不自然，就是没有什么不一样，不别扭。我看到之前好像有人问，说我最想对同性恋的人说一句什么话？我觉得我最想说的就是，不要把自己禁锢在那个圈子里，不要给自己贴上标签。给自己一个机会，也是给身边所有的人、真正你需要的人一个机会。”

“再说的明白一点儿。”

“说的明白一点就是，就是说你是喜欢这个人，并不是喜欢他的性别，就是千万不要自己认为自己是同性恋，你要用那种开放的心态去看待这件事，渐渐你就会发现，其实身边有很多的人并不是你想象中的那样，你接受他们其实并不难。”

“对于同一个事物，从不同的角度看，‘横看成岭侧成峰，远近高低各不同’，就是这样子，你怎么看都行，中心就是一个：当事人这一辈子过得能多一点幸福就多一点幸福，能多一点快乐就多一点快乐，其他我没有想过。我们作为心理咨询师，首先要做的，就是帮助人家摆脱痛苦，他在摆脱痛苦之中肯定会发现一系列的东西，他肯定会发现，哦，我这儿认知有问题，那儿有问题，他发现了，他自己逆转了，那都是他自己的事情。”

“这儿有人会问，‘为什么认为自己的性取向转变是一种成功？’其实我不认为什么转变是成功，我只是觉得我现在的生活状态、心理状态，我很开心、很快乐，这是我想要的生活，我觉得这是一种成功。转换成异性恋之后，生活状态我还一直都挺轻松的，感觉轻松很多，包括相处呀，而且我觉得最难能可贵的是我跟之前那些同性朋友，我们还有联络，我们保持着很好的朋友关系。现在还没有男朋友，但是我已经有了喜欢的男孩，我们俩现在正在处，我估计也差不太多吧！”

“祝福你！”

“他知道我以前的事，因为我们以前是同学，我的事他都很清楚。‘我之前的女朋友怎么看待我的情况？’她们没怎么看待，就还是好朋友，她们其实很替我高兴，觉得我现在跟家人情况很好，她们很替我高兴。‘异样的眼光。’其实我觉得我最开始跟女孩子在一块的时候，我感觉到有，但是我觉得‘异样的眼光’这个词不太对，因为同性的时候，包括从我自己的角度，我从来没有用异样的眼光看待她们。‘内心的区别大不大？’其实内心区别并不是很大，我就是感觉到一种非常舒服的感觉。对，我还从来没有跟男生发生过性行为，不过，我不觉得这种情况会发生。倾向于接受孝顺的男生。”

“转变的过程，是不是真正同性恋，我根本就不关心这个问题，你是真的，是假的，我觉得跟我都没有关系，我所做的就是推动你去思考你的痛苦，去化解你的痛苦，去把你的痛苦分解开。你的痛苦分解开之后，你变成异性恋了，那是你自己的事情。你的痛苦都分解了之后，你依然还是个同性恋，这跟我也没有关系，这还是你自己的事情。”

案例分析

我们发现在处理类似问题的时候，不应该轻易下结论，因为很多人可能只是对于自己目前状态的一种模糊感受，即使真是同性恋，也因该尊重他们的性取向，来处理在这种取向下带给他们的压力，让他们更好地生活。尊重每一个人不影响别人的生活而做出的选择，在尊重的前提下再来寻找解决困扰来访者的问题，也许在倾听和叙述当中来访者就会有新的发现。

爱上了妈妈

这是令人感到揪心的一则案例。来访者李刚是大三的学生,他带着一脸疲惫,用迷茫的眼神和我交流,小心翼翼又生怕表达不清楚,惴惴地向我讲述他的困扰。他处于进退两难的境地,本该无忧无虑的大学生活多了一些沉重,他不知道路该往哪里走。他想摆脱目前的状态,但又顾虑很多,两种力量在内心拔河,他摇摆不定。让我们先从李刚遇到的一次偶然事情说起吧。

惊鸿一瞥

那是高一的时候,一天晚自习回家,差不多十点了,李刚敲门没人应,他想也许父母出去有事还没回来,就用自己的钥匙打开了门,屋里很安静,他大声呼唤妈妈、妈妈,没人应,一会儿听到了洗澡间传来的水声,哦,他明白了,妈妈在洗澡呢。往常妈妈洗澡一般比较晚,都是在自己睡觉之后,今天可能是做什么运动了吧。他想到今天的作业已经完成了,本来想看一下最喜欢看的小说的,但是不知道为什么一股冲动涌上心头,他想到了网上的那些裸体照片,那些影像栩栩如生地浮现在他的脑海里。他的脚好像不听使唤一样,朝着浴室门口挪了过去。浴室的玻璃是花玻璃,只能看到一个影子在晃动,哗哗的水声越来越响,他的心顿时紧张起来。可能是浴室太闷了,门被打开了一道缝隙透气,李刚心都跳到了嗓子眼,屏住呼吸偷偷地朝里望,眼前的景象让他惊呆了。他看到了比网上生动得多的景象,妈妈的裸体被蒸腾的水汽环绕着,他感到了极大的兴奋。注视了一会儿,看到妈妈快洗完了,赶紧溜回了自己房间。晚上,怎么也睡不着,妈妈洗澡的场面浮现在脑海当中。这晚,他借着手淫宣泄了无名的冲动。

随后，他似乎控制不住自己的这种愿望，每当自己洗完澡要上床睡觉的时候，他特别注意妈妈的举动，因为妈妈总是在这个时候才洗澡。他在寻找机会，每每得手后都很兴奋，回到床上用手淫排遣抑制不住的兴奋。偷窥妈妈洗澡，已经成为他每晚的必修课。有一次，他不小心撞倒了浴室旁的一盆花，被妈妈发现了，他感觉到无地自容，心里紧张极了，但母亲并无指责他。此后，他胆子越来越大，常趁妈妈熟睡的时候，在灯光下解开妈妈睡衣的纽扣，观看乳房，并躺在妈妈身边手淫，他妈妈中间从没有醒来过。

李刚曾谈过一个女朋友，女朋友长的很普通，性格比较温顺，两个人在一起的时候也很快乐。有一次，两个人去校外的小摊上吃小吃，喝了一点红酒，接着酒意李刚说想和女友去开房，女友不同意，但是禁不住李刚的死磨硬缠。那晚他和女友发生了性关系，但不是像他所想的那样，感到有些失落，似乎是少了激情。有了第一次就有第二次，此后两个人的关系逐渐地多了起来，但是李刚总感觉到少了点什么，需想象着与妈妈做爱方能达到高潮。这样持续了一段时间，李刚在自己有空闲的时候就会想到体态优美丰满的妈妈，女友反而被自己放到了一边，自己有种想占有妈妈的强烈冲动，但是他感觉到这种想法很可怕，违背伦理道德，感到非常痛苦。

终于有一次，在解开妈妈睡衣看妈妈乳房的时候，妈妈突然睁开眼把他的双手放在了自己的乳房上，此时，李刚先是一怔接着仿佛受到了鼓励一样，紧紧地搂住了妈妈，两个人感到很亲密，缠绵了好久。自此之后，只要有机会，妈妈会主动叫李刚到自己的卧室，看看三级片，完成两个人都渴望的事情。

开朗热情的妈妈

李刚的妈妈，体态优美丰满，性格开朗，热情奔放，尽管文化水平不高，但是精明能干，一张嘴那是出了名的，想问题做事也比他爸有主见，所以在家中处主导地位，妈妈也很爱护他们姐弟。现在李刚妈妈不太亲自做事了，但是前几年打拼奠定的稳固的家庭地位和影响还是有的。李刚爸爸在遇到难题的时候还得这个有主见的女性来处理。

李刚的父母关系不好，经常听到两个人吵架，李刚爸爸是慢脾气，做事不紧不慢，什么事情都不太放在心上。他爸在外面开了个副食店，生意还过得去，常常是早出晚归，忙的时候让李刚妈妈去帮帮忙，但是两个人到店里也吵，有时候顾客来了，还能够听到他们嘟嘟哝哝的。所以，李刚爸爸就尽量避开和他妈妈在一起的时间，他爸爸的想法是，"你喜欢怎么过就怎么过，反正孩子都这么大了，有钱花能过得去就算了，谁家没有烦心事呢，勺子和锅，总有磕碰的时候。"李刚妈妈呢，有自己的想法和追求，左看右看感到老公没能耐，人家男人都是上天入地的，自己男人天天守着一片店，撑不死饿不着，活的一点激情都没有。李刚妈妈穿衣打扮化妆美容什么的，她老公就像没看见一样，把她当透明人，仿佛穿什么衣服描什么眉眼都那样，有时候感到怎么这人这么不解风情啊，但是，也懒得和他多说，不解就不解呗，谁让你解了。慢慢地，通过麻将场，李刚妈妈结识了一些人，李刚妈妈开始活跃起来，每天打扮得很入时，有时候很晚才回来。李刚老爸也落得个清静，没人吵了。有一次，李刚放学放的早看到妈妈和另外一个没见过的男人去逛超市，看起来两个人的关系还很亲密，有说有笑，李刚没见到妈妈和爸爸在一起这么开心过。他感到很疑惑，就多留了个心眼，开始注意和妈妈接触的男人。后来，星期天或放假的时候，李刚就有意识地注意妈妈的活动范围，他发现妈妈在和不同的人约会，他感到很害怕，心里很苦恼，到底要不要告诉爸爸，他知道，爸爸知道了之后家里肯定会掀起轩然大波的。

矛盾的自己

李刚上面还有个姐姐，在读大学，下面还有个弟弟，在读初中，但是李刚看到的这些和谁都不能说。他深深地陷入对妈妈的迷恋当中，尽管感到这样的迷恋越来越成为一种压力。本来就有点内向、怯懦的他不知道该如何处理这些问题，日子就在这种得过且过当中往前移动着。

李刚的这些秘密在他心里发酵，他苦恼着，但是依旧不可自拔，在咨询室他告诉咨询师，“后来每星期都会发生几次，只要爸爸不在家的时候，妈妈就把我叫到她的卧室里，跟我一起看三级片，然后让我学着电影里的样子跟她……。刚开始的时候，我觉得还好，我也很喜欢那种感觉，而且妈妈在那个的时候，特别的疼爱我，我想，做孩子的就要听妈妈的话，妈妈说什么就要照着做了，妈妈不会害我的；但是现在我觉得不好了，道德上是不对的。我明白这事不对，可是我又怕拒绝妈妈后，她会很伤心，会生气，我不想看到妈妈伤心和生气。如果我做的不好，或者拒绝，惹着妈妈生气了，我就很难受，看到妈妈伤心的时候，我也很难过的。”

咨询师说，“你觉得自己可以暂时离开妈妈一段时间吗？或者你觉得妈妈可以暂时离开你吗？”

李刚回答，“我肯定是不能离开妈妈的，离开了妈妈我觉得自己什么都不是，但如果她离开了我，她伤心难受了怎么办，而且妈妈那么喜欢我，她然后看不到我，会很痛苦的。”

从中不难看出，这个家庭问题的复杂性：母亲的性心理变态、男孩的人格障碍、爸爸几乎是游历在这个家庭系统之外的角色……

积极的改变

和李刚的咨询并不顺利，有时属于他的咨询时间他会临时说有事不来，有时在咨询当中，他会长久地沉默。我知道，这些事表明他有抵触但也是在思考。我陪伴着他，有一次，他对我说，“妈妈是我追求的影子，我活在了她的影子里面。我希望我的女朋友也像妈妈一样漂亮迷人，但是因为自己的性格和能力，没有找到这样的女孩子，就把这种想法固化在妈妈身上了。”李刚的想泆是难能可贵的，这种挣扎是自我独立的开始。

我们开始一道梳理李刚走过的路，他发现是他性格当中的软弱让他在很多事情上处于退缩和保守的境地，总是担心事情做不好，自己没面子，没有勇气创出一天属于自己的路。在交女友上也是这样的，他不敢向更加优秀的女孩子开口，害怕遭到拒绝。现在的女友主动向自己表达了爱意，自己看到很多同学都有女朋友，就答应了下来。在对待和妈妈的关系上也是这样，尽管他知道了这样不好，但是担心自己惹妈妈不高兴，不敢提出来和妈妈讨论这个问题。随着交流的深入，李刚也发现，自己的柔弱性格里面还有一些被妈妈过度保护的因素，自己长这么大了，很少独立地去完成一些事，上面有姐姐可以依赖，上大学往银行卡里存钱也是妈妈和姐姐帮自己存进去的。自己穿的衣服，也是妈妈帮买的。当自己高考报志愿的时候，也是妈妈帮自己做了最终选择，到现在自己也不知道对于所选专业到底是喜欢还是不喜欢。李刚决定改变自己，先从简单的事情开始做起，学会自己做主，学会参考别人的意见而不是完全听从别人的意见。在对待和妈妈的关系上，减少接触的次数，慢慢地冷下来，为最终结束这样的关系做一些铺垫。

李刚学会了自己买衣服，和同学一起到市场上选择自己喜欢的，在听取同学的意见后，自己最终决定买还是不买，和同学们一同到较远的地方去旅游，自己准备相应的物品。李刚的独立性开始一点一点地培养起来了，他也感觉到了这种掌控感。有时候心里会有一些不踏实，但是当最终把事情做完的时候，还是充满了成功感的。

在和女友的交往上，李刚反思到底是为了什么，是爱、虚荣还是性的需要。他喜欢女友的哪些方面，不喜欢她的哪些方面，自己是否真的能够接纳女友的全部？“我发现，我还是很喜欢女友的，她温顺善良，耐心细致，对我很好。”李刚觉得要珍惜这份情感，也要让女友感觉到这份爱。

他开始参加一些社团活动，在那里和同学们一道策划和组织活动，他感到很充实。他感觉到了自己的一些想法被社团采纳之后的成就感，自我的力量慢慢地强大起来了。这段时间李刚回家的日子也渐渐地少了，妈妈并没有表现出不悦，李刚的心理负担小了，他想：“也许是妈妈理解我，因为我长大了，有了自己的思考。”李刚本来想和妈妈谈下他们之间的关系，但是还是感到没法开口，事情就这样拖着。妈妈有几次欲言又止，李刚故意找了一些借口，把话岔开了，后来妈妈不再提和李刚单独相处的要求了，两个人都感到有一些别扭。李刚想到了自己的女友，想到了自己的追求。李刚虽然想到妈妈的样子还是很兴奋，但是他可以控制自己的这种欲望了。

到此为止，李刚眼下的问题基本得到了解决。李刚也意识到了家庭环境对自己的影响，了解了自己的性格，他学会了去梳理自己的想法和行为，找出一些规律性的东西。完善人格的道路很漫长，需要他在以后的生活当中不断地向着理想的目标一步一步接近。

案例分析

在心理咨询中，性心理问题是比较突出的心理障碍，其中突破伦理的性取向和性幻想是非常典型的表现症状。一般此类案例的心理咨询往往有较深层次的家庭背景因素，当事人在幼儿时期的成长经历是出现这种问题的根源。一次偶然机会，感官的强烈刺激引起李刚极度的性兴奋，妈妈的肆意纵容，面对自己儿子的偷窥及性骚扰，作为妈妈不但没有当面批评指正，反而采取默许或迁就的态度，无形中纵容了儿子的不轨行为，阻碍了患者的性心理发育。

妈妈对于婚姻不满的出轨行为，影响了李刚的性道德观念。妈妈在家庭中扮演主导角色，父亲变得从属被动，缺少发言权，妈妈的强者角色诱使患者从小就崇拜爱慕母亲。加之李刚的个性特征，软弱内向，使他缺乏勇气去从正常途径获得性欢愉，转而采取了简单易得被默许的与有诱惑力的妈妈保持性关系。李刚在既充满兴奋又承受着巨大压力的矛盾中忽视了对身旁女友的关爱，与女友缺乏激情的两性关系，与妈妈的风情万种形成鲜明的对比，致使李刚和妈妈的关系欲罢不能。在这种情况下培养来访者坚强理智的自我和决断的力量是需要的，当自我不再被别人控制，尤其是妈妈的控制的时候，转机就到来了。

我害怕见到医院

“老师，您好！我可以请您为我做咨询吗？”一个男生敲开了咨询室的门怯生生地问道。我点头表示同意，他走进来坐在了沙发上。“我可以为你提供哪一方面的帮助呢？”我问他。他看起来有点虚弱的身子向前略微倾斜了一下，用似乎有些疲惫的声音说道，“我总是担心自己得病，也害怕看到医院甚至医院的红十字标志或字样。我睡眠也不好，稍微有些声音就会把我吵醒。我的人际关系也不怎么好，有些人我特别讨厌，只要是听到他们说话的声音，我就感到不舒服。”我静静地听着他的叙述，心里在想是什么让他变得如此的敏感和多疑了呢？

我想撑起这个家庭

来访者名字叫宋武，家中排行老大，还有一位弟弟，读高中，父母都是普通的人，常年在外打工。因为父母要到外面打工，宋武小时候多和爷爷奶奶在一起，即使如此，他们家经济较其他人家来说还是比较困顿的。他记得上小学的时候，有些同学还欺负他，向他索要钱财，要是不给那些人的话，那些人就拳脚相加。那些欺负他的同学身高马大，说话武断，不讲道理，宋武恨死他们了，可惜自己不是他们的对手，只能忍着。小的时候在外面受了气是不给家里的大人说的，说也没用，因为村里的成年人有时候也这样欺负宋武家里人，家里人也没有更好的解决办法，只能忍气吞声。所以，宋武的那点小事，给大人说了基本也是白说，索性就不说。

到了初中的时候，宋武的爷爷奶奶年事已高，父母也想让他受到更好的教育，就送他到姑姑家去，因为姑姑是老师，可以辅导一下他的功课。姑姑家也有一个儿子，比宋武要小上那么两三岁，宋武和表弟在一起也不怎么拘束，两人玩的还比较开心。宋武很争气，各门功课学的都还可以，表弟有不会的他也可以伸出援手，表弟感觉有这样一个哥哥和自己在一起也很好，况且现在基本上每家就这么一个子女，有人作伴，也是很不错的。宋武在姑姑家呆的还算好，姑姑对他疼爱有加，只是他比较怕姑父，因为姑父总是皱着眉，不怎么爱说话，更不主动询问宋武学习长短，即使询问也很威严，让宋武感到很有压力。久而久之，宋武就有些躲着姑父，姑父在院子里他就回到屋里，实在躲不开的话，心里就特别的慌，红着脸硬着头皮应付一下，感觉到好紧张好紧张。但是，总体来说，在姑姑家的日子还是很不错的，姑姑尽管比较忙，在学习上对他的督促还是比较严的，宋武的成绩在班上始终保持在前列。

升高中的时候，宋武考上了重点，父母和姑姑都很高兴，他们希望宋武能够更有出息，考上好的大学，以后有个好工作，不要再像他们一样，整日奔波劳累却依然没办法解决生计问题。在读高中的时候，家里发生了一些事，爸爸得了一场大病，原本就单薄的身体变的更加虚弱了，重活不能再做了，虽然忙碌但是收入却上不去。妈妈也生了一场病，几乎掏空了家里的积蓄，家里的两个顶梁柱几乎顶不起这个家了。宋武和弟弟都受到了很大的影响，过年的时候，一家人明显地感觉到了疾病给家里带来的压抑的气氛，“别人欢天喜地地过年，我们在愁疾病什么时候能好了，父母还能像以前一样去干活，去养家。”宋武说道。父母的疾病慢慢地好起来了，但身子骨都大不如前，人虽然没有闲下来，也不能闲下来，只能做些不太出力的活了。对于宋武来说，经历的这些事算是很不幸的了，相比周围的欢天喜地的孩子，他真羡慕他们的幸福，但是祸不单行，老天也真是不公平，高三那年宋武又害了一场病。高考前复习很紧张，压力也很大，他感觉到呼气很费力，本想拖几日就会好的，没想到情况越来越糟，最后呼吸很困难，只得去住院，医生说再不来就耽误了治疗的最佳时机，这样在医院又住了差不多一个月，花了好多钱，宋武既担心学习又心疼钱。出院后他一刻也不敢怠慢，时间抓的更紧了，多亏了底子好，最后成绩考的还可以，上了本省最好的数一数二的本科院校，“也许不生病的话会考的更好一些，但是最后也还可以吧，我想好好学习以后找个好工作来养家。”宋武说道。

“老师，我还有个不省心的事，就是我弟弟，他几乎不和别人交流，整天玩电脑游戏，父母说他也不听。我们两人在一起就吵，因为我说他几句他不听，我就急，说着说着就吵起来了。你说就我家这样子，他又不知道学习，也不听父母的话，以后可怎么办呢？我感觉到压力好大。虽然我想好好学习，但是对于前途我也是没谱啊。”宋武说话的语气里还有一些气愤。

“我的体质本身也不好，也许是遗传的吧。得那次大病之前经常是小病不断，我也时不时地跑步锻炼身体，似乎效果不大。比如说现在吧，因为这几天天气变化大了些，我就得穿的厚一些，害怕感冒。”宋武看起来个头不高，很有礼貌，他要不说这些的话，旁人看不出他到底身体状况怎么样的。

显然，宋武的经历、感受和面对的实际问题给他带来很大的压力，并且这样的压力似乎一直断断续续地存在于他成长的整个过程中，只是现在他想通过心理咨询的途径来寻求一些改变。心理测量显示宋武有抑郁情绪，这样的压力放在谁身上都对情绪产生很大影响的。他讲了好多问题，不可能一下子全解决了，只能一个一个来，我问他最想解决的一个是什么，他说怎么样让自己不担心自己的身体状况。

冬季，外面的太阳很好，窗外的风还在继续吹着，宋武把自己裹在羽绒服里，充满期望的眼神看着我。“让我们一起来面对吧”，我紧紧地握住他的手说。

换个角度来看自己

宋武为什么这么担心自己的身体呢？通过他的经历来看是可以找到依据的，家里人就医带来的经济压力让他感到生病的可怕，自己生病时的无力感——什么事都做不了，也让他感到了生病的可怕，可以说在更深层次上，可能还有对于疾病带来的死亡的恐惧。

因为每一个人都有对于生的渴望，对于死的恐惧我们很多时候不敢说出来，不愿意去面对这样的话题，但是内心深处却有着深深的恐惧，宋武也有这样的恐惧，只不过有些是表现出来的，有些还潜伏在在无意识之中。无论是表现出来的还是潜伏着的都会造成焦虑，让有类似人生经验的人害怕生病。谈到此处的时候，我又想起了宋武说过的一件事，他有两位和他们常来往的亲戚正是死于疾病的，一个是脑溢血，一个是糖尿病。由此看来，宋武害怕自己生病，担心身体健康不是没有道理的。在他的生活中，疾病带来的负面情绪太多了，深深地影响到了他对于整个人生的看法。

在接下来的咨询里我和宋武探讨了可能造成他担心自己身体状况的原因，和他一起梳理了疾病和他的担心可能相关的种种事情。根据他的理解和接受程度，我有所保留地试探性地逐步把我的想法和他作了交流。宋武感到有些很有道理，有些他还要重新思考一下。“这一点我还要好好想一下，过去没有考虑过。”他若有所思地说道。

关于他对自我身体健康状况的评价，我让他先画了一个坐标，又在原点上方画了一个倒U型的曲线。我告诉他按照正态分布来说，大多数人的身体健康状况集中在中间部分，少部分人分散在两端，请他在这个图上他标出他目前的健康状况所在的位置。他把自己标记在了中间靠左边的位置。我说：“请描述一下，在你左右两边的人的健康状况。”他说：“我比右边人的健康状况要差一些，比左边人的健康状况要好一些。”“左边的人是什么样的状况呢，请你描述一下。”我问他。“他们真的是处于疾病当中，深深被疾病折磨，有的甚至永远都是残疾了。”他回答道。“你现在再回过头来看一下自己当初对于自身健康状况的评价，有什么感受？”我说。“现在感到自己的状况并不像原先想的那么差，原先觉得自己就是这世界上最不幸的人，没有办法了。”宋武略显轻松地说。

我和宋武一道协商什么样的锻炼最适合他，他喜欢跑步，早晨到操场上跑两圈，一直活动到出汗，回来洗个澡感到很舒服。我们约定要坚持下去，让他的身体变得更强壮一些，能够抵御一般的小感冒，更重要的是可以树立信心，提高对于自己健康状况的认识，从而减少对于医院的害怕。

宋武还办了助学贷款，这样可以减轻家里的负担，在目前的经济条件下改善一下自己的生活，提高营养，不在饮食方面影响自己的健康状况。

宋武感到这样的安排很好，愿意尝试做一段时间，看看效果。

努力改变

下周再来的时候，宋武看起来气色很好。

"老师，你看我怎么样，有精神吗?"宋武问道。

"嗯，比较有精神，怎么样，每天都能坚持锻炼身体吗?"我说。

"我每天都要去跑步，吃的上面也没亏待自己。我身体舒服的时候，我感到做什么事都很顺利，心理也很轻松。"宋武像健美运动员一样弯曲了一下胳膊，"这个时候我很自信的，做什么事都很有信心。"

有些事情我们明白了，就可以发生改变；还有些事即使明白了也不一定会发生改变，行动才是最重要的。宋武体会到了成长环境和经历对于他害怕生病的影响，但是在身体不舒服的时候还是会感到有些担心。"我害怕花钱，父母他们实在不容易。爸爸因为生病身体大不如以前，我不想他们再在日头底下流汗了，爸爸的手也受过伤，但是为了我们读书不能停下来。他是应该歇歇了。至于说对于死亡的恐惧也是有的，想到自己什么都还没做，就要被病魔击倒，自己的人生还没有好好开始，许多喜欢的东西还没有去追求，但是有病的时候会感到美好的想法距离自己很遥远，健康真好!"宋武说。

宋武还为弟弟的事情烦恼，担心他是个不懂事的孩子。"你知道他喜欢什么吗？他现在最高兴或最痛苦的事情是什么呢?"我请他说下。宋武不好意思地说，他真的不知道。怎么样才能走进弟弟内心深处，倾听他内心的声音才可以真正和弟弟沟通，才会有有效的引导，最终改变两个人吵吵闹闹的关系。"你们要是能携起手来，两个男子汉完全可以让家庭摆脱目前的窘境。每个人的性格各不相同，达成目标的手段也可能不同，尝试和弟弟沟通，找到适合的交流方式。也许弟弟并不是像你所想的那样，他也会有自己丰富的心灵世界的。”我对宋武说。他表示愿意尝试着和弟弟沟通。

宋武因为身体的原因，过去在老家的时候专门到一个中医门诊看病，老中医开的药服用后效果比较明显。来学校之后，总感觉这里的医生不了解他的病情，开的药贵不说，吃了之后感觉没有明显的效果，对于这里的医生也很怀疑。后来经人介绍，他找到了校医院的一位退休的老中医，定期和那位老中医联系开些药，才稍微满意了一些。在锻炼身体的同时进行一些中医调理，他感觉到身体素质好多了，整个人也活泛起来了。

看不惯一种人

宋武在宿舍和其他舍友交往也感到不是那么顺畅，有些压抑，尤其是对有个说话比较武断的同学十分反感，一听到那位同学说话，心里就不舒服。在那位同学说话的时候他不想发表看法，他感觉要是说话的话，两人可能会吵起来，甚至要打架。他很想换个宿舍，但是又觉得这也不是解决问题的根本办法。

“你能举个你们之间讲话的例子，我听下好吗?”只有具体化了才可以确定到底是什么原因，而不是靠自己猜测。宋武说：“有次我们在宿舍讨论一项社团的集体活动，关于活动当中的一些物品的准备情况，大家讨论得比较热烈。那位同学很武断地说，这有什么好吵的，买东西的时候开来票据从活动经费里报不就得了？有人说他站着说话不腰疼，有多少活动经费可供你报？都能报的话还用他说吗？那位同学又说没有经费要么就不买，要么就不做，这有什么纠结，没有社团活动，大家会憋死啊！我不喜欢他那盛气凌人、居高临下的样子，好像什么事都得按照他的要求来做，说的那么斩钉截铁。”

可以看出宋武说的那位同学说话不拖泥带水，行就行不行就算，没有任何转弯抹角半推半就的意思。要说这话能给人带来压抑的意思的话就是我们在某种程度上把这人作为权威了，但是心里又不愿意他有这样的权威。试想，有些人话说的再武断，和你没有关系，影响不到你，你是不会去注意他的，也不会有压抑感的。正如同有些人听到日本人讲话的时候就感觉到不舒服一样，那是因为日本曾经给我们带来过伤痛，即使再美的日本话在有伤痛的那些人听来也是令人厌恶的。而事实上是并非所有的日本人都令人讨厌，他们中间也有很多爱好和平的人，他们的百姓也希望能够过上平稳的生活。

我让宋武讲还在什么场合有过类似的感受，让他试着总结出其中的一些带有共性的东西，宋武逐渐理出了一个头绪，对于似乎应该和他平等但却咄咄逼人的强势的人他一概反感，高中和大学都是这样的。和这样的人在一起，他感到了一种威胁。回头看下宋武的经历的话，我们也可以看到在他上小学的时候，被别的同学欺负的事情，他家被村里人欺负的事情，这些事情深深地印在了他的心上，形成了永远的阴影。虽然他那个时候没有力量来对抗那些不公平，但是对于强势力量的憎恶，对于自我保护的敏感暗暗在他心里发芽了。当眼前的人和压抑在心里的那些欺负过他的人的特征相似的时候，受欺负的感受就又浮上来了，强烈的厌恶感就来了，甚至控制不住地发展成冲突。

当然，我不会一下子把这些都告诉宋武的，只是随着治疗的进行在他可以接受的程度上一点一点的让他体悟。人只有靠自己想明白的时候才会感到极大的震撼力的，才会有更大程度的改变。

同时，宋武在不断地培养能力，增强自信。当一个人的力量强大起来的时候，对于强势的人的看法也会发生改变的，只不过这要在生活当中一点一滴的积累。我们并不需要取悦每一个人，有几个不错的朋友，能够和大家愉快地相处就可以了，学习恰当的交往技巧，敢于表达自己的见解，准确地传递信息进行交流和沟通，能够体会到你说的话在别人心里引发的感受，体会到痛苦或甜蜜的情感波动在心头泛起的涟漪就可以了。

宋武终于不再担心自己的身体状况和害怕医院了，他可以从更广阔的范围来看待自己的经历。每一个人都会遇到一些坎坷的，关键是自己如何看待这样的经历，把它作为负面压力的话，这包袱就会永远地压在自己心头，正视它把它作为需要面对的事实，去思考去梳理去发掘也许就能够把它放下，开始新的生活。成长经历会给我们带来一些伤害，及时地把自己的感受和想法说出来，寻求专业的帮助，就会走出阴霾的日子。当我们用明朗清澈的眼睛重新打量这个世界的时候，我们会发现天空依然很蓝，白云依然在安详地飘动。

案例分析

宋武因为家庭的特殊经历使之产生了对于疾病的担心和恐惧，其中有父母和自己的生病带来的家庭经济的困顿，也有罹患疾病的亲戚相继离去的冰冷的事实。在一个人的生活里，当沉重的东西浓得化不开的时候，自己也就被粘在里面了，限制了自己的眼光和思维，被动地等待不幸的降临。要摆脱这样的宿命，就是要站在更高的地方，放眼人生，从不同的角度来看待这个世界，慢慢找到自我的控制感，当自我不再漂浮不再被人影响的时候，对于自己的经历也就看的更清楚了。

曾经给我们带来痛苦的事情，给我们留下了阴影。只有当自己从内心强大起来的时候就可以正视那些阴影，才可以看到心灵深处的那些奥秘。受欺负会给一个人的成长带来很多负面影响，有的甚至是伴随一生，改变一个人的性格。当我们说出来，和帮助你的人一同面对的时候，或许可以把伤害降到最低限度。痛苦的经历，可以让我们变得坚强，也可以把我们击倒，选择什么样的结果的主动权握在我们自己手里。

灰色的世界灰色的我

初冬的一个下午，太阳无力地透过窗户照在地上，似乎给屋子增添了一点温暖。一个瘦弱的女生前来咨询，她叫高田田，英语专业大四学生，风一吹就会倒下的女生大概就是说她的吧，说话声音轻声细语有点柔弱，有时候要探着身子才能听清楚。尽管她刻意打扮了自己，但脸上的倦容还是依稀能看得出来，这透露出了她受到的困扰。她是因为英语专业八级考试不过感到很难受前来咨询的，这次考试除了几个同学以外，全班人都过了。大家都要忙着准备毕业论文，找工作了，她还得准备再一次考试。她的心里乱极了，怀疑是不是真的和别人有那么大的差距。她感觉到了同学和老师看她的异样眼光，她觉得自己什么也做不好，整个人陷入抑郁当中。

快乐的岁月

像很多外语系的女生一样，高田田在这之前还是很开心的，忙着参加各种社团活动，准备英文表演节目，课余时间和其他女生一道逛街，看玲琅满目的商品，说说笑笑度过快乐而又充实的一天。晚上，躺在床上再做一个美梦，说不定梦到白马王子牵了自己的手，然后，翻一个身带着甜蜜的笑容又进入了梦乡。

偶尔会有些不快，就是别人一起去做一件事情却没有叫她一起去的时候，比如几个玩的不错的朋友去吃小吃没喊她，她会感到很失落，会有一阵子不理那帮朋友的，直到那帮朋友受不了了，向她保证以后一定不会忘了她，并且以请吃小吃谢罪，她才重新恢复到叽叽喳喳的状态。不过这些只是插曲，衬托出了快乐日子里的快乐！

高田田最开心的时候就是融入到大家当中的时候，大家做什么她也做什么。有几个好朋友想去学瑜伽，她也报名参加，一起去学一起回来路上说说笑笑热热闹闹很快乐，即使在安静的训练过程中，她也能感受到和好朋友的息息相通，享受着宁静中带来的心灵充实。“田田，学瑜伽有什么好？我也想报个名。”她的同学小芳问她。“当然好了！可以和好朋友在一起，开心哦！练瑜伽很安静，但是安静当中你会感受到心灵的声音，感觉很好！”瘦弱的田田像一块无瑕的水晶，纯洁明净，把快乐带给每一个人，大家感到了高田田式的纯粹的快乐！

在家里，父母都很疼爱高田田，就这么一个女儿，事事都要顺着她的心，和她有关的事基本不用她动手，父母都给操办好了。吃的、喝的、穿的、化妆用的一应俱全，父母常说其他的心不用她操，搞好学习就可以了。高田田从小到大学习很省心，这也是父母比较放心的地方，觉得自己的女儿将来一定会有出息的。星期天或放假在家，父母也不对高田田提出更多要求，开心快乐就可以了。

中学阶段，高田田也常带同学去自己家里玩，一起上网玩游戏、看电视、谈天说地很是开心。她的无忧无虑的生活带给她很多幸福，她感到自己是这个世界上最幸运的女孩，父母疼爱自己，朋友之间玩得也很开心，成绩还算可以。她不开心的时候是因为没有朋友的日子，有一次她生病，呆在床上不能动，虽然有父母的悉心照顾，还有网络可以上，但是她感觉到日子太漫长了，一天就像一年一样。她说，“老想跑出去，趁父母不在身边的时候就站在门口张望，希望看到朋友们熟悉的身影。但是，别人都忙着上课，望也望不到的。好不容易挨到了周末，第二天早上让父母收拾好房间，等待朋友们过来，那种期待的心情好激动哦，仿佛有一件大事要做一样，呵呵。等朋友们来了，自己的病就好了一大半，又说又笑，中午还留大家在家里吃饭，感到太高兴了。”

快乐的高中生活很快就到了尾声，高考过后每个人都在关注着即将决定自己命运的分数，高田田发挥正常，顺顺当当考上了省里的师范院校，全家人都很高兴，全新的生活摆在高田田面前。上大学要做的准备是父母的任务，她要做的就是玩，和一帮同学 K 歌、逛街，抓住这豆蔻年华最美的一瞬，恣意地挥霍着快乐着。父母也感觉到该让她放松一下啦，高中生活那么辛苦，给孩子透透气吧。

失落的自我

大学的生活丰富多彩，高田田还像过去一样和不错的朋友粘在一起，但是稍微有了一点失落，这淡淡的失落开始在她的生活里弥漫。在这个张扬个性的场所，高田田隐隐约约感觉到和周围的人好像有了一点距离，在各类舞台表演的节目里，许多人都挥洒自如，但是自己没有可以拿得出手的东西，看着别人在排练在讨论她感觉到自己插不上话，就像不会游泳的人和别人一起到河边游泳负责为别人看护衣服一样，那份快乐总是隔着一层什么东西一样，不能尽兴。她很怀念中学时光，"每当感到失落的时候，我就会回忆起以前的老朋友，可惜现在天各一方，总想和他们说说话听听他们的声音。那些无忧无虑的日子最美了，现在也好，可是我感到没过去好。失去的不会再来了啊!"她带着遗憾说道。

高田田想努力想想自己到底在哪方面有长处，结果思来想去找不到，她禁不住有点埋怨自己的父母了，为什么当初不让自己去学弹钢琴或拉小提琴呢，自己的嗓音又不是太好，只可以自娱自乐，一张嘴会把人都吓跑的。她的单纯的美丽里面开始渐渐有了一丝忧郁，不易觉察的，可是慢慢爬上了她的心头。没心没肺的日子多好啊，但是不会回来了。她想还是学习好，只要下功夫，方法得当，就会考出好成绩，没有这么多烦心事。当大家都忙着唱歌跳舞的时候，她去图书馆看看书，沉静在思想的王国里，向那些名家大师提出自己的疑问。学习上高田田依然保持着相对好的成绩，这对她说一种安慰，在甜蜜的忧愁里时间匆匆流逝，转眼就要升大四了。

至于以后的路怎么走，她还是有些迷茫，也许会做一个老师，站在讲台上度过自己的人生；也许会到企业，做外贸方面的事情；也许考研，把学习进行到底。现在要做的是实习，认真地准备几节课，到初中去带一带班，看看怎么和那帮小朋友打交道。听别人说，要是太温柔的话，初中的小朋友是管不住的，最后能把实习老师轰下台；

但是，太严格了似乎也不行，不能和学生打成一片，学生对你敬而远之，只能自说自唱。在实习的同时还有要做的事，要过英语专业八级，只能边实习边复习。高田田在实习的学校过着忙碌而充实的生活，很紧张也很新鲜，带着准备进入社会的期待，想着自己就要成为一个自食其力的人了。她认真地准备着眼前要做的事，也在思考着将来的路，她想试试研究生入学考试，考试正好在元月份举行，要是上不了线的话，也不耽误找工作的，年后再集中精力在工作上一搏。

英语专业八级考试很快就来临了，高田田希望能够通过，这样找工作就又多了一份把握。考试的时候像往常一样，沉着冷静，三个小时很快就过去了，但是感觉不出深浅，不知道到底会是什么样的结果。随后就是等待了，有实习的任务，和学校的孩子们在一起每天都有处理不完的事情，时间过的倒也飞快。等成绩下来的时候，全班有三分之二的同学都过了，她没过，她看到这样的成绩想是不是搞错了，不应该的啊，平时没有她成绩好也没有她努力的同学都过了，她没过。“天啊，我那么努力，怎么会是这样的结果呢?”她当时这样想。

这之后，她不太愿意在大家面前走了，喜欢一个人静静地坐在那里，也不知道在想什么。和之前快乐的高田田比较起来，现在的她没了笑容，阴沉着脸。她也感觉不到有意思的东西，同宿舍的同学为了逗她开心，讲一些好笑的事情，大家都笑了她还是没有反应。大家知道她可能是为了英语考试的事情，劝她看开一些，没有什么大不了的，不过也不会不让毕业的，但是这些都不起作用。大家看不到过去那个活泼可爱的高田田了。

恋爱搁浅

这之前，高田田是个甜心，人见人爱，她也时时处处把欢笑和阳光带给大家。在别人碰到不开心的事情的时候，她还会变着法逗别人开心，热心地劝说别人。有一次班级开会，会上一个同学为自己到底是继续考研还是到学校工作感到难以选择，这也是一个大家共

同面对的问题，大家纷纷发表了各自的看法。轮到她发言的时候她说，“要遵从自己内心的选择，我们都长大了，应该活出我们生命的色彩。家庭条件要是允许的话，继续读研有利于将来的进一步发展，毕竟工作之后没有那么多时间的，趁热打铁，更容易考上。否则的话就参加工作，能减轻家里的负担。每一个人的情况都不一样，路是自己走出来的，根据实际情况理智的决定才行。”当时大家听了，感觉高田田的思路很清晰，人也很果断，很多人觉得她很有想法。可是现在这个曾经劝别人想得开的人自己却想不开了。

恋爱似乎是大学不可缺少的美丽风景，每一个少男少女都希望能够在这里找到自己的另一半。高田田小心翼翼地守着自己白马王子的梦，看到很多同学成双成对地在校园里散步、图书馆看书，她并没有那么多羡慕，而是抱定了一切随缘的想法。他们宿舍每晚的卧谈会热闹非凡，大家七嘴八舌，说某某和某学院的某个男生有来往了，大家觉得很不公平，“怎么会这样，我们外院虽然女生多，但是也不至于沦落到这种地步吧，难道天下的男生只剩下他一个了吗?”一个女生道。“萝卜青菜，各有所爱。情人眼里出西施。帅不帅是一方面，有没有能耐才是更重要的，我们依靠男生什么，能力才是硬道理!”这位女生振振有词。高田田不知道说什么好，在听着。

到底还是有男生主动向高田田发起了进攻，火力不是很猛，但是很有力道，这算是在她略感失落的心里增添了一些骄傲和自豪。她矜持地和这位男生保持着距离，一半是因为羞涩，一半是因为不知道到底会有什么样的结果。那位男生很准时地在她和舍友吃饭的时候出现在食堂，打好饭之后找到她们坐的位子大大方方地和她们坐在一起，边吃边聊。高田田在那里很忐忑不知道怎么样和室友解释，赶紧把饭吃完，催促室友快点吃，室友调皮地看着她笑了，她更觉得不好意思，脸都涨红了，心里嗔怪这位男生太唐突。几星期之后，虽然高田田不承认这位男生是自己的男朋友，但是别人似乎觉得她在和这位男生谈了。她和这位男生的交流多了起来，知道他是体育学院篮球专业的，也参加了校学生会，这个男生心直口快，做事干脆利索。高田田有时觉得自己身上缺了什么东西似乎在这位男生身上能找到一些。他们的关系就这样不温不火地发展着。

在高田田英语专业八级考砸之后，这位男生也来安慰她，被她抢白了一顿，“你们什么水平，你们过公外四级足够了过不过六级无所谓，我们学的就是英语专业啊，过不了丢死人了。”“不是有人也没过吗，没什么大不了的。”男友怯怯地说。“他们没过我就不能过吗，我就要过。”高田田吼道。自从知道了成绩之后，他们在一起的时候高田田一直很不开心，说话很冲，一直带着情绪。这位男生很体谅她，想过一阵子就会好的，但是过了两三个月，高田田还是摆脱不了这样的状态。并且打电话约她出来，她都爱理不理的，这位男生感到高田田可能是故意冷落他，联系的也少了起来。

就是在这样的情况下，高田田来到了咨询室，渴望能够走出这样的状态。她说，“我也不知道怎么样和男朋友交往，总想躲着他。怕有什么不合适的话伤了他，但一直躲也不是个事，他见了我这样子，还以为我不理他。我感觉交男朋友好累！”

扬帆启航

高田田的温柔善良和欢声笑语，被考试的失败逼到一个角落里隐藏了起来。考试失败对她造成的影响也反映了她自己的应对方式，这一方式是她的经历和性格决定的。在建立起良好的咨询关系，取得她的信任之后，我们开始探讨哪些因素造成了她目前的窘境，她表现出了急切解决问题的心情，她多么希望能够回归到正常的生活状态。因为她的事情还很多，要考研，要做毕业论文，还要找工作，她不能一直这样下去。她也不想让父母太着急，父母听说她的情况之后很挂念她。

咨询中，她感觉到了自己想成为集体中普通的一员，不是那么崭露头角，但肯定也不能落后，就是随大流的那种，那样自己是最轻松最快乐的，最前和最后都会给自己带来压力的。中学的快乐时光正是这样的，似乎是不相上下的一帮朋友，没有感觉到距离和威胁。升入大学之后，自己的失落反映的是距离的扩大，而又没有能力追赶上去的一种无奈，没办法想在学习上发展的更好一些，取得一种

平衡。自己无心和别人比，但是又无时无刻不在和别人比，因为这样才能够找到自己在集体当中的最喜欢的位置。我给她举了个例子，就像开会一样，有些人愿意坐到前排看着领导也让领导看着他，有的人只愿意坐到最后，不被领导注意，她呢，就想坐在中间，前后都兼顾得到。她认为很有道理，正是这样的，不好不坏，中庸最好。

因为努力了，付出心血了她就希望有回报，这希望太急迫了，事实上变成了必须有回报，这个回报成为她衡量自己有无价值的重要标尺。高田田衡量的结果是"完了，自己一无是处，做什么事都做不好。甚至，我感觉自己来这里读书是白占了这个名额，什么都不会，还不如退学，把这个名额给别人。"这是典型的非理性认知，表现为以偏概全，我们在一起花了一个疗程的时间来一个一个分析和讨论这种非理性认知，高田田对考试的看法有了很大转变，"这仅仅是一次考试，我还是以前的我，我的快乐、温柔和善良并没有因为一次失败的考试就离我而去，是我忽视了它们。"

她尝试着从自己的角度来评价自己，对比周围同学或社会的评价，她发现自我评价才是最贴心的，她开始从一个崭新的视角来看待自己，追逐自己的心灵。终于，久违的笑容开始展露出来，我知道她很快就要走出这段低谷了。

经过三个月的咨询，高田田的情绪有了好转，对于周围人和事的认识也有了很多改变，她感觉到这次考试给自己带来了麻烦，但是也让她深刻体会到了自我，深入地思考了自我，让自己变得更加成熟了。"虽然我不希望自己经受痛苦，但是痛苦确实带给了我丰厚的礼物，那是平常生活没有的特别礼物"。高田田带着这份礼物开始了新的生活，她长大了。

案例分析

高田田在其成长过程中父母对其关爱有加，但忽视了她自我解决问题这一能力的培养。她从众心理较强，害怕被孤立，注重自己的面子，在乎别人的看法。在张扬个性的大学校园，她感到了一些失落，她想通过学习来证明自己，但是遭到了挫折。对于考试，高田田认为专八是自己能力范围内的事情，没有考过，觉得自己很无能。并且因为这个事情，搞得自己情绪很糟糕，对同学、对自己都没法交代。她感觉自己的情绪状态也给男友添麻烦了，不想联系他，没心理他，担心见男友，怕自己表现不好。

她需要学会自己判断和思考，自己评价自己，避免被外界评价所左右，这才是找回快乐的根本。每一个人都有自己的长处，不仅仅是显露出来的那些，很多时候有些长处需要我们去发掘。另外，就是调整以偏概全看法，这是典型的非理性的思维——"专八没有考过说明我水平不行，没有价值"，可以通过认知疗法取得很好的咨询效果。在对待男友方面，应该坦诚地告诉男友自己目前的状态，希望他能理解，陪伴自己一同走过。毕竟，人生的道路上有许多这样的坎坷需要相爱的人共同面对，否则的话，爱情的含义就应该受到怀疑。

我心徘徊

来访者阿茵已经45岁了,八十年代初结婚,婚后两年生了个男孩,日子过的平平淡淡。感觉到一个孩子比较孤单,后来又领养了个女孩。她原先在一家国有企业工作,九十年代下海经商那会儿停薪留职,开了一段时间的出租车,后来经营饭店,接着又利用原来单位的资源做起了其他生意。她人际关系很好,有很多朋友,自言在碰到困难的时候总是有人主动给她打电话或出现在面前,所以生意做的很顺利。但长期以来和丈夫关系不是很好,10年前闹过一次离婚,现在又想离婚。

十年打拼

阿茵推门进来,坐在了办公桌前面的椅子上,我指着窗前的沙发说坐这一边吧,她挪到了面向桌子的那个沙发上。阿茵穿戴大方得体,颈上戴了绿豆一样粗细的白金项链,左手上一个玉镯,看上去比实际年龄要年轻好多。我给她倒了一杯水,先做了一下自我介绍。然后告诉她在这里的谈话是保密的,除了可能对自己或他人的生命构成威胁以及属于法律规定的情形之外,所有的谈话内容仅限于我们两人知道,这也是咨询的职业道德要求。

阿茵开始谨慎地打开了她的话匣子,说女性做的那些事,像什么做家务、打毛衣、穿针引线的等等她不喜欢,她喜欢男性做的事情,做生意、跑业务什么的。丈夫也曾经停薪留职出来做过事,但不知怎么的总是没有她顺利,后来国家不允许停薪留职了,就呆在单位里了。她自己的生意则做的风生水起。从单位出来的第一件事就是学开车,因为90年代早期出租车还不是很多,是个新的行业。

当时很多人要么坐公交，要么骑自行车，摩托车还是个是时髦的物件，不是人人都能买得起的。隔行如隔山，当时平常人不知道开出租车的利润有多大，但是行内的人那可是赚发了的，买一辆车 3 万多元，一年下来就赚回本钱，随后的都是净赚。当时一年工资收入才 5000 多元钱，开一年出租收入是工资的 6 倍。阿茵感到了个体户的自由和来钱的容易，虽然累了一点，但是心里还是很痛快的，原先离开单位的失落也慢慢地被市场所给予的巨大利润冲淡了。到 90 年代末的时候，开出租车的人越来越多了，赚钱不像先前一样容易了，阿茵又开始琢磨其他门道。

她不会做饭，在家也不做，即使亲自做了自己也不吃的。但是她感到开个饭店还是赚钱的，一般的毛利润在一半左右，她开始注意饭店的生意，只要是有特色的饭菜质量好的饭店，人总是很多。她还专门到饭店的大厅用餐，观察结帐的情况，她发现付现金和记账的客户基本对半，她了解了饭店大概的客源情况。万事俱备只欠东风，她需要做的就是物色一批好厨师。在新世纪开始的时候，她的饭店开业了，她把自己的朋友和以前单位的同事邀来，风风光光地开了业。她在注重饭菜质量的同时，又到附近的各个单位去游说。因为单位的应酬多，到哪里吃不是吃，阿茵的饭店生意做的很红火。开饭店也是个体力活，一天到晚人忙的像陀螺一样，回到家累的就不行了，躺在床上就睡。阿茵想不能总是这样啊，她得设置一些中层领导来为自己分担重任，这样可以解放自己。当人有钱了的时候，要拿钱来买时间的，要把自己宝贵的时间给节省出来，考虑更重要的问题。整天忙于事务的人一定做不成大事的，因为没有时间考虑更长远的问题，更重要的问题是这样下去，慢慢企业会迷失方向，随波逐流的，而这样是很危险的，阿茵自己切实体验到了。当闲下来的时候，她重新考虑了下一步的发展。在生意场上接触了一些人，也了解了一些情况，阿茵走了另外一步棋，她感觉到运输这一行业的巨大利润。

说干就干，她把这几年来的积蓄投入到了货运行业。她开始到处跑，发展客户，当时的物流刚刚起步，许多企业自己养的车队跑、冒、滴、露太严重，成本很高，用物流的车发货比自己企业的要便宜很多，一年能省下一大笔钱。阿茵的生意很好，订单像雪片一样飞来，她没想到自己涉足的这几个行业，做的这么顺当，她认为自己当初下海是一个明智的选择。在跑业务的过程当中，她发现专靠汽车运输能力太有限了，她想通过铁路货运来发货。靠着她的精明能干，在业务量大的地方她跑通了铁路部门，可以弄到车皮。这样，阿茵主要的任务就是疏通关系保证能搞到车皮，保证和各业务单位的友好合作，保证运输安全。阿茵的生意已经做的很成功了。

心理落差

阿茵对婆婆很好，公公去世后，就让婆婆和他们一起住了。婆婆脾气不好，阿茵也是处处体谅和照顾婆婆。阿茵说，“单位分离休干部的福利房，他爸去世了就没有资格分到了，那房170多平米，我往上级部门打电话专门以他爸的名义给批下来的，装修比不上城里，但我敢说在那一片的工薪阶层里也是数得着的。”

阿茵爸爸有高血压，往年阿茵给他们钱让他们出去旅游，今年阿茵担心爸爸的身体，就带着自己的父母和婆婆三个老人到北京、上海等地去转了转，那儿有阿茵的客户，非常方便。但婆婆比较霸道，阿茵妈妈看不惯，两个人合不来。旅游回来没多久，阿茵他们就搬到了新房住，好多亲戚包括婆婆的妹妹都来家里祝贺，婆婆从来没有说过要阿茵妈妈来，还是阿茵打电话给她弟弟一家让他们过来，倒是婆婆的妹妹说怎么不让阿茵妈也过来呢？

阿茵对丈夫很好，让丈夫开着自己的车，穿高档的衣服，房子装修都是自己出的钱，但丈夫的言行让阿茵感到失望。“他是那种有50元钱就要花掉30元抽烟，不管明天怎么过的人。他看到我在做家务从来不伸手帮忙，而我看到他在做的时候总是一起做，很快就收拾好了。我们搬家的时候，他叫了搬家公司来搬，只搬了沙发、洗衣机、冰箱和他妈的一张床，搬完后还得我儿子一趟又一趟用三轮车自己来搬。自己总得收拾收拾衣服或其他细小的东西吧。”阿茵抱怨丈夫花了今天不想明天，做事缺乏计划和安排。

阿茵道，“就说选搬家日期的时候吧，原先确定9月1号，但那天正好是农历的7月初一，我说街上烧纸的烧香的很多，换个日期吧。又订到9月19号，但我还在出差，那天正好又是曾在游泳时救过他命的战友的女儿结婚，我说这得去，我要回来我们两个人都去，要回不来的话你一个人去。结果搬家的事最后定在了26号。他说什么都是你说了算，有什么了不起的，不就是多挣了几个钱吗？我听了很伤心。”

我问阿茵，“你丈夫过去出来做事做的怎么样？”

阿茵说，“不知怎么的他没有我顺，到云南开过矿，刚下井就有瓦斯爆炸，死了一个人，我说赶紧撤吧，不要做这个了，事实证明我是对的，那矿后来也没挣了钱。后来国家不让停薪留职了，他就还在原单位上班。我们和领导关系很好的，在单位工作也很轻松。我很顺，每当我遇到困难的时候总有人给我打电话或出现在我面前。你比如那年闹雪灾，我在福建，正好有业务上的电话，刚打一会手机没电了，正好一个熟人走到了我的面前，我赶紧借他的手机打，铁路局的领导也因为业务和我有来往，让铁路职员把我送到当地的酒店，还给我找了部电话。”

我说，“那不是运气好，更多的是你的人际关系处的好吧。”

阿茵说，“也是，我在往福建的列车上就认识四个列车长。”

我说，“还回到你说丈夫说的令你伤心的话来。那可能是他觉得缺少自尊，他认为一个男人应该承担起照顾这个家庭的责任，要挣的比女人多才有成就感，这样即使你说了令他不高兴的话他也不会在意的。现在他很敏感，你说的好话他也可能朝着另外的方向去理解。”

阿茵说，“自尊是自己做的事让自己有自尊的，你今天就把仅有的50元钱花掉了30元，那明天怎么办呢？明天的自尊在哪里呢？但是我都是围绕他转的啊。我的车我不敢开，他开。他穿的很高档的。但就这样他还是做了乱七八糟的事。他在外面找了一个小姑娘，刚开始他的一个朋友告诉我，我没在意，后来，他的第二个朋友告诉我，后来听第三个说，我就拿第三个的套第二个的，又拿第二个的套第一个的。那些天大家都看世界杯，我们在包房里看。我每天中午有午睡的习惯，那天我提前几分钟到了包房，刚推开门，他的一个朋友就用背顶着门，我看到他把包放到那女人怀里推她走。我说，别人说了我不信，眼见为实啊。那女孩要走，我说干嘛走呢？大家都看嘛。那女孩就坐下了。吃饭的时候，那女孩又要走，我说，多点几个菜，就多她一个吗？吃过饭，我们三个人就坐在那里谈了起来，我说我要离婚，但那女孩也不愿和他一起过。那天我早早就回去了。”

我们要离婚，他妈说几十年了不容易，哭着说不让。

不得其解

10年前因为丈夫的婚外情被自己发现，闹过离婚，在朋友的劝解下又和好了，现在觉得两人在一起很痛苦，又想离婚，但自己不知道怎么办才好。

这次阿茵像往常一样来到了咨询室，她迟疑了一会说：“你也已经结婚了的，我说出来你不要笑。在性生活方面，他有点问题，我们的夫妻生活不是很好，他也去医院看了。我也和我的女性朋友讨论过这话题。但我奇怪他怎么和小他十几岁的女孩在一起的时候就行？”

我说：“性生活是夫妻关系很重要的一个方面，性生活和谐的话夫妻关系就容易和谐。对一个男人来说，性上的失败可能比做事上的失败更伤他的自尊。这要看他是不是真的阳痿或早泄，要不是的话，在别的女人那里可以的话就是他的心理的原因。在别的女人那里他行的话可能就找到了男人的感觉，有了自信和成就感。”

阿茵说：“他这人，他的朋友都愿意和我交往不愿和他交往。他的小时候同学后来的战友和他关系很好，这战友爸爸病的时候他去照顾，去世的时候，他也忙前忙后，即使这样，战友打电话来的时候也是先给我打，再给他打，人家还希望他不要去。在我生孩子的时候，他用自行车送我到医院，到了妇产科进了产房，他说他要回去睡觉，我害怕不让他回去，他才没回。等生下孩子后，他听说是个男孩，不像一般人一样，先去看看孩子和老婆，而是先去给亲戚朋友报喜。在离婚时我不要房子，把钱分为三份，我一份他一份孩子一份，他说分成两份吧，儿孙自有儿孙福。我说，离了之后我可能过的比你好，你不一定能找到像我一样的老婆。他想了一个晚上，第二天说什么也不离了。他爸有病的时候他照顾的还没有我照顾的好，我想我以后有病了，他也不会怎么照顾我的。我有病的时候也是一个人到北京看，我不想让他们知道，所幸也没有什么病。前些天我给我儿子说离婚的事，我儿子说不要吧，那不就让我照顾爸爸了，我一听就心软了。我的工作上的压力也是我一个人顶着，太累了。他倒是打电话时口口声声叫我老婆，但我敢说结婚至今我喊他老公不到三句。”

“因为那件事，后来我们大吵，我拎了一个包就从家里冲了出来，从楼梯上滚了下来，他也不赶来拦我，我也不知道往哪走，就在汽车站上了车，那车在广东停了下来。我就打电话给广东的那个客户，他是一个大领导，他过来把我接走了。他也有一个几岁了的孩子，我们在一起我感到很开心，但他没有离婚，我也没有离，我们没有走到一起。”

正说着，她的手机响了，她打开看了看，翻出了一则短信让我看，一则是问候的，她说这还好，又打开了随后的一条，我看到写的是什么见了难忘的话。阿茵气愤地说：“这样的短信很多，有些人无聊就发这些垃圾短信。见一面就爱上了，这样的人叫人吗？”

阿茵虽然在生意上做的很成功，别人看起来他们的家庭应该很幸福，孩子大了，还有一个贴心的女儿。但是鞋穿在自己脚上，合适不合适只有自己知道。阿茵说：“没有生活目标，我不知道自己想要什么。除了工作就是打牌。你觉得我该怎么办呢？”

我说：“从丈夫方面来看，你对他的生活方式比如花钱等不认同，他曾做了伤害你的事情，他的性方面的问题也让你们的感情不是那么亲密；从你这方面来说，你首先是善良的，但有时候是以牺牲自己的开心和正常的情绪为代价的，你在迷茫的时候的做法也给你们的感情生活造成了伤害，你现在看不到生活的目标。”

阿茵说："现在我的父母和我们住的很近，就在我们后面的楼上。过去在市中心住的时候我很喜欢一个人在家呆着，但现在我总想出来，有事没事往外面去。有时候打开市中心房子的窗户就想跳下去，我是不是患抑郁症了？在10年前那事发生后，后来我到广东出差，在宾馆里就有一种想从窗户跳下来的冲动，我和同屋的那女孩说了，她一夜不敢睡觉，第二天给我买了机票把我送了回来。在家中我们两个人吵架，我把煤气打开，我昏迷了过去，但还有些意识，他把煤气关了，把我抱了起来。那时是气，想不通；现在是压抑，承受不住了。那你说我该怎么办呢？离还是不离？"

我说："我不能给你做这个决定，这要你自己拿主意。在还没有想清楚你要的幸福生活是什么的时候不要贸然离，在要做决定的时候给自己一个冷静的时间，想清楚了再决定，冲动时候的决定十有八九是会后悔的。"

阿茵说："我觉得也是，我现在对男人也不是很感兴趣。"

我说："我可以告诉你一个有趣的现象，一些女心理咨询师接待的婚姻咨询多了就会对男人有一种看法，觉得男人都不是好东西，都不可信任，甚至会影响到自己的婚姻。因为自己接触的这类例子很多，影响了自己对男性的看法。其实呢，你接触的生意圈子里男人怎么怎么样的现象可能多一些，另外的圈子也许会少一些，这些也许影响了你对于男人的看法。"

我告诉阿茵我的QQ号和邮箱，她说她不常上QQ，也怕丈夫起疑心。阿茵后来没有进一步来咨询，也许她认为这样的问题要自己思考才可以，也许她和丈夫分手了。我在心里祝福阿茵能够开心和幸福。

案例分析

来访者对于丈夫的生活习惯、生活方式、做人做事感到不满意。丈夫的性问题及几次出来做事的失败伤及了做为男人的自尊，而来访者的事业却一帆风顺，在传统的观念中男人比女人强才让男人有主导感、控制感。来访者在家庭当中处于强势地位，这让丈夫产生强烈的自卑感，想摆脱这种自卑感又没有足够的能力，在这种情况下就会敏感于来访者的言行，并且攻击和无意识中挑战来访者，但现实中却没有努力做事去改变。丈夫长期以来默认了自己的不行但似乎又不心甘，通过赌博、婚外情甚至故意抱一种相反的态度来刺激来访者，以发泄自己的这种压抑感。

在这种情况下，来访者自己感受不到来自丈夫的温暖，在生意场这个现实的环境之中暂时地迷失了自己。渐渐地她感到这种生活不是自己所要的，在这一过程中来访者也发现了人的现实、自私、见异思迁等劣根性，以至于对于所有的男人都有一种不信任感。来访者现在重提离婚不是偶然的，可能是在其婚外生活受到了挫折或某个平衡被打破了的情况下重返婚内生活，但已不能适应婚内生活而造成的；或许是更年期到来生理心理有了变化想的更多一些，对目前的状况又产生了怀疑。来访者在离与不离上举棋不定，正是对于没有合适男性选择及对于所有男性不信任的一个表现。来访者的年龄让其不能像一个年轻的女性那么断然作出决定，似乎来访者已没有了那样的资本和自信。而一个人的生活似乎根本不是她的选择，她需要一个依恋的人，这从她不会做饭可以看出来，她收养的那个小女儿似乎也可以作为一个佐证。

来访者更多的是从物质方面（给他钱花、车开、穿名牌的衣服、装修漂亮的房子、打电话分到福利房、带婆婆去旅游等）来叙述她对于丈夫和婆婆的关心和爱护的，而没有走进丈夫的内心世界，这或许是问题的根本所在，她不认同丈夫的做事方式、生活习惯，对丈夫对她的好存在疑虑、看不到他的长处等。他们之间缺乏基本的信任、沟通和交流，工作中的压力没有能让丈夫来一起分担，两个人彼此生活在各自独立的世界里，互相隔膜。性问题也是一个很关键的问题，带给两个人的伤害都很多。尽管有很多误会或伤害，但假若双方或一方抱着建设性的态度来经营婚姻，注重交往的方法和技巧，可能比现在要好得多。

浪漫与现实

一个好朋友问我是否有空给他的朋友预约一个咨询，因为他的朋友在远方，所以就通过QQ进行了交流。事情很普通，是生活中常遇到的，但是对于每一个身处其中的人来说，又是那么的现实，关乎着个中人的穿衣、吃饭、睡觉。有人说"高尚是一种美德，它意味着牺牲"，我们许多人不高尚，是因为我们做不出那样的牺牲。我们是普通人，普通人有普通人的烦恼。

来访者因为丈夫的一只眼睛突然看不见了，感到很矛盾，不知道将来怎么过，是否能和他一起走下去，现在他们有个女儿，选择新的开始又感觉对不住女儿。来访者满心忧患，想通过心理咨询解决自己的矛盾。

飞来横祸

来访者名字叫尹雪，长相我看不到了，声音也没有听到过，只是通过QQ看到那些发自内心的文字，汩汩流出，诉说着她的愁怨，她的内心的纠结。在那长一句，短一句的对话当中，展现了她的理想、痛苦和挣扎，就像一条小鱼钻进了网里，慌乱之中想逃脱却总是找不到出口一样。

尹雪在一家房地产公司做会计，因为她们公司项目很多，她每天上班都很忙，要处理各种各样的帐目。好在尹雪业务很熟，做这些就像小学生做口算题卡一样，加减乘除的混合运算，只是繁琐了一些，尽管如此，每天回到家也是累得不得了，往沙发上一坐，整个人就像散了架一样。她每天都要盯着电脑看，眼睛受不了，颈部也感觉到酸胀。丈夫下班回来，总要帮她按摩一下，攥紧了拳头轻轻地在她的肩膀上捶打，然后再在肩头上用力捏几下，嘿，还真管用，尹雪感觉轻松多了。一会儿，就听到婆婆的声音喊开饭了，他们才依依不舍地走到饭桌旁。

这时候，那可爱调皮的女儿也咿咿呀呀地喊着妈妈、妈妈，从爷爷的怀里挣扎着要找妈妈，尹雪接过孩子，叉着她的腋窝，让孩子在自己的双膝上跳。全家人一边吃，一边闲聊，尹雪拣了女儿爱吃的东西放在一个小碗里，不住地往孩子嘴里送。这是一个充满温馨、幸福的家庭。

两个老人都退休了，他们在家带带孩子做饭，一家人挤在一个房子里。尹雪的丈夫在自来水公司上班，撑不死也饿不着的那种，虽然不忙，但是对于年轻人来说，能有大把的钞票才是有诱惑力的。丈夫很想找些事做，又不知道做什么好，有几个做装修的朋友经常和他在一起玩，提到装饰画的市场很大，现在好一点的装修总要挂几幅这样的画的。尹雪的丈夫原先是学美术的，找工作的时候专业不对口，去了水厂，尽管这几年来不怎么画，但提到老本行的时候，他还是感到很熟悉。于是，他决定辞去原先的工作，搞一个装饰画公司，先把本地的市场做起来，做大之后面向全国做。

他和尹雪商量，尹雪想想也是，一个大男人没有必要把自己的青春耗在自己不喜欢的事情上，要是能做出个名堂的话，他们就有了自己的事业了。丈夫卖掉了汽车，筹措了一笔资金，在建材市场旁边租了个门面，开始热火朝天地干了起来。先是从网上购进了一批货摆在了那里，然后丈夫又搜集了大量资料，挑选了一些看起来比较好的设计，跟着临摹。因为刚刚开张，生意还不是很好，但是也有一些人开始感兴趣，到店里来看了。她丈夫还琢磨着怎么宣传一下，让自己的装饰画被更多的人所了解。

丈夫正在和尹雪商量怎么样扩大影响的时候，突然感觉到左眼有点不舒服，很涩，还伴随着一些疼痛，他想可能是电脑看多了的缘故，也没怎么在意。但是，这种感觉过了一周还没有减缓的趋势，他就去医院检查，检查的结果让他惊呆了，这是一种很奇怪的病，需要做玻璃体切除手术。怎么会得这种病呢，他们开始上网查找资料，但是似乎没有更好的治疗办法。医生的每一句话就像一记重锤敲打在他们的心上，他们开始和医院打交道了。这时候，丈夫说："没关系，治疗一下照样可以做事的，很快就会恢复的。"丈夫在医生面前像个小孩子一样，言听计从，在医院呆了差不多一个月，主要是消炎、用药，直到医生催他们出院，才办了出院手续。但是治疗的结果并不理想，左眼依然有疼痛的感觉。他们这时候想了解更多的资料，希望能找到这方面权威的医生再进行治疗。

好不容易托人找到了关系，挂了一个专家号，结果那位权威的医生用冷漠的口气告诉他们，不要再浪费时间了，还是保重另一只眼睛不要被传染，这只眼睛已经看不到了。他们不相信，又去找了另外一家著名医院的眼科，结果得到了同样的结论。他们彻底垮了，丈夫的左眼再也见不到光明了？他们不甘心啊！

脆弱的恋爱

假若丈夫经过治疗能够像过去一样，啥事都没有，只不过是一场虚惊，提醒他们更好地爱护自己的眼睛，关注自己的健康，该多好。可是，老天不是给他们开玩笑，他们要面对的是不折不扣的现实。原先不太把这件事放在心上的丈夫，这时脾气变得很暴躁，动不动就生气，抱怨这里照顾得不好那里照顾得不好，让身边的亲人也很受气，但是大家都忍了，知道他心里窝了火。为了让他好好休息，尹雪把孩子送到了娘家，女儿什么也不知道，还是像原来那么吵。丈夫开始整日里发呆，对着一处怔怔地看着，然后莫名其妙地掉眼泪。尹雪还得上班，治病也要钱的啊。

虽然全家还在寻找更好的治疗办法，但是显然，专家的意见给他们的心里带来了很大的阴影。要是丈夫还像原来那样，干自己想干的事，赚多赚少一家人快快乐乐地多好。但是，家庭的气氛冷清了好多，没有了往日的欢笑和温馨，大家都沉着脸，尹雪看到丈夫的样子，心里很难受，五味杂陈。想让他的眼赶紧好起来，但是又知道似乎不可能了，一丝丝的绝望也爬上了心头。她言不由衷地劝着丈夫，心里也烦透了。

尹雪和丈夫是五年前相识的，当时尹雪刚刚从一段失败的爱情里走出来。自己喜欢的前男友要出国了，她虽然爱他，但家里人都说靠不住，几年回来之后，还不知道会变成什么样子，尹雪也不小了，不能这么等下去的。前男友也没有信誓旦旦地做什么承诺，尹雪伤心透了，追着他问，到底要怎么办，前男友模棱两可地说将来的事情还是交给将来解决吧。尹雪以后就再也没有和他联系了。后来见到了现在的丈夫，丈夫年龄比她大三岁，虽然家里条件一般，但是人挺好，懂得呵护和体贴人。虽然也有花前月下的卿卿我我，但是尹雪总感觉好像少了点什么，自己也说不出来。直到有一天，尹雪感到该来的例假怎么没来，隐约觉得有点不对劲，买来早孕试纸一测，天啊，怀孕了。到底要不要孩子成了那段时间最让她头疼的一件事，她纠结了好久还是告诉了现在的丈夫，丈夫说要生下来。后来闹得两家大人都知道了，尹雪家里也想这么大的人了，也该成个家了，现在男方人也还可以，正好有了孩子，就把婚事办了算了。男方大人也有这样的考虑。但是，尹雪总觉得这还不是她想要的生活，具体要什么她也说不明白。在双方家长都施压的情况下，尹雪反而不想结婚，后悔自己告诉他们这事，更后悔两个人在一起的时候太大意了，以至于怀孕。

人往往是这样的，在巨大的压力面前，没有人和自己一起分担的时候，会感到很孤独，而眼前又没有摆脱压力的更好的办法。尹雪说，当时自己很憔悴，谁都不见。也许是前男友的影子还在她的心头晃动吧。她细细想来，感到还是想找一个坚强的臂膀，似乎眼前要结婚的这个人没有这样的臂膀，这个人有时候充满了幻想，太孩子气了，这是她自己能够靠得住的臂膀吗？她久久地沉思着，……

在找不到最好的时候，我们会选择次好的，因为有些事情不能等的。随着肚子一天天变大，尹雪最终还是和现在的丈夫步入了婚姻的殿堂，丈夫也对自己的争取感到满意。普通家庭的普通生活，两个人上班下班，逛街购物，就这样女儿出生了，家里充满了欢乐，所有的精力都放在了女儿身上，以前的想法慢慢淡了。可是，丈夫眼睛造成的家庭的氛围，让尹雪一下子又跌入了从前，心底泛起了往日的沉渣，在她的心头荡漾开来。

艰难的选择

"崩溃啊，这辈子算是完了，我好恨他啊，看着他我就烦，真是倒了十八辈子的霉，这辈子被他害死了。"尹雪在生气的时候禁不住要抱怨命运的不公。她还有许多梦想，没有一个能干的丈夫怎么去完成呢？她的很多同学嫁的很好，过着无忧无虑的生活，不用像自己一样，一周上 7 天的班，不用陪伴一个一只眼睛看不到的男人，人家买什么都不用考虑钱多钱少的问题，自己却要省吃俭用，讨价还价，唉，命啊！尹雪在心里想，要么你能干，奠定了事业基础，要么你健健康康，没钱心里也不堵得慌，但是现在这样的状况，尹雪心里很难受。

"我该怎么办呢?"尹雪问。古语说，有些人可以共贫穷，不可以共富贵；有些人可以共富贵，不可以共贫穷。对于普通家庭，这话有道理吗？什么才可以让夫妻荣辱与共呢？我也在想，有多少人能够做到荣辱与共呢？爱情是什么？婚姻是什么？家庭又是什么？有些夫妻之间没有爱情也要步入婚姻殿堂的，步入婚姻自然需要融入一个家庭的，但是家庭又受到爱情和婚姻的挑战，于是可能会使原先的婚姻破裂，原先的家庭解体。婚姻破裂了，假若是两个人的事还好一些，成人承受痛苦的能力要比孩子强很多，但是假若有孩子的家庭，孩子作为原先家庭的一员就需要迎接新的挑战，不论跟随哪个家长，血缘关系形成的情感和新家庭带来的情感处理起来都是麻烦事，处理不好可能还会影响到孩子的健康成长。

在咨询中，我总是碰到类似的提问，可是，这样的问题咨询师是不可以做出肯定或否定的回答的，咨询师要做的就是协助来访者认清楚自己想要追求的到底是什么？问题的症结可能在哪里？来访者做什么样的选择可能会面临什么的问题？因为，问题最终还是要来访者自己去面对去解决的。我理解来访者这样发问的焦急心情，但是这个问题，只有来访者本人才可以解决的，尹雪也是这样的。

我和尹雪一起探讨，她到底想要什么样的爱情，那样的爱情距她到底有多远？是否可以把那样的爱情带到婚姻当中，这样的婚姻距她又有多远？要去追求这样的爱情和婚姻，她自身具备了什么样的条件？在这些都考虑清楚之后，我们再看一下生活的圈子当中，可以实现吗？不行的话，怎么样才可以扩大成功的概率，我们要如何去做？尹雪慢慢地发现，自己把理想的爱情带到了现实中来，身边的爱情，包括父母、同学、朋友其实都是像自己一样，在享受爱情的同时又在抱怨对方，在婚姻的围墙之内，又总想冲出围墙。

也许有缺憾的爱情就是现实的爱情，没有缺憾的爱情似乎永远是一个梦，它指引着我们去追求，但是很难得到，正如夸父逐日一样，不断地向着太阳升起的地方前进。

我和尹雪还探讨了最坏的结果，假若丈夫真的就是目前的样子，会给自己和家庭带来什么样的后果？自己是否能够承担这样的后果？怎么样才可以让生活变的更美好一些？尹雪说："最坏的结果就是，一只眼睛永远的看不见了，影响到了工作，全家的经济负担更重了。自己和丈夫出去的时候，感到很别扭，别人可能会用异样的眼光来看自己。""让生活变的更好一些就是，他不要消沉下去，在一只眼睛不能看到的情况下，也能做自己喜欢做的事，找到自己的价值感。虽然，和他出去会引来一些异样的眼光，但是，假若我们相互爱慕，我们的幸福比什么都好，这样家庭也是完整的，对女儿的成长更有利！"是的，这仅仅是理论上的探讨，我们知道现实的因素远不是这些，可能会对上面的探讨提出更大的挑战。比如，在病情的压力下，尹雪的丈夫一定会有更复杂的心情，从能够担当到害怕成为家庭的拖累和包袱，他也会经历一系列的心理变化过程，就像尹雪经历的那样，这要靠夫妻之间的理解和宽容才能够沟通。

假若，尹雪真的受不了，重新选择自己的爱情和婚姻，也要探讨如何才能过的幸福。普通人在遇到生活变故的时候有普通人的做法，这正是普通人普通之所在。

爱上了冷幽默

随后的日子里，尹雪和我联系的少了。我不知道他们最终的结局到底怎样了。只是看到尹雪的QQ上冷幽默越来越多，不知道这幽默是对于生活智慧的嘲讽还是在沉重压力下暂时找到一个轻松快乐的出口，也许是努力保持自己淑女形象的一个苦涩的笑容。生活在继续着，尹雪在坚持着，却也在犹豫着，谁能取消她这样的权利呢？我们都希望有快乐的生活，只是你我的境遇不同而已。

有时我又想，假若尹雪的丈夫是在有了一定的成就之后，比如成为一个成功的企业家之后才患了眼疾的，尹雪也许又是另一番心态，我作为咨询师也会是另外一种心态，为什么？在成功之后，我们多了什么呢？对社会的贡献大了，还是对家庭的支持力度大了，还是有了养活自己的资本了，这些成功为什么能够让自己在身患疾病的时候也更有尊严和自信，它到底是什么东西？

是的，我想我知道了答案，那就是一个人的能力和价值，甚至是信心，它区别于一个只有肉身的人，就在于成功里加入了奋斗、追求、智慧和意志，是更高层面的精神的东西。这些可以给别人信心，也可以给自己信心，因为一个人的健康与否不仅仅表现在肢体上还表现在心理上和精神上。

显然一个将军的独眼和一个平凡人的独眼在很多人眼里对其理解是不一样的，虽然都是用一只眼睛来看待世界。当然，用一只眼睛看到的世界对于两个人来说肯定是不同的，你说呢？

案例分析

来访者丈夫因为眼疾让一家人的心理蒙上了阴影，来访者很想唤起他对生活的信心，像过去一样充满活力地做事。但医生的诊断给了他们沉重的打击，丈夫开始变得烦躁不安，脾气很坏，全家人都忍着不能发作。尹雪对于丈夫的消沉感到没有好的办法，对未来的生活感到难以预测，从而产生紧张和忧虑。这也勾起了尹雪和丈夫恋爱时候的回忆，爱情的根基是否稳固是这一段感情能否坚持下去的重要方面，尹雪也有些动摇，咨询师和她一起探讨了她面临的困扰，但是决定还得她自己来拿。

在这个案例中，我们看到，其实人的身体健康与否虽然是很重要的，但是，那不是根本，最根本的是一个人有能力，有价值，不仅仅是一具肉身，而是做出了对他人或社会有益的事，在做事当中收获了物质或精神利益，也实现了自我。这样的人才是有追求和有精神的人，才是充满自信的人，也才是让人感到有力量能够依靠的人。

没有她，我不能安心做事

“不知道为什么，尽管有很多重要的事情需要去做，但是我没有心思。我会禁不住地去想那些烦心事，我提醒自己不去想，但还是控制不住。我有自己的追求并且付出了较大的代价努力去做，但是我感到状态很不好。毕业两年之后重回母校备战研究生考试，我感到压力很大，很孤独。这和以前的我不一样，我到底是怎么啦?”说这番话的女孩子叫小燕，她陷入失落、孤独和依恋当中，而她依恋的人有意远离她。

我是一只落单的孤雁

“梆梆梆”，来访者很有礼貌地敲门进来后站在我面前，细声细语地问道，“我想咨询一下，可以吗?”我看她样子很憔悴，几缕头发还散落在额前，她轻轻地用手捋了一下。我请她坐下说话，她拘谨地坐在了沙发上。来访者说她原先在一所学校做外语老师，现辞职专门考研，可是碰到了一些事情，扰乱了自己的心境，不能专心学习。

“你可以具体说一下碰到了什么样的事情吗?”我问道。来访者说:“今年7月份，我决定辞职考研，在网上碰到母校文学院的一个师姐，她也想辞职考研，就约定一起到母校来，尽管读大学的时候我们也不认识，但是感到很亲切，这里学习的氛围好些。来母校后和这位师姐一起去找房子住，找了几家不如意，我感觉到找房子很浪费时间，心理有点烦。后来师姐和男朋友一起住了，我住到了学生宿舍。再后来联系师姐，师姐不回电话，网上联系也没回音，后来师姐换号了，打听到号码后，打过去也没人接。自己复习挺紧张的，但不知为什么一直想着这事，看书的时候告诉自己不想不想但偏偏要想，以至于影响了复习，很苦恼。”

我了解到来访者每天都安排得满满的，早晨读第二外语，上午学习政治，下午学专业课，晚上也是专业课，不想浪费一点时间，没有活动的时候。来访者也很少和别人交流，包括同宿舍的人。因为她回宿舍也较晚，回去时舍友就已休息了，早晨出来的又比较早，宿舍仅仅是个睡觉的地方。来访者本科时有两个好友，一个读研二的，一个在工作，但现在很少联系。来访者感到母校已不属于自己，不是原先可以笑可以疯的无忧无虑的地方了，感觉很孤单。来访者曾经到一所咨询机构做过一次咨询，测量结果是中度抑郁，因为种种原因没有继续咨询下去。

努力做一个好孩子

小燕家住农村，父母关系很好，爸爸原先是小学老师，后来辞职去做小生意，弟弟妹妹都读大学，亲戚当中有人在读博士。小时候和老妈吵架，现在大了，更多的理解了妈妈，不吵了，有时摆摆做姐姐的谱，会教训一下弟弟。来访者辞职考研的时候没和家里说，是弟弟告诉家里的，老妈嘟哝了几句也就没什么了。

从上小学开始，小燕在老师面前就一直表现的很乖，遵守纪律，努力学习，按时完成老师布置的作业。在她的眼里，不听老师的话的学生一定不是好学生。她的小学阶段的成绩还算可以，虽然不是出类拔萃的，但是还居于前列。上初中之后，自己的成绩有些下滑，虽然学习比较刻苦，但是一直居于班级的中间状态。她几次努力想打破这种不上不下的状态，但是，没有取得突破性的进展。努力考上了一所质量较好的高中，那里竞争很激烈，这期间有一些谈得来的朋友，周末的时候也到朋友家串串门，谈天说地，促膝而谈，忙碌的高中生活里也有一些靓丽的色彩。尤其是有几个死党，在一起的话，那是最开心的时刻，无话不谈。其中一个女生，和小燕走的很近，那位女生比较强势，喜欢表达自己的看法，做事也是雷厉风行。小燕在遇到问题的时候，这位女生总是站出来替她说话，小燕觉得

这位女生和自己最贴心。就这样忙碌和快乐的高中阶段很快就过去了，转眼间就升入了大学。大学阶段，每个人似乎都变得独立了，都很有个性，小燕小心地和周围的同学交往，她变得开始敏感起来，很在乎她的熟人和朋友对她的看法，经常是在和那些朋友交往的时候，看到他们脸色不高兴就想是不是自己哪里做的不好让他们不高兴了，小心翼翼。似乎总是围绕着别人转，她觉得没有了自己。工作后到了一所私立中学教书，尽管待遇还可以，但是想想其他同学多在公立学校，自己心里就有一种失落感，很想找所公立学校，但是又有难度。在这种情况下，小燕想到了考研，要是研究生毕业选择的余地应该会更大一些。两年了，那些学过的东西要拣起来得好好复习，要下大功夫。为了能够早日实现自己的考研梦，小燕想集中精力用一年半载的功夫专门来学习，再三考虑后，她决定背水一战，辞职考研。现在来这里已经 4 个月了，没想到进入了这样一种状态，这不是她想要的，苦闷极了。

难以自拔

小燕的睡眠很轻，怕吵，只要有响动就能听到，看书的时候周围有些动静也容易受影响。一方面是学习紧张，学到很晚才回来，另一方面是回来早了，宿舍里打电话、聊天、上网、看电影的什么都有，她也睡不着。“回来早了，可以和室友说说闲话，交流一下，多了解一些信息。”我说道。“宿舍也有室友考研，可每个人复习的安排和进度不一样，没有什么好交流的。”小燕说。

小燕很想搞明白网上碰到的那位师姐为什么总不理他。她告诉了我一件事情，在找房子的时候花了好多时间没遇到合适的，感到烦，就和那位师姐说了，那位师姐说“你不要总是把你的烦恼告诉别人，别人听了会更烦的”，此后她有了烦心事再也不告诉别人了，生怕别人烦。没有人分担，又不能把情绪表达出来的结果就是烦心事自己一个人扛着，觉得很累很压抑。我问：“假若有个朋友有了烦心事来找你，你会怎么做。”她说：“听朋友说，一起分析原因。”我问：“为什么这位师姐不让说烦心事就不说了呢？”她说：“自己没有主见，总是在碰到问题的时候去请教别人。”别人说的，她很多情况下就听了。比如，是否要和那位师姐同住。现在的舍友说：“你们互不了解，不如和我们这帮知根知底的人在一起好。”于是她就住在了学生宿舍。

尽管如此，对于联系师姐小燕并没有放弃，她不断地打电话，师姐发短信告诉她好好学习，自己也很忙。小燕就想是不是师姐不喜欢自己或自己做错了什么事，想问一下又不敢开口，就这样纠结着。后来，再打师姐的电话再也打不通了，小燕通过其他渠道知道师姐换了号，打新号也没人接，小燕就又会想很多，是不是师姐嫌她烦，怕影响师姐的学习等等。小燕说，平时烦心的事也有，但是一般很快就过去了。在高考或考研这样比较大的压力情况下，这些小事就被放大了，就严重影响到了她的学习。

没有结束的结局

小燕需要说出或写出自己的想法，宣泄压抑情绪；需要尝试着表达真实的自己，而非过于在乎别人的看法。但是这些需要通过时间一步一步地达成，可是小燕感觉到时间很紧，只要目前能够不影响自己的学习就行，其他的考试结束之后再说。这时候感觉到短平快的咨询技术可以给有类似困扰的来访者带来收获。

一次咨询过程中，小燕说：“昨天那位师姐和我联系了，但我手机没电了，只好借了别人的手机和师姐打过去了，一直聊到凌晨3点多。可是，第二天收到了师姐的一条短信，说是以后不要见面了，专心学习，考研结束之后再见，又感觉很痛苦。”但不论如何，师姐总算是给了小燕一个相对充裕的时间，让她来表达自己的想法，小燕也感觉到了相对轻松，师姐用短信的表达形式和短信表达的内容也是师姐的态度，虽然那勾起了小燕的痛。

小燕一直想见师姐到底是为什么？是想证实一下师姐是否真的讨厌自己？还是师姐能给她一种依赖和安全感呢？暂时还难说，但是有一点是肯定的，希望师姐能和自己交流，一同面对很有压力的考研之路。或许，是因为两个人都是辞职考研的相似经历，小燕

感觉到共同语言应该更多。事实上，师姐若能给她一个相对满意的答复之后，也只解决了她目前最紧迫的问题，根本的问题还没有解决，那就是她的敏感、依赖及在压力下解决问题的策略，她以后在生活中遇到相似的情景时还可能暴露出同样的问题。但是，因为时间紧，小燕没有继续咨询。我告诉小燕，假若需要的话，考试结束之后可以继续咨询，希望小燕现在能够全身心地投入到考试准备当中，实现自己的梦想。

案例分析

为什么小燕小时候敢和妈妈吵，但是长大之后又没有主见呢。敢吵是任性，自尊，不希望别人批评她。对于没主见来说，一种情况是从小没有养成自己做主的习惯，父母照顾的太多，太依赖父母了。再一种就是希望展现完美的自己，得到别人的肯定。在这种意识支配下，个体不相信自己，害怕出错，不敢承担责任。为避免失败而听从别人的意见，在失败的时候可以用“别人让我这么做”来做借口，从而减轻自己的责任，甚至在失败的时候还可以抱怨别人，认为是别人的错。对于这种情况，一方面要进行“自信心训练”，发展和认识自己在生活当中的优势，增进自信；另一方面，要开展“自己做主的训练”，学会取舍，坦然对待得失；再有就是把自尊保持在适当水平，改变一定要把自己完美的一面呈现给大家的观念，学会接纳别人提出的批评，敢于承担责任。另外，小燕还要注意和周围人或朋友们的交流，获得更多信息，充实和丰富自己的生活，避免孤立自己造成孤独。这样，才能从根本上改变小燕对校友的矛盾心情，摆脱对于校友或其他人的依恋，依靠自己快乐地生活。

我的爱要在哪里停泊

坐在我面前的是一个长发飘逸的女生，那一汪动人的秋水仿佛会说话一样，似乎要从我这里找到一个答案。她一直都很惧怕恋爱，因为不知道这个世界上爱情还可不可以天长地久。她爱过恨过，现在陷入了矛盾，她不敢相信爱情，也不敢相信自己。

离异家庭带来的痛

她叫汪珏，已经是大四的学生了。“我不知道他们是怎么走到一块的，父母在我印象当中从来就没有停止过吵闹，我依然记得小时候奶奶去世后父亲几个兄弟计算开销的事情，当时已经是半夜了，我突然被吵架的声音惊醒，我听到了房门在咚咚地响，他们在吵还打了起来，我吓坏了，躺在床上任泪水肆意流下。我喜欢一家三口围炉而坐的温馨，聊聊家常，说东道西，给我讲人生的道理。但是这几乎成了我的奢望，在这个冷冰冰的家里，我看到的是两个朝夕相处的人之间的恨。我的哭已经不起作用了，他们不再考虑我的感受，只是发泄着各自心中的怒火。”

“在我读小学二年级的时候，一个星期天母亲给我说，她和父亲离婚了，问我愿意跟着谁。我说我都喜欢你们，母亲说必须做出一个选择，我说那就跟妈妈吧。但是，法院把我判给了父亲。因为考虑到收入，妈妈也同意了。在他们分手之后，我好长时间寡言少语，我感到自己的心里有块石头重重地压着我。我呆呆地坐着，看着这个破碎的家，我知道自己没有办法阻止。但是，我还依旧做着美的梦，我梦见了我们三个人在一起快乐地说笑，但醒来的时候我流下了更多的泪水。有些东西不承认也不行，我被时间拖着前行。妈妈

也距我越来越远，直到几乎成了一个符号。有时候，每当提到这两个字的时候，我的心都会紧一下，我在心里默念，我的妈妈现在是什么样子呢？”

“两年后，父亲又重新组成了家庭，继母人也挺好，对我也很好，但是我感觉是这个家里的客人。在这里我感到很别扭，一年以后，他们有了自己的孩子，我多了一个同父异母的弟弟。父亲和继母把更多的精力放在了孩子身上，我更加感觉到了自己的多余。我联系过几次母亲，她安慰我说不要怕，生活总会好起来的，想她的时候就给她打电话。但是，母亲不知道，电话里又怎样能把自己的辛酸和委屈说得尽呢。我只能用一些场面的话来敷衍她，告诉她我生活的很好，他们对我也很好。但是，当我放下电话的时候，我再也控制不住自己的感情。”

“幸亏我的成绩还可以，中考都没费什么大事，但是我生活的很不开心，我想不通好好的家庭为什么会解体，为什么这样的事情偏偏发生在我身上？可能就是这样的家庭环境，训练了我相对独立的性格。父亲并不是一个细腻的人，继母对我虽然还算不错，但照顾也只限于生活上的。有了弟弟后，她更是把精力集中到弟弟身上。从小到大，他们从来没有关心过我物质以外的需要。”

“高中我就开始住校，平时也很少回家。一来是课程紧，二来也是觉得回去没什么意思，总感觉他们三人才是一家人。快高考时我的压力非常大，感觉自己真的快支持不住了。有一天，爸爸来学校看我，我那天的心情非常不好，感到实在受不了了，伤感的很，我抱着父亲哭了。看起来父亲很心疼我，但似乎并不知道该怎么安慰我。其实我只想这么抱着他，可父亲却把我推开了。那一次，我非常伤心，在我最需要支持的时候，父亲却没有给我一个温暖而坚定的怀抱。我当时就暗下决心，以后在他面前要坚强起来，不能被他小看。”

我的爱情

大学是许多人向往的地方，大家以为读了大学之后，以后的人生道路会好走很多。殊不知，在大学校园校内照样也演绎着人生的喜怒哀乐。“在大学里，好多男孩子开始追求我。但是，我小心地和他们接触，和他们保留着适当的距离，我不知道这样的距离是否合适？有人说，我比较冷，像雪人一样，我想也许是的，我不想游戏爱情，在自己还没有看清楚和了解那个人之前，不要轻易和他接近。花前月下也许是恋爱的好环境，但是并不是了解一个人的好场合，一见倾心也许是动人的，但是那激情又能持续多久呢？我想找到那个能够和他牵手走过人生风雨的人。”汪珏有着自己的想法，遵守着内心的标准。

“有一次，我们班组织到郊外远游，我们登上了一个山顶，小河在脚下变得很细长，蜿蜒地流向远方，周围的群山环绕起伏，就像卫星云图上看到的一样。在阳光下，我感到了人的渺小，在大自然面前我们太微不足道了。当大家都兴高采烈的时候，我走到栏杆边，凭栏远眺，感到了些许的悲凉。在广袤的天地间，我立足的那一个空间在哪里？下山的时候，我们爬了一段岩石，这样可以近很多，但是也很危险，手要是抓不紧岩石，滑一下的话，就可能掉下七八米的空地上。我从来没有这样爬过，一个叫戈辉的男生说帮我，他先下去，然后用手托着我的脚，就这样一点一点挪了下去，到岩石底部的时候，他已累得满头大汗。我诚心地向他表示谢意，他露出了一口白牙笑了笑，灿烂地说荣幸之至。”

“那时起，这个男生的印象就刻在了我的脑海里，我开始关注他的生活。他是个热情开朗的人，很喜欢参加各类社团活动，经常会有一些好的点子，在社团里还比较有影响力。平时喜欢打篮球，整个人充满了活力。我暗暗地喜欢上了他，但我从来没有对他表达过。在一次同学聚会时，我竟然和阿辉不期而遇。当时大家都异常兴奋，我装作漫不在意的样子，但是眼睛却不听话地盯着他看。接下来的日子我们似乎总是能遇到对方，一起吃饭、上自习、去图书馆、打球。终于有一天，戈辉说，做我的女朋友吧。”

“戈辉是个很要强的人，自己很有主见，和我交往总说我不是他想的那种含情脉脉的女生，不会撒娇，从来不嗲身嗲气。也许是我

的经历让我从小就很独立，我总是很坚强。即使是在自己男友面前，我也很要强。这是戈辉不喜欢的，他认为女孩子不能太要强。我们的矛盾大多出现在这里。但是我不知道我不坚强的话我会怎么样，我又如何度过那么多难关。我喜欢他的阳光和帅气，喜欢他对我的关心，喜欢在我伤心的时候他守在我身旁，但是我们的吵嘴也开始多了起来，他希望我更女性化一些，我倔强地抿了抿嘴。”

“那时，有个叫远方的男孩子也在追求我。他总是用一种默默的方式关心我，发短信告诉我班级的一些安排，在讲座的时候为我占一个座位，班长点名我还未来的时候给班长打个招呼等等，我感到他的细心和体贴。不管怎样，在我心里，我是爱着戈辉的，我把远方仅仅当成普通朋友。”

“有一天，戈辉来了几个外校的朋友，而我身体不舒服，就没和他一起去，一个人躺在宿舍里休息。正好，远方打电话来，听说我不舒服，就买好饭菜和水果送到我的宿舍里。这事很快被戈辉知道了。他喝了好多酒，和我大吵了一架。吵完架后，我心里既生气又委屈，赌气不给他打电话。更可气的是，一个星期了，戈辉也不来找我，接着我就听说他和一直追求他的那个小师妹堂而皇之地在校园里形影不离了。”

“这件事情让我伤心透了。不管怎么说我们还没正式分手，况且我心里确实放不下他。可他居然重新恋爱了！远方仍旧对我很关心也很好。我有些怪他，细想想却也没有什么道理。马上就要毕业了，今后的去向是个问题，我很迷茫，我和远方似乎也谈不上未来。回头想想，面对那么多追求者，我选择了戈辉，可他又那么快就见异思迁。我感到无限悲凉！”

“现在我对自己很怀疑，不知道自己的软弱与真情该展示给谁，更不知道自己会不会拥有真正的爱情。我常常想起母亲，担心未来的婚姻生活会像她那样一路坎坷…… 我很想有个自己的家，那里才是我可以自由支配的空间，我想找个能让心灵歇脚的地方，但是那么难。难道我也进入了父母当时的怪圈，也许他们也经历了心灵的拷问，才选择了分手，天啊，我不知道，未来的路该怎么走！”

案例分析

爱情本身是很复杂的，每一个人的经历不同追求不同看重的方面也会不同，当两个人走到一起的时候，更多的需要包容，而不是挑剔。从离异家庭当中长大的孩子可能更看重稳定和坚贞，也更渴望有一个属于自己的天地，因为在破碎当中他们经受了太多的痛苦。但是，反过来说，假若我们能够在一定程度上表明我们的心迹也许有些事情就会变得简单，别人能够猜中你的心思固然是好事，那叫心有灵犀，假若不能的话说出来或许可以避免错过。如果你告诉远方“我爱的是戈辉”，远方也许不会那么执着，戈辉也许不会贸然离去？或许，父亲不理解缘自女孩内心的封闭，男友见异就思迁缘自女友对远方心存暧昧。当然，感情的世界不是是是非非的问题，更多的是一种感受，当自己还没有感受到对方对自己的无条件接纳的时候，自己也不会无条件地接纳对方，这正是感情世界的真实。交往的双方在一点一点地试探对方，直到有一天可以进入对方的心里。

爱不是承诺，而是付出；爱不是抱怨，而是让对方过得比自己好；爱不是卿卿我我，而是在心灵疲惫的时候给它找个停靠的地方，积蓄力量之后可以重新扬帆起航。

告别虚幻的网络

再没有比沉溺于网络让父母揪心的了，这些孩子不管不顾老师和家长的教诲，甚至是苦苦哀求，在虚拟的世界里寻找他们心灵的慰藉。我见过一个大学生因为上网耽误了学业，期末考试都不放在心上，结果只能是挂科，等到毕业的时候，大家都拿了毕业证找工作去了，他没办法和家里交代，还要继续修够学分才可以毕业。他的同学继续在母校读研，见到他还是继续玩他的游戏，他也不知道自己的路在哪里，学校和家里都让他感到很大的压力，他希望找到摆脱的办法，但是他已经很难冲破网络给他设定的牢笼，只有在那里才可以得到虚幻的肯定。今天这则案例主人公小玲，在豆蔻年华也遭遇了网瘾。

放任和粗暴的教育

小玲现在读高二，她一家五口人，在家排行老大，包括父母、妹妹和弟弟。父母两个人都是做小本生意的，整天非常忙碌，像很多普通人一样，他们文化程度不高，妈妈初中毕业，爸爸初中未毕业就去挣钱。两个弟妹，一个上小学二年级，一个上小学四年级，和弟妹的年龄差距比较大。父母做生意很忙没有时间照顾她，与父母的沟通很少。弟弟妹妹又很小，她觉得和他们没有什么共同语言，很孤独。

在学习上有些知识不懂，又找不到合适的人来问，只能是似懂非懂，学习上有一搭没一搭的，缺乏积极性。大家都知道要考大学，就像学校灌输的那样，但是并不知道大学是干什么的，所以就像很多人一样，对自己未来也茫然。当别人在老师的教导及父母的期望下要考个好大学的情况下，她依然我行我素，做事依然是没有计划性。

父母的教育方式是很专制、粗暴的，认为孩子就是要听家长的，不听就要打骂。特别是对于女儿，更觉得要听话，他们认为自己的女儿很小、很单纯，而外面的世界太复杂太乱了，不要多和外界接触，多呆在家里，女孩子就要有女孩子的样子。但是小玲很反感他们这样做，所以和父母的关系很紧张，很少和他们说话。

父母不高兴的时候说话难听不说，还要打孩子，经常打得小玲身上青一块、紫一块的，好多天才能消去，打骂之后再加上随心所欲的冷言冷语。就像看重分数的所有父母一样，他们特别关注她的考试成绩，常常是一考完，就要挨批，进步了还好说，若是退步了回家就要挨骂，有时甚至打她。小玲伤透了心，对学习她也没有什么更好的办法，反正就这样。

有一次自己痛经向班主任请假，刚好医务室老师不在，就到外面买药，吃完药感觉舒服些但头脑很晕，就坐在店里休息很久。坐着坐着就有些不想回学校，于是就呆在外面，班主任在教室没见到小玲就打电话给家长。等晚上回到家父母说她不好好学习又旷课，她说自己不舒服，父母不相信。在争吵的过程中，父母都打她了，两人都是死命拧她大腿，拧的青一块紫一块的，还说宁可没有这样的孩子。晚上睡觉的时候她越想越觉得自己委屈，第二天早上就带了一些零用钱离家出走了，住到了一个网上认识的朋友那里。每天就是上网、看电视、听音乐，过了六天觉得实在是没有多大意思也就回家了。

父母还经常将她一个人关在家里不让出去，也不可以和朋友出去玩，也不让她上网，怕影响学业。她很不服气，有时放学了就故意和父母作对不回家，到网吧上网。她说有次上网将嘴巴笑歪了，自己觉得不可思议，其实那次没有笑多久，只是自己比较倒霉。至于送到医院抢救的一次是由于自己期中考试退步很多，回家被父母责骂，自己只是说了几句话，父母就更加生气一起殴打她，自己一气之下溜出去上网了，由于身上钱都当押金了，就没有吃饭一直上网，结

果就因过度疲劳晕倒了。她说小的时候还能感受到父母对自己的爱，但现在感觉父母真的非常狠心，说打一点都不留情，自己都有些被打的心寒了，有时父母不让做的自己偏偏故意做，想想大不了就是被打一顿，没什么了不起的。

人际交往不好

小玲性格内向，不善交际，高中的人际关系不是很融洽，跟同学的交往不是很多，经常独来独往。她感到和同学们相处，同学们玩的那些东西她不大会，就不愿意和他们走近。譬如打牌，她没怎么玩过，要是一起玩的话，她很有压力，对家经常会抱怨她出错牌了，但是她打牌纯粹就是娱乐，没有输赢的概念，大家在一起边打牌边聊天才是她喜欢的，总是被抱怨的话就要小心翼翼地打，结果就是打得很累。所以很多时候，她就选择做一位旁观者，看别人在那里争来吵去。

她比较喜欢的是一个人到学校附近的小路上散步，晚饭过后还有一段时间，她就一个人静静地走在那条小路上，看从田里回家的农民，看夕阳西下，任凭微风拂过面庞，想着自己的心事，放纵思想的奔流，这个时候她感觉这才是放松，是最美的一幅图景。尤其是在暮春时节，繁华落尽，夏天即将来临之际，清新的空气扑面而来，满眼都是绿意，让她感觉到大地生机勃勃，她本人也被一股力量鼓舞着，要她向前冲。

在课堂上，她不太喜欢回答问题，在心情好的时候，可以跟着老师一起学习，其实她也很想搞好自己的学习，她很羡慕那些老师说什么都能答上来的同学，但是她感觉到自己不能张口，一张口就会错的。有时候，她很想问老师一些问题，但是又不敢问，因为怕老师说，连这个也不会啊，这是老师的口头禅，不知道这样的话把多少学生吓退了。况且，很多时候，老师也不耐烦同学们问，似乎他们也很忙。

小玲是在这样的情况下，迷上网络视频聊天的，她喜欢听着音乐，和另外一个人漫无边际地闲聊，即使打发时间，也是生活的一种乐趣。她感觉到，怎么现实中的人让自己感到那么沉重呢，网络世界能带给自己现实世界不能给的东西。她不愿意面对现实的那些东西，那些让她感到冷冰冰的总给自己压力的东西。

上课的时候学不进去就会想到网络上的事情，就这么呆坐着，一节课的时间就过去了。到了放学的时候已是急不可耐了，赶紧走到网吧，和网友聊了起来。根本不觉得时间过得快，有时中午不吃饭，顾不上吃也要在网吧玩。等到快打烊的时候，才不得不离开，她离不开这样的世界了。

生活中同学们之间的事情，她都能冷眼看待，反正不关她的事。她在网络里面发现了自己的精神世界，老师的教导，父母的劝说，在网络世界里都没有，那是一个纯粹的自我的世界。她想要自由的呼吸，现实的世界不能给她，她就在网络中给自己营造。

让小玲从虚幻的世界中回到现实来很重要，因为网络世界再美也终归是虚拟的，一旦这些网友到生活里来，其实就和她眼前的同学差不多的，人要生活在人中间，真实的面对，而不是虚假的塑造。我给她介绍了几种交往小技巧，让她在和别人交流的时候运用一下看看效果。我感觉我们的咨询关系已经较稳定信任，有些朋友的感觉。我发现她主要是家庭问题而引起的网络成瘾的，所以后面的咨询将重点放在了家庭问题上，这个问题解决好了网络成瘾症状也会转好的。

家庭的重要作用

小玲其实平时在校还是表现良好的，一般听从老师的管理的，就是有时候会离家出走而去上网，但最终一般都是自己跑回家的。

从高一开始，班主任有她的三次离家出走的记录，而且出走的时间一次比一次要长，开始是消失半天，后来是一整天不见人影，再来就是好几天，最后一次是离家六天，没有跟任何人提到过，而且大部分时间都是在网吧度过的。她父母说，最严重的一次是中考结束的那个暑假，小玲迷恋上网络聊天和视频，经常通宵上网，发生了两次特别的事情：一次是视频聊天，看到好笑的事情，控制不住自己的

情绪，一直笑，把嘴笑歪了、抽筋，后来是送到医院治疗，好长一段时间嘴巴才恢复正常了；还有一次是由于上网时间过长，结果导致肾亏和身体极度疲劳，幸亏及时被父母发现，送到医院抢救。因为与父母的关系很紧张，曾经因为父母将家里的网络停了而拿起菜刀与父母对干，与父母的沟通非常少，经常被父母辱骂和殴打。

显然，小玲存在网络成瘾症状，特别是小玲与父母发生争执或被殴打时就寻求在网络中发泄，因为在网络能得到理解和尊重。她上网并不是被网络本身所吸引，而是为逃避现实到网络聊天发泄。于是我约请她的父母一起来到咨询室。

我告诉她父母小玲的沉迷网络的根本原因是家庭教育方式的不当引起的。她父母也说打孩子是为了她着想，真想不到差一点因为上网把命丢了，现在的孩子真不知道想些什么，网络有什么意思呀，又不能当饭吃。我向她父母解释了现在的孩子为什么喜欢上网，还告诉他们适量的上网，不仅不会影响健康，对小玲的发展也是有好处的，引导她父母要多和她交谈，让孩子感觉到父母的关爱，不要只知道打骂孩子，应该有一种积极和谐温暖的家庭氛围。她父母还说了她小时候的一些事情，说了那时和谐的家庭关系。我还说了我今后辅导的一些想法，得到了她父母的认同和支持，答应我下次咨询的时候他们也会来试试的。

这之后的咨询小玲和妈妈来了，爸爸因为要看店，所以没有来。我运用角色扮演技术，让他们能够更好地理解双方，重现小玲最近一次离家的那个晚上的事情，让她妈妈扮演小玲，小玲扮演她妈妈，我在旁边引导她们进行对话。在对话的过程中小玲哭了，说也不全是妈妈的不对，这件事情自己也有责任，而她妈妈就赶紧说自己也不好，当时真的不知道小玲痛经，因为平时不是这个时间的，要是知道肯定不会这么做的。后来小玲和妈妈说了很多发生在她们之间的事情，知道很多都是由于没有很好的沟通造成的。虽然她的爸爸还没有来，但我知道他们的关系已经向好的方向发展了。

我还运用认知疗法使小玲认识到她对父母的一些错误的认知："那你是怎么觉得你的父母不爱你了呢？"？

“因为他们会打我，有时下手还很重。”

“别人的父母从来都不打自己的子女吗？”

“不是的。”

“打孩子的父母是不是就是不爱这个孩子了呢？”

“不一定的。”

“那你的父母打你就是因为他们不爱你了吗？”

“应该不是的。”

“那你想想他们一般打你都是发生在什么情况下的。”

“一般我出去不和他们说一声回来又很晚，有时还到网吧上网时，还有就是觉得我不听话。”

“那就是说你父母打你不是针对你的，而是你有一些不合他们想法的事情发生才会的。

“你很晚回来时，你父母有找过你吗？”

“有的，有一次还找了很多老师和我的同学，第二天上学还被班主任说了呢？”

“那你觉得他们为什么找你呢？”

“担心我，他们说我太单纯了，怕在外面有什么危险发生。”

“你父母不会担心别人，但担心你，这是为什么呢，这不就是因为他们爱你吗？”

“也许吧，他们还是爱我的。老师，你不知道当他们打我，有时真的很疼的。”

这里引导她情绪宣泄，将被父母打骂的痛苦都说出来，并要理解关心她，让她知道父母打她是父母的不对，但他们是很可怜的。他们有爱，只是不知道该如何去爱，这就要我们教他们如何去爱了。

随后我帮助小玲和她父母制定一个很简单的行为契约，进行行为矫正。这份契约规定了小玲和父母双方的职责，父母和小玲为合同的双方，我是证明人，前提条件是不准小玲离家出走，不准父母打骂小玲。建议小玲和父母在每周抽出时间交流一次，可以一边看店一边聊天，也可以边吃火锅边聊天或看电视聊天，但时间不能少于半个小时，加强他们之间的沟通。要是做得好的话小玲的父母就满

足小玲一件在他们的能力范围内最想达成的心愿，小玲和父母都同意了。咨询改为两周一次，小玲在咨询的时候和我交流这两周他们的执行情况，演示讨论其中出现的问题。

两个月后，小玲的父母反映她的上网时间有了明显减少，家庭之间的紧张关系有了好转，但是，小玲的变化还需要进一步地巩固，因为现实的压力还没有根本的改观，她的观念也需要进一步的提高，无论如何，小玲已在朝着积极的方面进步了。

案例分析

小玲的网络成瘾主要是家庭问题和人际交往问题引起的，家庭在孩子的成长过程中发挥着重要作用，父母绝不是把孩子带到这个世界上就不管了，让孩子们吃饱喝足仅仅是最基本的物质需要。爱的培养，人际交往的训练，良好的品质，学习和解决问题的能力，都需要父母悉心的教导。有什么样的家庭就会有什么样的孩子，现阶段学校教育提供的更多的是共性教育，家庭教育提供的是差别化的教育。当一个孩子像小玲一样，不能从家庭中得到理解和支持，整天在棍棒和辱骂声中生活的话，她怎么能够轻松地对待艰苦的学习呢？她又怎么能够开心地和同伴们交流呢？

人是需要有一个让内心放松和交流的环境的，在家里和朋友圈中找不到这样的地方，就为自己虚拟一个，这样网络就成为了她的首选，这也正是现实的无奈。在改变孩子的不好习性的同时，家长才是最应该反思的。通过改善小玲的家庭关系和同学关系，小玲有了一个新的变化，但还需要坚持下去，小玲只有找到了自己的力量，能够驾驭和控制自己生活的时候，她才会感到自由和轻松，在学习上和家庭上这条路还要走很远。

我曾经看到过焦点访谈的一个案例，说的是两个高中生不上学沉迷于网吧，然后杀人抢劫的事情。最让我印象深刻的是其中有个犯罪嫌疑人问警察，“叔叔，我这是真的吗，不是在梦中吗？”我的天啊，在杀人抢劫之后，还以为是在梦中，在游戏里。“成大事就应该心狠”，所以就要杀人，一个连鸡都不敢杀的人却杀人抢劫。并且我注意到，犯罪嫌疑人有受欺负的经历，一是妈妈打他打得很厉害，两根木棍都打折了，一是在学校受到别人的欺负，曾在网吧上网没钱之后偷用别人的电脑而被打，所有的这些自己都没有反抗，而是埋在心里。这样的经历，这样的性格，当有一天忍不下去的时候就爆发了，受欺负的人认为世界就是这样的弱肉强食，自己要报复社会。况且，在游戏的王国里他是自己的君王，网络给了他在现实中得不到的满足感，网络游戏的暴力和游戏的逻辑深深地影响到了他，他被同化了，以为现实社会也要这样来解决问题，所以杀人之时他以为是在玩游戏。他接触的游戏、读物、环境信息让他有这样的想法，成人听了很可笑，但对于他本人来说觉得这很正常。有了这样的想法，他不知道对错，或者说很认同，或者说没有接触到其他的想法，或者说对别人的想法很抵触，就这样去做，只能是越走越远。这就是思想的力量，所以社会的思潮对人的影响太大了。年轻人，会迷信和崇拜，会狂热和冲动，当没有正确的人生观、世界观，没有正确的引导的话，结果是可想而知的。

两位学生的家庭也值得深思，一个是妈妈的棍棒教育，爸爸跑长途；一个是常年在外打工的爸爸，妈妈在家照顾。他们没有更多的知识，没有教育的方法。这样的年龄，这样的性格，这样的经历，这样的家庭环境和社会环境，因此就有了这样的案例。

情不自禁

前来咨询的这位中年男子很腼腆，他先是在Q上和我联系，说是想咨询一个困扰他多年的老问题，还问到咨询是否真的保密，咨询的收费标准等等。我不敢为他提出的问题在咨询过后能有多大的疗效做出保证，因为这不是咨询师能够完全左右得了的，这正是心理咨询和药物治疗的很明显的不同。因为在心理咨询中来访者要是没有动机去改变的话，咨询师再优秀也是于事无补的。主动权在来访者的手上，咨询师只是在特定的时候成为来访者的一根拐杖，当来访者能够自己解决问题的时候这个拐杖就完成了它的使命。

暂时把来访者称为李雷吧，这样便于叙述。

我的困境

"我很痛苦，也感到自己很罪恶很丑陋，因为我总会有一些奇怪的想法，你比如说窗外的那几棵树吧——"李雷用手指着窗外说，"在别人看起来就是两棵树，枝繁叶茂，站在那里沐风浴雨，但在我看来不是，我看到的是一对情侣，甚至是他们在做爱的情态。"小雷的开场就把自己带到了一个较为敏感的话题里面，我静静地听着他的叙述，我知道这仅仅是开始。

"我总是想到那些画面，感到自己很猥琐，但是又禁止不了这些想法。看到路边走过的女性，我甚至可以想象我戴上了所谓的透视眼镜，她们的一举一动就像画面一样呈现在我的面前。没事的时候，我愿意到大街上到商场里随便走走，任凭自己的想法天马行空一样驰骋。但是我知道，不能突破底线，因为那是不道德的。"

“很早以前路过女厕所的时候，当时很多厕所就修在巷子里，总有走进去的念头，只是由于风险太大，未敢轻举妄动，可是我真的不知道会不会有一天闯入女厕去，为此我很苦恼。在上初中的时候，不知谁在男女厕所之间的墙上开了个小洞，刚好看见女厕所的情况。一开始我不想看，后来出于好奇就情不自禁地看起来，不看还好，这一看竟收不了场了，随着这种行为的加剧，心理上也发生巨大变化，从好奇到产生冲动，以致出现不看不行，非看后才能入睡的情况，这时我出现了冲动射精现象。”

“如今我心里总是有一种强烈的自责感，认为自己是个罪人，在和女孩子谈恋爱期间更加自责，我被这毛病害苦了。我这是不是性变态？能治疗吗？我真不想当坏人，心里知道这是不道德的可耻行为，但一去厕所就止不住自己，不去做那样的事情我感觉到特别的不舒服，如何抵制它呢？”

“谢天谢地，总算成了家。这个方面的情况似乎有了好转，自己也感到很高兴，心理轻松了很多。直到婚后一次去岳父家，无意间看见妻子赤身裸体洗澡，自己感觉非常新鲜、兴奋、刺激，一边偷看一边手淫，感觉非常舒服，心都在怦怦地跳。此后我经常偷看老婆洗澡、换衣服，被老婆发现后又常要求老婆脱光衣服让我欣赏，而对性交则无兴趣，偶尔性交也是匆匆了事；我们两人关系逐渐恶化，老婆骂我‘变态、神经病’。”

李雷转而到女浴室偷看，一边偷看一边手淫，紧张而刺激，感觉非常舒服。有几次差点被人抓住，事后非常后悔、害怕，认为自己“不应该这样下流，被抓住就完了”，但每次都控制不住，又要再犯。三个月前夫妻关系面临破裂，他来到现在这个城市工作，由于工作忙没空出去偷看，环境又不熟悉，多次欲偷窥均未得逞，整日精神恍惚，无心上班，工作经常出差错，不得不多次换厂。李雷感觉非常痛苦、自责，为此前来咨询，希望能为他除此顽疾，恢复正常的性生活，希望与妻子和好，能正常去工作上班。

一路走来

李雷在家里是老大，还有一个弟弟，小时候父母离异，母亲带着他们弟兄两个长大。因为跟随母亲在外婆家生活，母亲对父亲也没有好感，就跟随母姓。农村是个淳朴的地方，但是也有很多恶毒的语言，尤其是小孩听大人讲的一些乱七八糟的东西，在对骂的时候就派上了用场。他在和小伙伴玩耍时常遭冷落，嘲笑他没有父亲，是“野种”。偶尔到父亲后来成的家去，那个村的人又议论他不随父姓，不是家族的人，他感到屈辱、愤怒、伤心。他不明白自己怎么就和别人不一样，到处都遭人嫌弃。

于是就和女孩子玩的多些，她们不会像男孩子那样蛮不讲理，和女孩子玩的时候他发现了很多以前不曾注意的异性差异，对性有了一种朦胧意识。那时候，有一个比他大几岁的女孩就常带着几个小男孩一起做性游戏，他便是其中的一个。他们在一起过家家，生孩子，养孩子。因为是一帮小孩子，大人们也没有太在意。

李雷喜欢和异性小朋友一起玩“过家家”。小时候，穿的都是开裆裤，所以时常看见小女孩的外生殖器。他产生了一种奇怪的念头，想去触摸那地方，也真这样做了，觉得很舒服。后来让大人发现，被狠狠地揍了一顿，从此不敢再动手，只是继续与女孩在一起玩，有时教小女孩站着尿尿，比谁尿得远，可是她们不行，尿了一腿，他才明白女孩为什么蹲着小便。

读小学三年级的时候，有一天，村子里来个一个戏团唱戏，方圆临近的村民都来村里看戏，李雷也欢天喜地地和小伙伴在玩。这是孩子们最高兴的时候，因为有好吃的有热闹看，大人也只顾看戏，招待来看戏的亲戚，没空管孩子，任由他们玩耍。戏台就搭在村小学门口，那天是星期天，学校没人，李雷正在校门口等小伙伴们来玩，碰到了学校一位女老师，那位老师亲切地和他打招呼，并且让他到办公室来一下，李雷和那位老师一起到了办公室，女老师就把门反锁上了，很快抓住李雷的手按在自己乳房上，李雷感到害怕、紧张、兴奋。事后，女老师告诉他不能告诉任何人，要不然的话就不让他在这里读书了。

“不知不觉，我上了初中，随着青春发育的成熟，我也长大长高了，第二性征明显突出。可是，由于我生性胆小，夜间不敢外出上厕所，就在外边先咳嗽一两声，等到没什么动静才敢出去。奇怪的是上完男厕所，对女厕总要伸头探望一下，如果女厕所没有人就进去溜一圈。如果遇到女厕所有人，我就很紧张，很想看，但是又不敢，这样持续了一年多。”李雷担心总有一天事情会败露，到那时候他怎么做人，全校的人假若都知道他是个那样的人，那还不羞死人了。带着这种恐惧和难以抑制的好奇心他总算熬到了高中毕业。

摆脱过去

现在小雷已经有了家，虽然和妻子之间有了很大矛盾，但是他还是很爱这个家的。希望回老家和妻子和好，但是这种病让他无法工作，他感到太痛苦了。小雷态度诚恳，内向、顺从、腼腆，内心痛苦不能自拔，希望有正常的生活。

因为问题长期得不到解决，他表现有轻度焦虑、抑郁情绪。根据对临床资料的收集，小雷个性偏内向、情绪不稳定，整体心理健康状况较差。综合分析所获得的临床资料、躯体和精神检查、心理测验结果等表明，小雷的心理与行为异常表现属于心理障碍范畴。他反复偷窥女性裸体，伴手淫；无暴露自己的意愿；没有同受窥者发生性关系的愿望；社会功能受损，患者感到痛苦；排除其他神经症性障碍、抑郁症、器质性精神障碍和精神分裂症，可以诊断为性心理障碍——窥阴癖。

在与李雷平等协商，建立良好的咨询关系后，采用钟友彬老师的认识领悟疗法消除患者不良情绪，改变他的行为，并且在需要的时候建议夫妻双方共同治疗，向李雷说明绝对保密原则，打消他的顾虑。李雷通过回忆自己的既往经历和儿童生长发育史，进一步了解潜意识冲突，并促使自我能够审视自己的心理过程，使潜意识内容逐渐意识化，逐渐改变自我、原我、超我之间的平衡关系，使症状得以缓解。

李雷童年期父母离异，常遭人冷落和嘲笑的成长创伤以及模糊的父亲形象，使李雷与同性的认同受阻，防碍了潜意识正常性兴趣的建立，其间他更有机会窥见女性裸体，使他潜意识性兴趣指向窥视女性裸体。与女教师的不良性遭遇使患者正常的异性性交兴趣发展进一步受阻；他偶然间看见妻子裸体激活了童年性兴趣，并形成习惯行为。另外他个性敏感多疑，社会支持的缺乏亦促进了他异常行为的发生。

经过三个月的咨询，李雷的偷窥欲望得到了有效缓解，和妻子之间的关系有了明显改善，两个人的性生活和谐多了，对工作也更有信心了。接下来要做的是协助李雷发展良好的社会关系，学会有效的应对方式，增强其社会适应能力。

李雷到后来说："假若能把我的苦恼经历作为故事讲给别人听又不影响到我的生活的话，我还是愿意提供这样的素材，因为这样的事情折磨了我许久，我又不能够告诉别人，每天都生活在提心吊胆当中，能够让和我一样的人知道这样的经历有多痛苦，找到解决问题的途径也算是做了一件好事。"所以就有了小雷的故事。

案例分析

主要咨询方法是认识领悟疗法：精神分析理论认为人类的心理发育可分为数个可观察的阶段，每一发展阶段均有特定的亟待解决的课题。如果前一阶段的亲子冲突未能解决或逐渐内化，被压抑进入潜意识，那么到成年期未能解决的冲突可能会再度显化，成为行为或躯体功能障碍的原因。治疗师通过了解李雷的既往经历和儿童生长发育史，进一步了解他的潜意识冲突，并促使他能够自我审视自己的心理过程，使潜意识内容逐渐意识化，逐渐改变他自我、原我、超我之间的平衡关系，使其症状逐渐消除。

李雷成长中父亲客体丧失，与同性父亲认同发生障碍，他的性动力发展停滞不前(通过窥视裸体、触摸身体等来满足)，当然父亲客体可由叔伯等男性形象部分代替，使其性心理发展勉强前行。至青春前期时与女教师的性遭遇使患者再次体会到幼时窥阴带来的性快感，使患者通过窥视异性裸体，触摸异性身体等来满足性欲的方式进一步固着。至成年早期（婚后）无意间看见妻子赤身裸体洗澡使患者早年的冲突再度显化，成为行为障碍（窥阴癖）的原因。

他智力正常，求治动机强烈，有很好的自我审视的能力，使咨询师很快找到未能解决的亲子冲突所在阶段及其再度显化成行为或躯体功能障碍的原因。给他一个较完善的解释，使潜意识内容逐渐意识化，症状逐渐消除。

考试焦虑

考研的日子日益临近了，踌躇满志的杨叶感到了烦躁和心慌，晚上睡不着觉，即使好不容易睡着了，一点点动静就会把她惊醒，她感到学习效率下降了，她不想让这样的情况持续下去。于是来到了咨询室向老师寻求帮助。

一帆风顺的成长

杨叶是家里的长女，父母经商，家庭条件较好。父母从小对杨叶要求很严，希望杨叶成为一个品学兼优的孩子，很希望她能读研究生，以后再到国外深造，平时不赞成她关注娱乐休闲方面的电视、电影节目。她从小倍受父母疼爱，学习成绩优异，小学到高中一路过关斩将，从来没把学习放在话下。高中是她很风光的时代，每次考试结果出来都能稳稳地坐头三把交椅，她学习得也不累，除了上课听讲，做一些类型题之外，并不像其他同学那样拼了命地去学。三年前以优异的成绩进入重点大学，高中老师们谈到她的时候总是引以为豪，把她作为后来的学弟学妹们学习的榜样。

大学的时光也是令人难以忘怀的，除了在学业上的一帆风顺之外，她还醉心于绘画当中，她画的漫画成了很多人争相索取的宝物，她在自己的空间里晒了好多那样的漫画，后面往往会有很多发言的人，她感觉到自己很快乐。

在乐着自己快乐的时候，你是感觉不到别人的痛苦的。一次在班会上，班里一个同学谈到自己的将来时，感到一片迷茫，不知道到底要从事什么样的工作，做出什么样的选择，伤心地哭了。当时，杨叶站出来说了一句话，“遵从自己的内心，选择你所爱的，不苛求能够鱼和熊掌兼得，得学会取舍。我们可以提供建议，但是选择还得自己拿。”她的话刚讲完，班里就响起了热烈的掌声。不知道那位伤心的同学是否在听了杨叶的这几句话之有所启发，但是旁观者听起来，她是一位有独立见解而又目光敏锐的人。

她每天的生活像一条哗啦哗啦的小溪流，清澈纯净快快乐乐，把欢乐带给了和她接触的每一个人，大家都感到她的聪明可爱。虽然，其他女生感到上帝有些不公平，把聪慧和漂亮都安放在了她身上，但是因为她的与人为善，替人考虑，善解人意，很多人还是愿意把妒忌化作羡慕和她相处的。

就连她的恋爱也是那么的完美，两个人缠缠绵绵在一起竟然没人见过他们有红脸的时候，大家都觉得杨叶真是太幸福了，真是个快乐的公主。“我一直是一个刻苦用功、品学兼优的学生，平时成绩在班级名列前茅，每个学年都拿奖学金，老师、同学都对我很好，他们很喜欢我。”杨叶自豪地说。

在考研的问题上，她对自己的期望还是比较高的，她想考另一所大学的，因为对这所大学的老师都非常熟悉了，她想换个环境换个角度来深入学习自己的专业。但是在做了那所大学的三套历年考研真题后，她感觉到了危机。

我该怎么办

“我对自己也比较自信，一心想考研深造，自认为考上理想的学校绝对没问题。两个月前由于发高烧，状态不是很理想，白天精神不好，晚上就在寝室休息。寝室里的两个室友在看韩剧，我很快也就迷恋上了，有很长一段时间我放纵自己跟她们一起看一部又一部青春偶像剧。一个月前我开始做考研的历年真题，三套真题我的成绩都一塌糊涂，做题总进不了状态。我和辅导员也进行了交流，辅导员安慰我赶紧调整心态，认为我基础在那里，再系统地学习一下问题不大，但是要不能走出目前状态的话，估计考上理想的学校就比较困难了。我把自己的担忧告诉了父母，父母知道后，非常生气，严厉批评我肯定不用功，同学们也有议论。”

"我想，这下我完了！真题的试卷都做得不理想，考研肯定考不好。如果考不上，眼前工作又难找，我的人生还有什么出路？我的同学、朋友、亲戚会怎么看我？从那时起我就出现烦躁不安、紧张、焦虑的症状，晚上翻来覆去难以入眠，并经常做噩梦。白天注意力不能集中，感到心慌意乱，虽然能控制情绪，但总觉得不踏实，内心非常烦恼痛苦。"杨叶面带倦容，眉头紧锁，有很重的黑眼圈，似乎睡眠不足。

杨叶从小性格内向、温顺，非常听父母的话。在杨叶看来学习根本就没有难倒过自己，却不知为什么，这次心里很不踏实。她不想让父母失望，也不想在同学面前丢脸，要是那样的话，别人会怎么看她呢？她的美好形象岂不是就毁了？

男朋友告诉她，没有她想的那么可怕，考不上怎么了，照样可以找个单位就业的，或者明年卷土重来，但是她听不进去。"你会不会找些我爱听的话说，我怎么才可以考得上呢？我该怎么做才可以啊？"杨叶只想到不能失败，她没有给自己留后路，不愿意去想不好的后果。

大家也感觉到了杨叶的精神状态，感觉到她往日的欢笑没有了，也不大见到她在公开的场合活动了，她的 QQ 空间好长时间也没有大的变化。不过，因为要毕业了，大家都在忙着自己的事情，找工作啊，修满学分啊等等，没有太在意杨叶的状况。辅导员和她谈了一次话，给她指出了目前遇到的问题，希望她能振作精神，一鼓作气把硕士读下来，那样就业的时候可能选择的余地更大一些。父母也给她说不要碰到一点小事就灰心丧气，哪个人活着不遇到一些麻烦，等过去了，回过头来再看根本就没什么？

可是杨叶难受啊，她怎么也找不到以前的状态，呆呆地坐着，担心自己这样的状态考不上想读的那所大学，想着想着眼泪就掉了下来。她不明白，为什么老天非要在这个时候给她开玩笑呢？"我的洒脱哪里去了？我怎么可以这样呢？这还是我吗？"杨叶想重新找回昔日的自我。

一个人走过了就真的走过了，往昔的时光不会再来；有时候错过了就真的错过了，那一瞬的机会已经消散。人就是由往昔塑造成现在，又在逝去中创造着未来，在得与失的智慧中一步步走向成熟，得失成败对于一个人的成长都有很重要的意义。

面向未来

看得出来正是几次模拟训练让她对考研感到恐惧，担心考砸没法交代，让过去一直很优秀的自己没法接受，让自尊心受到伤害，这或许才是最重要的根源。她还不善于与父母多沟通，把自己真实的想法告诉父母，也有准备不充分的原因。当她遇到困难时，父母并没有真正地理解她的苦楚，对她的高期望反而增加了她的压力。

我抓住她“对自己要求严格，害怕失败”这一认知特点运用合理情绪疗法进行咨询。该理论认为情绪的来源是个体的想法和观念，个体可以通过改变这些因素来改变情绪。事情本身无所谓好坏，但当人们赋予它自己的偏好、欲望和评价时，便有可能产生各种无谓的烦恼和困扰。因此只有通过理性分析和逻辑思辨，改变造成求助者情绪困扰的不合理信念，并建立起合理的正确的理性信念，才能帮助求助者克服自身的情绪问题，以合理的人生观来创造生活，并以此来维护心理健康，促进人格的全面发展。合理情绪疗法的核心理论是 ABC 理论，A 代表诱发事件，B 代表不合理信念，C 代表继诱发事件后个体的情绪反应和行为结果，其主要观点是强调情绪和不良行为并非由外部诱发事件本身所引起，而是由个体对这些事件的评价和解释造成的。

“人不是被事情本身所困扰，而是被其对事情的看法所困扰。”所以，在第一阶段的咨询中，主要是摄入性会谈，运用真诚，共情等技术，鼓励求助者倾诉，收集临床资料，进行相关心理测验，通过对症状评估、分析，做出诊断，双方共同确定咨询目标，制定了咨询方案。

第二阶段咨询，首先让她理解合理情绪疗法。在与她交流的过程中找出其情绪困扰和行为不适的具体表现 C：焦虑、烦躁、注意力不集中、头疼、入睡困难，对考试过分担心的想法。以及与这些反应相对应的诱发事件 A:做考研真题不理想，家长、老师的批评。进而找出两者之间的不合理信念 B:连续几次做真题成绩都不理想，考研肯定考不上；考不上研究生，我的人生就没有出路了；我必须是一个尽善尽美的人，否则会被别人瞧不起……并对这些不合理信念进行初步分析，通过分析，使求助者领悟到是这些不合理的信念引起了焦虑、烦躁等情绪，而不是诱发事件本身。只有改变了不合理信念，才能减轻或消除目前存在的各种症状。布置家庭作业，让求助者找出自身的优点，树立自信心。

然后进入合理情绪疗法的修通阶段，为了减轻或消除求助者目前存在的各种症状，我与杨叶一起针对她的不合理信念进行了辩论。

“现在我们具体谈谈你对目前考试的水平及对考研的认识。”

“目前我的成绩真是糟糕透了！这两次真题做得这么差，考研时情绪一紧张，肯定考得更糟。考不上的话我的人生就完了，谁还会看得起我呀！”

“你是说这两次做真题的成绩就决定了你考研的成绩，你之前的知识准备对考研不起作用？”

“也不是。以前我一直在复习准备阶段，为了让基础更扎实，但一做真题试卷觉得自己的水平还差很远，再说我荒废的时间再也弥补不回来了。”

“你认为你做真题的成绩如果是理想的，你就不会这么担心了是吗？”

“这个问题我以前真没想过。我想应该是的，至少好的成绩能给我足够的信心。因为我以前从没在考试中失败过，这打击了我的自信心，我必须是一个优秀的学生。”

“按照这种思维，一个优秀的学生必须保证每次考试都成功，不能有一次失误。一位成功人士，必须从起点开始就是成功的，不能有一次失败，否则他就不可能成功。事实是这样吗？”

“这……好像不是，成功背后会有很多挫折。一两次挫折并不决定成功与否，战胜挫折的人才会成功。所以这两次做题成绩并不意味着我考研失败，对吗？”

“事实就是这样。正因为你有这种必须的绝对化要求，所以你才会焦虑、烦躁，出现现在的状况，事实证明这是不现实的。而且现在你发现自己的水平不够还是个好事，毕竟准备考研是个积累的过程。”

“我明白了。但是荒废了一个多月的时间，必定会影响我的考研成绩。一想到我可能考不上自己选择的大学，我就难过得要死。”

“你是一个有理想有抱负的人，将读研继续深造作为自己的追求。现在感觉没有把握，所以很难过，这一点我能理解。每年都有很多人选择考研，也有很多人最后没能如愿以偿进入高等学府继续学习，他们选择了怎样的生活？”

“每个人的选择是不一样。有人选择复习一年之后再考，有人一边工作一边学习来年再接再励，也有人直接找工作就业，用另一种方式证明自己，周围的人并没有因此而看不起他们。也就是说考研失败了依然有很多出路，我以前怎么没想过呢？”

“你说得很好，已理清了自己。的确，对于任何一件事情来说都有比之更坏的情况发生，考研失败，不会糟糕到要死的地步。每个人的面前都有很多机遇，成功不是只用考试来衡量的。”

“听了你的分析，我心里亮堂多了，我知道怎么做了。”

针对杨叶的非理性信念，这样的练习反复进行了多次，她慢慢地能够自觉地发现自己的一些不合理的认知，学会自我辩驳，这样她的情绪好多了，对问题的看法也多样化了。

最后一次她的情绪大有好转，焦虑减轻，制订了切合实际的学习计划和考研目标，不再有沉重的考研压力，对未来充满自信。我对她的表现给予了充分肯定，并教给她在今后的生活中学会随时、随地、主动地与自己的不合理信念进行辩论，使之内化成自己的一种习惯，并且教给求助者学会了自信训练和放松技巧。

通过咨询，杨叶自认为躯体症状已基本消失，情绪状态也明显好转，已经能坦然地学习生活，走出了考试焦虑的阴影。通过杨叶的父母和朋友也了解到，杨叶较从前开朗、活泼，学习与生活走向正常化，学习成绩也开始提高了。

案例分析

由于自己的期望值与自己近期的成绩存在差距，杨叶对学习产生了认知偏差，担心会考不上自己所报的第一志愿学校，并由此产生不良情绪，进而产生躯体化症状，影响到学习。

杨叶从小倍受父母疼爱，学习成绩优异，未受到任何挫折，看起来是好事情，但是一旦在遇到失败的时候没有心理准备，很容易一蹶不振。实际上，她遇到的这些困难根本就是很小的困难，但在她看来却是天大的困难。她忍受不了一贯的优秀怎么可以败下阵来，万一那样的后果出现的话，是自己不能够容忍的，别人会怎么看她，自己不就成为一个失败者了吗？没有永远的常胜将军，成功的时候能感受到失败时候的痛苦的心态，失败的时候更要有成功时候的自信，相信自己，不断地去追求。成败不是绝对的，仅仅是人生追求的一种过程，我们努力过，并且全身心地投入其中，享受做事的过程就是一种快乐。

美国心理学家艾利斯提到的那十几种不合理信念在来访者的身上时有表现，怎么样让来访者学会和不合理信念进行辩论是一个相对较长的过程，但是一旦他们掌握了就会收到很好的效果。

大三女生为什么割腕自伤

来访者小 A,20 岁,一所本科院校的大三女生。眼前的她,面容清秀,楚楚动人,一双充满哀怨的大眼睛惹人爱怜。可这个花季般的少女,却在两年多里自伤十几次。捋起她的双臂可以清楚地看到,两手腕处均有十几处刀痕,疤痕新旧不一,有的伤口还没完全愈合。据小 A 说,当锋利的刀片割向手腕的时候,她并没有感觉到疼痛,流出的鲜血反而让她获得了平静和轻松。不管是在校还是放假在家,只要心情不好,她就会用刀片划伤自己。妈妈为此哭过,哀求过,甚至打骂过她,她却不为所动,还曾因此休学过三个月。

割腕排遣痛苦

在咨询师的循循善诱下,小 A 说出了自己的经历。她出生在江南小城,是独生女,父母都是知识分子。从小父母工作很忙,没空管她,看见别的小朋友有父母陪着出去玩很是羡慕。在父母眼中她是个乖乖女,独立生活能力特别强,一点没有独生子女的娇气,也从不和父母撒娇。上高中住校时,经常会有同学的父母来看自己的孩子,带好吃的来,可自己的父母却很少来,只是给她足够的钱,叮嘱她尽管花。高考前的一次发烧让她发挥失常,只考上了省内的一所二本院校,而她的目标是重点。

刚进大学的日子是忙乱的。都市的繁华让她感受到生活的美好,她对未来充满了幻想。可是,随着时间的流逝,大学生活渐渐趋于平淡,新鲜感逐渐消失,她感到了孤单,经常莫名地伤感。为了排遣寂寞,她开始上网。在网上她遇到了他,一个让她心动的男孩。可是交往了不到 3 个月,不知何故,男孩渐渐地疏远了她。从此她

陷入了无尽的痛苦之中，第一次拿刀割向自己的手腕……鲜血流出来的那一刻，她觉得所有的痛苦都消失了。之后，她“喜欢”上了这种排遣痛苦的方法。考试失利、与同学闹别扭都成了她一次又一次自伤的诱因。每次她割腕的时候都很隐蔽，尽量不让同学知道，直到今年初被室友无意中发现，汇报了辅导员。多方劝导下，她鼓起勇气走进了心理门诊。

案例分析

小A用刀割腕的行为叫“自伤”。自伤是指通过各种方式，反复地、故意地采取自我伤害行为，其后果可以导致残疾，但无意造成死亡的结果。人在生气的时候会揪自己的头发，用头撞墙等方式其实也是自伤，但大多数人不会采用对自己过于痛苦、甚至会危及生命的自伤方式如本案例中的割腕。自伤在青少年中并不少见，他们情绪管理能力不够好，不能公开释放自己的愤怒和焦虑等消极情绪，所以需要快速的方式让自己从痛苦中释放出来，自伤对他们而言就是较快速和直接的方式。

小A童年的时候没有充分体验到父母的爱，尤其是母爱有一个未完成的情结。在成年后，她非常渴望得到爱的补偿，初恋的味道让她似乎找到了母爱的感觉。可短暂的爱，男友的离去，使她再一次体会到被抛弃感，却又不知如何排解，于是这种心理能量便转向自我，开始攻击自己，自我惩罚——自伤。在小A的内心深处，这样做一方面是在排遣她的孤独和失望，另一方面则是心灵在呼唤，渴望得到家人和周围人的理解和关注。正像她描述的：每一次用刀子把胳膊划破，看到鲜血滴在地上的时候，心情就会慢慢平静；与此同时，也引起了人们、特别是父母对她的关注和爱，她的心理暂时得到了平衡。

如何对屡屡自伤的小A进行帮助呢？首先要建立良好的关系，让她充分信任你，确信你理解她的处境和痛苦，在此基础上告诉她要爱惜自己的身体，确保自己不发生生命危险，必要时做好约定。

鼓励其寻找社会支持，如亲人、朋友等；及时宣泄不良的情绪，如运动和娱乐活动。当然，最直接有效的方法是建议她寻找心理医生。心理医生会根据她的情况采用合适的心理治疗方法，必要时会应用药物改善其不良情绪。心理治疗还能进一步提高其心理素质，增强其应对挫折的能力，预防自伤的再次发生。

从心开始

有一天一位朋友打电话给我，说是他一位朋友想咨询一下，这位朋友曾经吸过一段时间毒品，在戒毒所里治疗了一段时间，现在在家里。他希望能够摆脱对于毒品的依赖，重新过上正常的生活。这位朋友的朋友叫李剑奇，是位身材健壮、皮肤黝黑的男性，说话流畅。李剑奇说两年前由于和女朋友分手，自己的生意也赔了，感到很失落，天天借酒浇愁，心情很差。在酒吧里有人诱惑，开始间断烫吸海洛因，很快成瘾，天天愁着找钱买海洛因吸。曾去省戒毒机构戒毒，成功保持了两年，后回到这个城市与毒友来往，很想再吸，但考虑到毒瘾发作的难受，和以后生活的道路，又犹豫了。

快乐生活

来到咨询室的这位中年男子就是李剑奇。看起来很稳重，两眼望着我，不知道在想什么。冷峻的面庞下深深地感受到了他的冷漠。我曾接触过有吸毒经历的人员，他们在毒品的折磨下失去了原先的自我。我很快又平静了下来，他的吸毒历史已经让他背上了许多的愧疚和不安，再肩负一身的压力来到这里咨询，已经很不错了，至少他跨出了这么艰难的一步！从他的身上我感觉到的是一种坚强表面下的无助，我感觉到了我的肩头重任！我认真地观察了这个似乎很有个性的男人，他中等个头，身体健壮，一张国字脸上面理了个平头，一脸的愁云，眼神总是游离不定，整个过程就从没有过眼神交流，偶尔才吐出一两个是非词和感叹词出来，脸上还一副很不屑的表情，当问及这次家里怎么没陪护过来的时候，他马上沉下了脸，似乎有话欲出却也终究没有开口，片刻后又恢复了刚开始的一幕！

我的第一感觉：一个很好强，内心却孤独柔弱的男人，他的吸毒或许与他的家庭之间有一定的联系和故事，他是个什么性格的人呢？

他讲述了他在戒毒所的经历：毒瘾发作的时候，他会发抖，一张苍白的脸，紧闭着双眼，紧皱额头上布满了虚汗，整个身躯在不停的抖动，那时就想无论如何得吸一口，要不然真比死了还难受。医院是一定不会给吸食毒品的患者毒品的，就是要让他们感受这种发作的痛苦，在这种痛苦当中延迟他们的满足，提高自己的容忍性。然后，给他们一些替代的药品。

等到毒瘾过去了，他就像现在一样，该做什么事就做什么事，根本看不出来他在强制戒毒时的痛苦。顾及到他的身体还很需要休息，没敢耽误太多的时间，之后我便退了出来！万事开头难！可是我已经禁不住有点安慰了，毕竟他已经显露出改变的迹象了，尽管很小但我却更加坚定了我做戒毒工作者人员的心理咨询是可以改变人的一生的！

之后他再来，涉及的话题也渐渐多了起来，通过我们的交流，我对他的印象也有了很大的改变，我也了解到了原来的他也是个很爱交际的人，由于受教育有限，一直没找到合适的工作。后来有个年轻朋友介绍他学上了开车，他学习很努力，半年时间就能出道了，他也从此很满足地爱上了这个虽苦却能养家糊口的驾驶职业。妻子在一家超市里做收银员，家里还有一个儿子，一家三口和自己的父母亲住在一起，生活虽不算富，但一家老少生活还算过得去！可是毒品却改写了这个家庭的历史，这个人人痛恨的杀人不见血的魔鬼从此打破了这个温馨而宁静的幸福之家。那年也是刚出道不久，同行之间处处需要打点打点，于是少不了喝酒聚餐，有时半夜才回去，自然少不了妻子和家人的数落！次数多了之后，他深感厌烦，后来干脆把工作扔到了一边，和“朋友”一起玩起了神奇的“仙粉”，天天就干想着搞钱玩仙粉，想脱离“仙海”却已力不从心了，之后便有了这一连串的事件，夫妻关系恶化，家里关系紧张，毒是戒了吸，吸了戒，自己整个人也因碰上毒品，变的像现在这样自卑，孤独，胆小，不愿和任何人接触。他告诉我，我那天的不经意之举，却带给了他很大的触动，好像开始燃起了他心中那团熄灭许久的火！我除了些许的安慰外，隐隐约约感觉到一个很渴求新生的生命在我的面前，我甚至似乎感觉到我肩头瞬间沉了许多。

信息是了解得差不多了，我开始整理吸毒人员的人格心理特征：

——缺乏自尊心、自信心。常自我蔑视、自我嘲笑、自暴自弃。对生活抱得过且过的态度，活一天算一天；

——情绪忧郁，喜怒无常。有时狂妄自负、忘乎所以；有时焦急紧张、惊恐不安。稍遇不顺心的事，则暴跳如雷、怒火大发；

——经常寻求高强度的感官刺激，特别对宣扬淫秽、色情、暴力和恐怖的书刊、音像制品津津乐道，百般效仿；

——对外界议论敏感、多疑、多猜忌，心胸狭窄，报复心重。听不得别人的批评意见，一旦被触及"痛处"，常伺机报复；

——歪曲辨别是非的客观标准，不承认美好事物、优良的传统；

——对现实不满，对社会的强化管理不满，并经常借故发泄，有较强的逆反心和冒险性；

——对同事或家人感情冷漠，思想疏远，关系紧张，不关心别人，不愿意帮助别人；

——常同情有偏常行为的人和事，宽容别人的缺点和错误，有较强的虚荣心，爱面子。

在之后的几天里，我和督导老师一直在查寻资料，不停地制定和修改咨询和治疗的方案。因为我始终认为和相信每个人在他自己的成长路上，本来就有自我价值的需要和处理人生路上的各种困难的能力，吸毒人群也不例外！他们现在只是遭到了功力不菲的毒魔的攻击，暂时遇到了困难而已，这个困难需要我们投入和付出更多的精力和毅力备战，毒爪下的他们也只是暂时扭曲了自我价值中的人格和失去了处理人生中各种困难的能力而已。他肩负着一身的包袱却还是需要走完"充分得到肯定"的这段路程的，因为也只有这样他们才能够建立足够的自信，而他们现在的力量不足，需要我们这些朋友去帮助他们增添力量，减轻压在他们肩上的重包袱，尝试并尽力去搀扶或引导他们走完这么一段路程。有了这样的信念，我开始了逐步的实施。

心理干预

与沉迷网络中的人有相似之处，沉迷毒品当中的人，除了眼前的快感，看不见其他的生活乐趣，因为毒品就是他生活的全部了。我先让其尽可能地去找回他因吸毒而失去的部分能量，通过对吸毒前的成功和有成就的事件反复回忆和体验，并尝试从中去摄取足够的能量来应战！整个过程在安静的环境中进行，开始患者阻抗性很大，引导其深呼吸放松，待其慢慢平静和放松后开始了穿越时空之旅。患者印象最深的是小学时参加校运动会，获得400米长跑冠军，站在领奖台上。我反复引导其体会那种荣耀背后的喜悦，鼓励其沉浸在鲜花和掌声中，并观察患者的表情，一开始患者的面部很平静，慢慢的患者的嘴角开始流露出了微笑，片刻后再带其回现实中来，睁眼看自己现在所处的位置，并用言语表达自己都看到什么，之后与其分享那份意犹未尽的喜悦，并适时告诉他，你也曾经辉煌过，你还是有潜能的，你是一个很不错的人，现在你只是暂时遇到困难了，没关系的，只要你能勇敢坦然地去面对，做一个真正的好男人，你会成功的！你要记住你是爸妈唯一的儿子，也是他们唯一的希望，同时你也是儿子的爸爸，妻子的丈夫，你看你的宝宝还小，我相信你一定不希望在他能够记事之后，他的伙伴会嘲笑他有个吸毒的爸爸，让他的心灵倍受痛楚，也可能导致他在团体中再也抬不起头来，是不是？你也说你很爱你的儿子，我们一起加油好不好？相信自己，嗯？我看到他的表情，一脸的愧色，嘴角在不停的抽动着，眼泪在眼眶里不停的打转转。

再次咨询的时候，李剑奇主动多了，我感到很意外也很开心，毕竟他开始接纳我了，他在改变，他主动要求进步了，我当时是这样想！之后我们来到了咨询室，当时他是一脸的沉重，斜着头，眼皮在频繁地眨着，眼睛也是一直停留在自己的脚尖上，嘴角动了动，却没吐出一个字。开始我也就一直静静地在旁边坐着，没开口！可是大概也就两三分钟的样子，我实在待不下，感觉空气都快凝结住了，便起身去打开了自我放松的音乐。当打破平静的那一刹那，我们只是互报一笑，之后便由我引导他讲述了他的烦恼。他告诉我他的原生家庭是个并不快乐的家庭，他有一个很懦弱的母亲，而父亲显得很强势，脾气很暴躁，平时讲话都是很大声，遇到一点点小事总是不分青红皂白就会训斥起人来，他起初还敢跟父亲去争辩去表述自己的观点和意见，但每每父亲都会吼他，从没耐心去听他的任何解释。之后他常常一回到家，一听见父亲或母亲的说话声他就会莫名地害怕和恐惧。结婚后，迫于家庭经济，又不得不和父母同住，但他和父亲之间也变得更加沉默了，每每下班后，只会一头钻进自己的房里，饭桌上也从不多言，父亲的唠叨他也变的似乎更加麻木，这么多年来，他几乎没正眼看过他父亲！家里的关系很是紧张，他心里一想到就烦躁不安。当他说到这的时候，我似乎已经很明白了，所谓的家庭关系紧张，其根源无非是父子之间的沟通障碍。我安排他躺下，深呼吸多次后给他做了个催眠，并在催眠状态中引导其想象父亲的面容，并且让其去和父亲对白，告诉父亲：他希望自己有一个爱笑的爸爸，并去想象带着笑容的爸爸就在自己的面前，父亲正看着自己，并且抚摩着自己的头，此过程持续了五分钟后，当问及他的感觉时，他的眼角湿润了，他反馈给我的是他想抱抱爸爸！

回到现实中来的患者对我笑了，他告诉我，他很期盼这一天，真的好想。我随即鼓励他给爸爸主动打招呼，告诉爸爸自己的真实状况，并对爸爸说自己很想和他成为无话不谈的朋友！李剑奇终于和爸爸说话了，他和爸爸终于能交流了，爸爸激动得都哭了，并鼓励他一定要好好咨询坚决戒掉毒瘾，我也欣慰地笑了！

咨询两个月来，原来的李剑奇完全变了个样，虽然还是有点玩世不恭的样子，但现在已能和我眼神交流了，话语也渐渐地多了起来，这是我最感到欣慰的地方。问及家里有来过电话没，发现了他与妻子的关系也不佳，经常没话说，妻子又很累，总是很晚才回来，一回来蒙头就睡。我引导他复用上次与父亲改善关系的方式去尝试，另外尝试第二次恋爱来感受当初的激情，激起平淡生活的幸福快感！之后并与其共同探讨以往复吸的因素，令我吃惊的是，他多半是由于心情烦躁，而背后就是我们这些天处理的家庭关系和自我的认识不够等，我感到很是有成就感。另外还给了份防复吸的资料给他，并给予一定的合理化解释。

李剑奇的家庭生活慢慢得到了改善，自己找到了很多现实中的乐趣，尽管现在生意还没有很大起色，但是他发现了生命中最有活力最值得珍惜的东西其实就是情感，包括亲情、爱情和友情。如今已一个多月过去了，他再也没接触毒品，至少到目前为止，他很健康也很幸福。我们也常保持联系，他还常常和我分享他的喜悦和如今家庭的温馨，我祝福他开启新的生活，珍惜幸福的人生。

我是谁

有一天接到一位老朋友的电话，问我有空没有，他说有个亲戚家的女儿想咨询下，想要解决的问题是这个女儿到了婚嫁的年龄，见了几个男朋友感到不满意，但是一点也不着急，眼看年龄越来越大，父母急坏了，想找人给女儿咨询下，解决女大当婚的问题。我翻看了我的日程表，安排了星期天上午的一个时间段，朋友把这个时间告诉了那位亲戚，他那位亲戚的女儿同意按时赴约。我在预约登记表上写下了这位来访者的基本情况。

见微知著

星期天上午，在约定的时间，这位来访者准时来到了咨询室。她告诉我她叫贺敏，其实她并不想来，是父母非要让她来的，她没感觉到有什么不适的地方。我眼前的这位女孩，身材较胖，穿着很肥的裙子，整个人显得很臃肿。对于爱美的女孩来说，这样的身材会让人感到不舒服的。她坐在沙发上，显得有些拘谨。开始的时候，我问一句她答一句，显得很小心。我询问她来咨询的主要原因是什么，她回答道："父母对我的婚事比较着急，而我目前没有合适的男朋友，经人介绍见过几个但是都不满意。"这很正常，在结婚这件事情上，一些父母比孩子更着急，到了什么年龄就得做什么年龄的事情，万一这个年龄没有找到合适的，那么错过这个年龄就更难找到合适的了，因为优秀的男性或女性都被别人挑选走了。并且很多孩子可能并没有觉得自己到了结婚的时候了，他们只是感到两个人在一起很快乐，很幸福，至于结婚，他们并不知道这到底意味着什么。于是一些人在父母的督促和压力下步入了婚姻的殿堂，结婚之后才了解了什么叫结婚，才感觉到那个时候是到了结婚的时候，应该结婚了。假若要是在这件事上父母不督促，不给些压力的话，恋爱当中的人可能不会感到两人世界还少些什么，或者看到同龄人的孩子都读幼儿园的时候才想到要结婚的。没有合适的恋人也很正常，有多少人在苦苦寻觅自己的另一半呢，你敢说在一起的都是感到很满意的吗？也未必，有些人是抱着寻找真正的爱情的心，非他不嫁，非她不娶；有人很现实找个居家过日子的人就可以了，感情慢慢培养嘛。这就是不同人的不同想法，所以有了形形色色的婚恋和家庭。

我问贺敏今年多大了，她告诉我 31 岁了。我心里想，31 岁的女孩子见到陌生异性的时候应该不用那么太拘谨的。贺敏说她交过三个男朋友了，但是感到不满意。她有一份较好的工作，不愁的。我问她交往的这三个男朋友是自己主动跟他们分手的，还是别的情况。她这时眼圈红了，说有两个是别人不想跟自己交往了。我问贺敏是否想弄明白和别人交往中持续不下去的一些问题，也许这正是父母对你的担心。假若不想的话，可以终止咨询的。贺敏说，其实也想咨询下，看看自己为什么找不到合适的男友。

贺敏是家里的老大，下面还有一个弟弟。她说："父母从小对我疼爱有加，上学的时候成绩不算太好，但是每到关键时候，感觉自己的运气还是不错的。大学毕业之后，自己考公务员，还算比较顺利！办公室没有几个人，我最年轻，打水扫地的杂活原先我抢着干，可后来看到都是我包揽下来，慢慢的我也就不想做了，每一个人都有份吗？在单位我做事很认真，我是比较直的人，有什么事我就当面指出来了，领导高兴不高兴那不是我的事。"

"你和同事的关系怎么样？"我问。

"就那样，只要不妨碍到我，许多事我也不掺和。我在那里也工作五六年了，老人了。现在工作也不算很忙，下班之后就回家，做自己想做的事。自己喜欢写诗，不知道能写成什么样子，但是喜欢把自己脑子里的想法写出来的感觉。"贺敏说。

"你对于目前的生活状态感到满意吗？"我问。

她说，"马马虎虎，对于父母老催自己结婚感到有些烦，不想听他们说话。”

“那平时进行体育锻炼吗?”我小心地问道,想了解她对于自己身材和长相的看法。“不锻炼,不太愿意运动。”贺敏说,声音有些颤抖。

她对于自己的身材和长相不很在意的态度,作为一个正处于婚恋年龄的女孩子,似乎有些不合常理。我了解到贺敏的生活圈子比较小,朋友不是很多,有几个聊得来的也在外地。

我问贺敏在大学期间是否谈过恋爱,她说:“没有。在大学,我和同性的朋友玩的多一些,很少和异性接触,有时候和他们讲话会感到很紧张,尽管在家里我弟弟面前,我有时候凶他,不知道为什么?毕业之后,也是这样,我们单位的人年龄都大,没有合适的。外单位的人我接触的又少。现在,我和陌生异性单独在一起聊天还会感到紧张的。”

“和我在一起交流也紧张吗?”我问。

“和你在一起不紧张,毕竟你是咨询师嘛。”她说道。

显然,贺敏是有异性交往恐惧症的,过去没有把这作为一个需要关注的问题,现在到了婚嫁的年龄,对于她的两性交往造成了影响。

和三个“男朋友”的交往

家里看到贺敏到了婚嫁的年龄依然没有男朋友很是着急,四处托人给她介绍,她开始认识了第一个“男朋友”。贺敏说这位男孩长的比较高大,性格温和,贺敏喜欢和他在一起。“这段时间,我也开始注重自己的容貌,每天出门或见他的时候总要琢磨着穿什么衣服,化什么妆,我才感觉到女人原来有这么多可以拓展自己美的工具,说实在的,我的身材不怎么好,我也知道,但是现在我才开始注意到身材对于女人的重要,但是有些也不是说变就可以变的啊。我盼着和他相见,在一起也不知道说什么好,就是看着他,觉得很高兴。回到家躺在床上,也经常想起他,想他的样子。有一次周末,我们到步行街那边的咖啡店去喝咖啡,我就聊了我读过的书,他和我谈起社会、做生意挣钱的事情，他说我学生气太浓了，把事情想的很理想化，很简单。相处了一段时间，大概有两个月吧，男孩提出了分手，说是要到另外一个城市去工作。"贺敏说。她当时感到很难过，但是看到这位男孩执意要分手，也没有办法，这之后的一段时间，她谁也不相见，整个人显得很憔悴。好不容易，贺敏的情绪好起来的时候，家里又托人给她介绍了一个小伙子。

这位小伙子伶牙俐齿，特别能说，有空就找贺敏，想着法子让贺敏开心，但是贺敏感到他太烦了，絮絮叨叨。"我感到他的废话太多，没话找话说。我不太愿意和他约会，即使在一起的时候也心不在焉。有一次去逛街买东西，我只顾看我想看的东西，他先是跟着我，后来不知怎么的就把他给丢了。我想，也许是我们没有缘分。""以后就不太想见他，见面之后他的话也少了，我玩我的他看着，感到在一起很别扭。慢慢地，他也不来找我了。"第二个"男朋友"就这样不欢而散了。

"后来家里又给我介绍了第三个男孩，家里人很喜欢他，他也常到我们家去。原先每天下班之后，我回到家就干我自己喜欢的事，读读书写写诗啊等等，感到很自在。他总是来找我，我很多时间就和他在一起了，感到自己的爱好和空间被侵占了，有时候我会莫名其妙地生气，不理他，不让他来找。隔一段时间不来，但是随后就又来了，我感到花在他那里的时间太多，影响了我自己的事情。"贺敏说。

"那么，你理想的爱情是什么呢?"我问。

"我有我的空间，他有他的空间，两个人互不干涉。两个人能相互理解，不要像现在一样，他总是找我，耽误我好多事情的。"贺敏认真地说。

"你喜欢现在和你交往的这个男孩子吗?"我问。

"和第一个比较起来，我更喜欢第二个。但是，我家里很喜欢现在和我交往的男孩子，他们希望我们能够处的更好一些。我感觉和他在一起，很多事情都做不了。因为我经常不让他来找我，所以现在这个男孩子和我见面少多了，我感觉到这样也不对，我不知道怎么样才可以兼得。我的工作还不错，家里条件也比较好，我感到应该可以找到自己喜欢的人的。原先单位的同事比较热心给我介绍男朋友，后来他们也没有了过去的热情，他们不太说我的事情了。”贺敏说。

这样的情况下，家里以为贺敏一直在挑，这个不行那个也不行，到底什么样的人她才看到眼里呢，家里人着急了。贺敏认为的自己工作和家里的条件还可以，自己可以遇到如意的，只是要碰，要慢慢等。

面对现实

贺敏的心事家里不知道，她不想也不会给家里人说的这么仔细。家里人也没有注意到，贺敏在人际交往方面有一些需要注意的问题，只是认为她怎么这么不省心呢。贺敏现在需要面对现实，走出自己的小天地，学习和异性正常的交往，学习怎么样去爱一个人和接受别人对她的爱。

我把与贺敏咨询的谈话整理了一下，让她看看能发现什么内容。贺敏认真地看了几次咨询的记录，她找到了自己在交往方面的一些不足，看到了自己在情感方面较多地强调了自己的要求，忽视了对方的要求，她感到恍然大悟。原来一直以为别人不够好，不理解她，现在感到是自己需要改进的地方很多。我让贺敏回想她小时候对待自己身材和长相的态度，她发现在小学的时候，自己的身材就有些肥，有些男生和她开玩笑，自己和那些男生打闹，骂他们。初中的时候，自己的身材更走样了，和那些看起来很苗条的女生比起来，自己很自卑，就不爱和男生交往，只和自己玩的比较好的同性玩，慢慢地她不太关注男生，把精力集中在了学习上。高中的时候，学业很紧张，虽然有些人开始谈恋爱，但是遭到了班主任的批评，那是很丢人的事情。她很少和男生说话，甚至一说话就脸红。父母和老师都感到这才是把心思全放在学习上的好学生。贺敏就这样一直到了大学，到大学之后也还是不愿多和男生交往，也不知道和男生在一起说些什么好，单独和男生在一起会感到很紧张的。她沉浸在自己的世界里，和几个谈得来的同性朋友玩。尽管同宿舍的几个女孩子有男朋友了，但是她依然我行我素，独来独往，她感到这样也很好。

但是，现在必须得面对现实了，现实要求贺敏尽快地学会和陌生异性交流，得学会关于爱情的知识，并灵活地运用。我的天啊，我们往往是这样，按照我们的要求，按照升学的要求来约束孩子，我们激烈地反对“早恋”，因为那会影响学习，耽误孩子的前程，怕孩子们管不好自己出事。我们希望他们一心一意读书，最好不要有爱情的要求，那样就省事多了。甚至一些家长，在大学的时候也告诉孩子好好学习，不要谈朋友，因为大学的恋爱没有多少最后真正组成了家庭的，等以后找个好工作，到工作岗位上再考虑谈恋爱。但是，我们的家长又希望我们到了谈婚论嫁的年龄，在他们需要的时候，一下子就学会恋爱，一下子就找到自己所爱的人。他们不知道爱情也是需要学习的，爱情的成长也是要经过一个很长的过程的。孩子们没有在爱情中的感受和体会，怎么会一下子就把那么复杂和微妙的感情都掌握得了呢？

贺敏经过几次咨询，在人际交往方面有了很大提高，开始尝试着站在对方的立场上来思考问题，慢慢地和陌生异性的交往也不感到那么紧张了，她朝着积极的方面转化。她想通过锻炼来改变自己的形体，让自己更自信一些。看到她这么用心和投入，我相信，她最终会找到属于自己的爱情的。

案例分析

贺敏在成长过程中对异性很敏感，但是自己没有足够的信心和勇气大胆地和异性交往，以至于形成了异性交往恐怖。她的生活圈子比较狭窄，一个人呆在自己营造的环境当中，缺乏和外界的交流，难以体会到别人心里所想，为人处事还充满了学生气，社会化程度不够。正因为如此，对于爱情也是充满了幻想，不切实际，在和男朋友交往的过程中，过于强调自己的空间，当别人打破了自己空间的时候就感到不舒服。由此看来，更多地了解自己，知道自己的优劣，学会人际交往，有助于更好地社会化。对于爱情来说，也不是年龄到了就会拥有的，那也是需要学习的，在日常家庭生活以及和朋友的交流当中都有这样的资源的。

由贺敏对于三个“男友”的交往可以看出，她在和异性交往上存在很多需要改正的地方，怎么样处理自我发展与爱情的责任和义务的关系需要学习，需要设身处地地为对方考虑，学会换位思考，认识到爱情和其他情感的不同。在成长过程中，家里需要关注孩子各方面的发展，包括异性交往的发展，可以在他们需要的时候及时地给予支持和帮助，为将来的发展和幸福生活铺平道路，不至于到真正要谈婚论嫁的时候才开始学习怎么样去爱一个人。

放不下的爱情

廖梅是大一学生，读第二个学期的时候，她来到咨询室说想咨询一下。她感觉到自己学习没有了以前的劲头，整个人有些慵懒，她很想把学习搞好，让自己保持在班里的优势地位，但现在感到力不从心，她想知道自己到底怎么了。廖梅中等身材，收拾得很利索，说话也很干脆，比较干练。

累在当下

廖梅是学计算机专业的，对于一个女生来说，某些课程她感觉到有些吃力，但是她从来到这个学校开始就想把专业给学好，所以，依然在感到有难度的课程上花费了很多功夫，尽管最终的考试成绩还是和好的同学有一段距离，但是她感到自己尽力了，也学了不少东西，心里还是很充实的。第二学期开学以来，廖梅感到学习上的动力似乎少了很多，虽然还去图书馆看书，但是很多时候坐在哪里，心却飞到了外面。她感觉到，这学期的课排的太密集了，很多作业没有时间去完成，不像有些同学一样，上网随便搜下复制下来交给老师，她不想那样做，她想认真地去做，但是认真做的话真的没有时间。听不懂加上完不成作业，她感到很生气，怎么可以这样呢？

班里同学看到她爱学习，有很多人就想和她走近，她呢，总保持着和她们的一段距离，这样她感觉到很自在。以前开心的时候，别人问她一些学习上的问题，她总是比较有耐心地和他们一起探讨。现在大家感到廖梅不像以前那样开心了，她说还没看到那里，自己也不会。她的话里一半是真，一般是假，所谓的真就是自己确实也碰到了困难，有些东西自己也不理解；所谓的假就是，自己被这些课程搞的很疲惫，真没有心思和别人多做探讨，她更想清静一下。

她老是抱怨学校怎么可以这样开课，几乎没有空闲的时间把学习过的内容再复习一遍。她对于自己这样的情况有些忧虑，班里还有一个女同学学习比她更用功，她不甘心落下来。原先，她很喜欢自己的专业，想毕业之后做一名老师。今年开学之后，学院又开会介绍她们这个专业的就业情况，她才感觉到并不是像自己所想的那样，在中学或职业高中教计算机课程并不是想象的那样好，仅仅贩卖一些理论和简单的操作一下，重复和缺乏创造性的劳动，她感觉到没意思。失去了原先入学之后的那个方向，她步入了来到大学之后的第一个迷茫当中。

她曾经有过许多理想，但是现在几乎没有什么想法了，随波逐流。小时候，父母送她去学习绘画和音乐，那时候她感觉到自己可以成为一个画家和音乐家，后来学习紧张了，这些东西就都丢在了脑后，现在想起来，那只是一个学习的经历罢了。高考的时候，自己很想学习心理学，但是自己的分数和比较牛的有心理学专业的学校的录取线还相差一大截，后来反复考虑，只好来到了目前的学校。别人都说女孩子学习计算机可能不是太好，有些东西学起来很枯燥。她曾经询问过一个读物理硕士的女生，那位女生根据她的情况建议她学习其他专业，没想到她最终也学了这个自己并不太喜欢的专业，但是既然学了，就想把这专业学好。况且自己的高中同学有些也选了这个专业，她觉得自己也可以学好的。

对于现在的这种状态，自己感到无力改变，于是来找咨询师。

不能承受之重

我和廖梅一起分析了课程，哪些是她感到得心应手的，哪些是感到困难的，是什么原因。在廖梅看来，自己在初中的成绩并不怎么好，升入一所重点高中之后，在周围同学的影响下开始努力学习，尽管成绩并不是出类拔萃的，但和自己过去的成绩比较起来，算是有了很明显的变化，老师、同学和家长对于她的状态感到很满意，她自己开心极了。读高中时，她的父母之间感情出现了裂痕，廖梅经常看到他们吵架，有时候还发生肢体冲突，她感到很伤心，尽管父母都还很爱她，但忧郁还是爬满了她的面容，她不明白为什么两个人不能融洽相处呢？

廖梅开始更加努力学习，她希望用自己的好成绩换来父母更多的开心，这是她能做到的。她的成绩有了很大的提高，但是父母的关系已经不能挽回。高二的时候，父母离婚了，廖梅感到很孤独，没有人告诉她为什么，怎么样才可以让父母走到一起。她得靠自己来走人生的道路，她意识到了这一点。在她落落寡欢的时候，有位男生走入了她的视野，这位男生很优秀，平时看起来不怎么用功，该玩的一样不拉，但是成绩很好。尤其是他自己想要达到的目标，会想法设法完成，这使得廖梅很佩服。“我真正感觉到了，什么叫自信，他就是这样的人。我特别需要那样的能力。我开始接近他，表示对他的关心。他很喜欢隔壁班的一位女生，很想亲近人家，和人家发生关系，我告诉他不要那样做，我担心他管不住自己做出傻事。我们在一起我感到很愉快。有一个星期天我们到郊外去玩，知道了他的母亲已经去世，他和父亲生活在一起，他的父亲很爱他，他自信他将来一定能考个好大学。”廖梅高兴地说道。

她开始和这位男生走近，他们一起去参加同学聚会，公然出现在大众的视线里，廖梅感到很自豪。她的学习成绩也在进一步提高，似乎家庭对她造成的伤害正在被眼前的这份爱情慢慢治愈。这位男生成绩很好，廖梅很希望他们都能升入同一所大学，在学习上下的功夫更多了。廖梅是一个追求完美的女孩子，有很强的自尊心，决定了的事情就一定要做出个眉目来，她抑制住对他的爱情，投入到学业当中。每当周末有一个休息天的时候，这位男生都要约她，她感到很开心。他们的事情别的同学都看在眼里，高三的时候廖梅的成绩虽然赶不上这位男生，但是在班里的成绩已经算是不错的了。

在紧张的复习当中，爱情还是会潜滋暗长的，就像成人们在忙碌的工作也有时间恋爱一样。不知为什么这位男生有意地疏远廖梅了，廖梅感受到了一些，但是也没有确证，她以为主要是学业太紧张了，或者是有时候这位男生会提出开房的想法，廖梅拒绝了他。有一次，廖梅看到这位男生和班里的另外一个女生走在一起，她心里一阵难过。她怔怔地看着他们，感觉到自己的世界在轰然倒塌，“他怎么可以这样呢？我全心全意地爱你，你却爱上了别人。”一次下自习后廖梅问这位男生为什么，这位男生支支吾吾说是两个人性格不合，还是做一般朋友吧。廖梅问哪里不和，这位男生也说不出来，但是不想和廖梅深入下去了。廖梅很伤心。很快高考来临，经过了紧张的三天之后，每一个人都松了一口气，开始了焦心地等待，等分数下来的时候，这位男生上了重本线，上一个985的学校是没问题的。廖梅感到自己的成绩不如意，只上了二本线，但她不想再复读了，她受不了那样的压力。她从来就没有想过还要复读，她虽然感到没有发挥出自己的最好水平，但是相比于过去来说，能取得今天的成绩感到还比较满意，她更相信奋斗和追求，正是靠了这个自己走到了今天。廖梅爸爸也很开心，自己读书不行，女儿今天能考上大学他还是很开心的。父女两个商量着报考什么样的专业，到哪所学校读书，最终确定还是来老家这里读吧，离家近，有个照应。

在准备入学的前几天，几个不错的朋友聚了聚，但是那位男生没来，廖梅很希望他能来，她还是放不下他。走的时候，两个人也没见面，开始各奔前程。

永远的相思

自从来到了这个学校之后，廖梅就下定决心一定要在学业上有所成就，她认真地听课，完成老师布置的作业，虽然很累，但感到过的很充实。在闲暇的时候，她就在网上看一下那位男友的空间，她看到好多人在他的空间留言，有些女孩子的留言非常直白，让她感觉很没有水平，但是也很生气，“他怎么那么花心呢？好像在炫耀一样。”廖梅只是看看并不留言，有时候通过QQ聊一下天，但对于爱情两个人都不多说。廖梅表示出对他的关心，他有时候正聊着就停了，半天没反应，过了好久才说，他忙，不好意思。廖梅通过别的同学了解他在大学情感方面的事情，那位同学告诉她不要想了，他有自己的女朋友了。但是廖梅很奇怪，上学期放假回去的时候，他又联系她说想开房。廖梅心里很乱，她知道，这位男生有优点，但是也有一些缺点，自己就是放不下。

廖梅所读的专业是新开的专业，教学大纲、课程安排都是摸着石头过河，课排的很满，几乎每一天的时段都在上课，还要完成每门课程的作业，量太大了。要是认真的话根本就不可能完成。廖梅不愿像别人一样，抄下同学的或随便从网上下载下来交了应付了事，她真正想做好，结果却做不完，按照她的性格就不做了，抄有什么用。但是，老师那边就不行了，有几次通报了哪位同学没交作业，廖梅感到很生气，这不是明摆着让做假吗。原先对这个专业是很向往的，等学了一个学期才发现，远不是那么一回事，才想起当初和那位研究生姐姐说过的话，女孩子学习这些理工类的科目来说很枯燥的，就业主要是操作方面的讲授，理论性的不是重点，而自己的动手操作能力不强。想到这些，就更烦了。廖梅和他都学接近的专业，有时候在网上和他探讨一下某个问题，他不客气地说这都不会啊，这么简单，就把廖梅气爆了，什么口气，就没有和他请教的欲望了。自己就去啃书本，自己去想。

廖梅原先很喜欢和别人讨论或讲解她掌握的知识，但是近段时间她感到自己变了，不想和他们多说，有人向她请教问题，她会觉得很烦，“不知道，我不会，我还没看到那里。”一个很想和她一起去图书馆学习的女生总是粘着她，她也感到烦，她想独来独往。

我和廖梅一起分析了她为什喜欢他，他又为什么不理他，为什么几次向她提出开房的要求。廖梅逐渐感受到了，她是在寻找一个能给自己带来力量的人，她以这样的人为榜样和目标，可以增加自己的控制感和自豪感。从小学到高中，家里没在自己的学习上帮多少忙，廖梅通过自己的努力在学业上有了一个明显的变化，变的越来越强。尤其是父母分手之后，她更加感觉到了学习上更优秀一些的重要，他走入她的视线就很正常了。也许，廖梅在寻找的是她自己的影子。廖梅也逐渐看清楚了，这位男生，“他不会果断地做决定，总是含含糊糊，似拒绝又非拒绝，给自己留下了很多想念。也许是性格的问题，也许是有其他的想法。但是回想起来，似乎是想去开房的时候才会主动约我，其他时间都要我联系他。他是优秀，有很多女孩子喜欢他，但是假若他不喜欢我的话，我也会放下他的。”

廖梅在对待他的问题上肯定还会经历一些波折的，因为感情的事往往是藕断丝连，但是她越来越清楚他的优缺点，自己想追求生么样的人。在处理好了感情的事情之后，廖梅感到学业上的问题似乎轻松了许多，笑容渐渐爬上了她的脸庞。每一个处于情感漩涡当中的人都会经历类似的痛苦的，关键是我们要走出来，看清楚自己将来的路。

案例分析

廖梅在家庭遭遇变故的时候，没有能力改变什么，很多时候孩子在碰到此类事情的时候把父母分手的原因归结为自己不够好，特别需要把成绩搞上去，一方面从孩子的角度认为可以让父母更开心一些，阻止他们分手；另一方面通过自己的改变，得到了老师和同学的承认，有了一种成就感；再次，自己和过去的状态不一样了，得到的周围的赞许增加了自己的自信，自我控制能力更进一步增强。

爱情让人牵肠挂肚，最苦的莫过于自己的满腔热忱却不被人所理解和接受。强烈的单方面的爱是一种自我虐杀，让自己步入危险境地，打乱了自己的学习、工作和生活秩序。很明显，廖梅放不下这段感情。在经过时间的磨砺和心灵的痛苦之后，反观这一段感情，其实这里面更多的是廖梅在自我成长的历程中对于自己追求的一种需要，她希望能够有一种力量感和控制感，那样她可以主宰她的生活，甚至可以改变某些她看重的事情。也许那位男生是很优秀的，但是能够让自己的心灵有个归宿，而不被外物所累，开心地投入学习和生活当中或许更重要。当不能拥有的时候学会放手也是一种智慧。

上帝为什么这么不公平

我接到了一个电话，对方说她很急，说现在就想咨询。我说要不是太急的话，我可以给你安排一个适合你的咨询师，请问对于咨询师有什么要求。电话那一端说，现在就要咨询。我放下了手头的事，告诉她，那你过来吧。来访者到办公室来的时候，我请她填写咨询表格，她说名字我就不写了，我说可以。看到她娇小的身躯，但又有些饱经风霜的脸，她喘着粗气，高声地提出上面的要求，声音像炒豆子一样噼里啪啦，很急很脆。

我倒了一杯水，请她坐下慢慢说。为了表述的方便，我们暂且称她为小琳吧。

我该怎么办

“我感到世界很不公平，怎么可以这样呢？不要看我年纪小，可是我感觉自己已经有八十岁了，我经历了太多的痛苦，都是我的同龄人所不曾遇到的。你不要笑我，真的是这样。”小琳急切地说出了自己的困惑。

“我学习成绩非常好，在班里是数一数二的，我想考研，但是现在感到学不进去，离考试已经没有多长时间了，我很着急。我是专升本上来的，在这里又读了两年多，我一直很上进，我想找工作，但我更想考研，因为我知道，这样才可以有更好的将来。我不敢告诉家里，他们会反对的，尤其是当你考不上的时候，他们会说出很难听的话，索性就不告诉他们。我毕业之后，不想留在本地，我想离家远一点，到大城市去闯一闯。”小玲滔滔不绝地说着，我没有插话的地方，她的语速又快，哗哩哗啦地倒着。

“我当年考大学的时候，我的外婆就很反对。虽然她是一个老师，但是对于我读大学却并不赞同。我的姨妈们也这么说，这么大的姑娘了，早该找个人家嫁了，读哪门子书啊。我就是不理她们，反正我读大学没花她们的钱，我都是贷款和奖学金。我需要考研究生，但是万一考不上我怎么办呢？也有一个很好的工作，现在要我去上班，但是现在要过去的话肯定会影响我的考研的。那是我实习的时候，一个老板给我介绍的，让我到珠宝行去做主管。我当时实习很认真很卖力，那老板觉得我工作能力还可以，便向他的朋友推荐了我。我是需要挣钱，但是我感到要是错过了读书的机会，以后再拾起来的可能性就很小了。我怕到时候，研究生也考不上，这份工作也没了。”小琳现在处在一个两难的境地。

“我现在想报考的专业也是跨专业的，书已经看了一些，但是和学了四年的同学比起来，可能还有很大差距。我是个不达目的不罢休的人，我想抓住这样的机会。但是现在我看不进去书，我到了图书馆之后，一打开书就是这些烦人的想法，我没办法学习。你说我该怎么办呢？”小琳着急地说。

“现在距考试的时间还有两个多月，你着急的心态我能理解。但是请告诉我考研对你来说它的利弊在哪里？”我问道。

“我家里没关系，现在找工作没有关系找不到什么好工作，我就只能到不好的单位去了。虽然我现在有一个较好的选择，是实习的时候老板介绍的，但是我知道要是研究生毕业之后我可以有更好的选择。我知道谁也帮不了我，除了我自己，因为这些年的经历告诉我，除非自己优秀，否则，机会就可能是别人的。”小琳激动地说。

“所以，我学习很认真，从小学到高中我成绩一直很优秀，我知道只有这样我才可以有更好的出路。没有人更多地关心过我的学习，但是我知道我很努力。读专科的时候也是这样，我不停歇，我知道还有很长的路要走，最终我专升本又到这里来读了两年多了。我感到很累但我不能停止，因为我不知道将来的路在哪里？我就像一片浮萍在飘，在茫茫的人海当中，不知会到哪里？”小琳伤感地说。

我感到小琳现在的状况有更复杂的原因，一般情况下很多人都是做好了两手准备，或者特别想考研的话再准备一年也是有的，小琳的压力可能来自于家庭方面。我请小琳介绍一下她的家庭情况，小琳慢慢地把她的童年呈现在我面前。

不幸的童年

小琳家住农村，原先一家四口人，她家中排行老大，下面还有一个妹妹。妈妈是个残疾人，耳朵有点聋，说话要很大声音才听的见。爸爸在她读小学的时候去世了，爸爸的离开对她是个永远的伤痛。在说到爸爸的时候，她说“都怨我，都怨我”。我请她说明到底发生了什么事。

“那时候我还小，吵嚷着要吃苹果，爸爸那天正好去城里，就答应买苹果回来。当天黑了的时候，还没见爸爸回来，一家人都很着急。不一会村里有个人告诉我们，我爸爸出车祸了，在距村子不远的地方。我和妈妈跑到那个地方一看，自行车倒在了一旁，苹果也散了一地。妈妈当时就晕过去了。后来才听说，因为回来的晚，路上太黑，一辆拖拉机过来，没有看清楚前面骑自行车的人，快到跟前的时候，骑车的避让拖拉机，拖拉机避让骑车的，结果两个都让到一块了。大家赶紧把爸爸送到了医院，但是没过多久，爸爸就不行了。都怨我，要是我不要苹果的话，爸爸也不会出事的。”小琳幽幽地说。

“爸爸离开之后，我们的日子更难过了，我们家在村里有个小卖部，但是我妈耳朵不好，算帐也算不清楚，后来就转让给亲戚了。妈妈就给盖房子的人做小工，挣点辛苦钱。一个残疾的女人带着两个孩子挺不容易的。我外婆看不下去了，说我给你带大的吧，就把我接到了外婆家住。外婆家住镇上，比农村的条件要好多了。我在镇上继续读书，我很少回家里，只有到春节的时候才会去下。现在想起来，都不知道妈妈是怎么过来的，和妹妹守着一个快要倒的房子，黑咕隆冬地太可怕了，耳朵有聋，要是有什么危险也听不到，唉，为什么我家遭这么样的不幸呢？”

“我虽然在外婆家住，但外婆更喜欢自己的孙子，也就是舅舅家的孩子，洗澡的时候本来是排队的，有一次明明是我排在前面，表弟

要先洗，外婆就让我后洗，我很气愤。吃东西的时候也似乎这样，外婆总是把好的东西分给表弟，我感到很不公平。有一次上街赶集，我故意走丢，看他们找我。找到我之后，外婆家的人把我狠狠地训了一顿，但是我心里很高兴。我那时候就有了嫉妒的心，不过这事我从来没给别人说过。”小琳说。

“我外婆虽然是个教师，但女孩子读书读成什么样子她并不在意，她希望孙子读书好一些，但是表弟就是没我读的好。我一直在外婆家住着，都不想回家了。我也不喜欢妈妈，我上大学的时候妈妈从来没给我打过一个电话，所以每当我听到别的同学家里打来电话的时候，我心里就很难受，也很妒忌他们。在我专科要毕业的那年的春节我没回家，我在外地实习，外婆打电话问我春节回不回来，也没问我工作找的怎么样。我很感激我的外婆是她收留了我，供我读书，我才走到了今天。要是在乡下的话不敢想我今天会是什么样子。但是我总感觉她偏心。”小琳平静地说。

“妈妈带着妹妹也不容易，后来嫁了人。那户人家孩子已经结婚了，还有一个女儿。每当春节的时候我就很纠结，我想在外婆家过年，但是外婆不让，她说春节一定要回自己家。你是知道的，到那样的一个家庭，我感到很别扭。我妈又是那种很怯懦的人，我妈呆在那里很难受。有一年春节，我到那边因为一件小事和继父吵了一架，继父人还算可以，没多说什么，我外婆知道了很生气，劝我说，你吵一架走了，让你妈在那边怎么生活呢？我想想也是，很生气，但是没办法。所以，现在过年我都不知道该怎么办，回也不是不回也不是。你说，我不努力读书行吗？没有谁可以帮得了我的，我只能自己靠自己。要是读研了，我就可以离开这个地方了。但是，我现在又看不下去书，真着急啊。”小琳痛苦地说。

自我感知的世界

“今年暑假，我找了份家教，我教的这个男生读初中，他姐和我同岁在国外读书。他家装修的很豪华，很有钱的那种，但就是不爱学习。我问他你感到幸福吗？他摇摇头，说不幸福，感到很没意思。

天啊，真是生在福中不知福啊，我要是生在这样的环境就好了，但我知道这是不可能的。他姐学习也不怎么样，但是人家现在在国外。世界为什么这么不公平啊！我过的是什么样的生活，人家过的又是什么样的生活。”小琳感慨地说着。

她随身携带着水壶，说一会就要喝水，她说她的嗓子发炎，医生说不能说太多的话。“虽然我年龄还小但是这些事已经让我沧桑了，这么大的人谁经历过这么多事？我想走得远远的，离开这个地方，到外面去发展。我需要考上研究生。”

我问她人际关系怎么样，她苦笑了一下，说：“不怎么样，不瞒你说，我几乎没有朋友，走路吃饭都是独来独往。我和他们在一起也不知道说什么，但是我做工作从来不落后的。”

“你谈过男朋友吗？”我问。

“没，还没有．有些对我表示好感的人我看不上，什么货色啊，以前谈过恋爱的我一概不和他们谈。别人不要的扔给我？我要找一个从来没有谈过恋爱的人，那样才是纯洁的。”小琳说。

我没有对小琳的观点表示不同的看法，我理解在一个很少和人交流，又没有谈过恋爱的女孩心里，纯洁是她最看重的，她需要得到别人的尊重，也需要自己尊重自己。她经历了，自然就会有自己的新的看法。

小琳讲过这些之后，感觉心理轻松了好多。再次梳理自己的经历中，她感到了自己的嫉妒心是如此之强烈，她也感到要自己改恐怕很难，只是注意到罢了。以小琳目前的状态，首先是要做好失败的准备，要么找一份工作，要么卷土重来，这样在遇到挫折的时候才不会有更大的心理落差。有了这样的心态，再努力去拼搏，可以去掉那些后顾之忧。小琳因为后来学习紧张，没有进一步来咨询，考试完之后也没有再和我联系，但愿她能找到一份如意的工作，给自己创造一个更美好的未来。

案例分析

小琳在工作和读研的两难选择当中难以取舍，她的动力来源于她的不懈追求，不惜追求的背后不是崇高的理想，而是对于现实的不满，因为只有发展好自己才能摆脱目前的困境。但是小琳还想摆脱一些东西，她不想承认那些，不接纳那些，她认为要是没有那些东西她的人生才可以更好。她想离开她厌烦的这个家，躲得远远的以避开这些沉重的压力。

小琳在巨大的压力下，想通过考研摆脱目前的困境，给自己一个更好的出路。她缺少父母的关爱，对自己的母亲又恨又怜，但是又无能为力。在外婆家寄居的生活，虽然比在自己家对她的成长和发展要好很多，但是正因为这样更敏感地感到了外婆的偏爱，她希望外婆也能像爱孙子一样爱她，甚至更爱她。故意走失让外婆去找就是这一心理的明证。对于同学接到家里打来的电话都会让她很伤心，因为妈妈从未打过电话给她，看到做家教时那位学生家里的情况，更加感到社会的不公平。因为全身心地投入学习当中，她对身边的人和事关注的少了一些，也因为复杂的嫉妒心理，她的人际关系并不怎么好，这也使她感到有些孤独，是一个人的奋战，一直向前，再向前！不知道何时是一个尽头。她太累了，却没有人能够为她分担，给她安慰。

找回我的美丽

清脆的电话铃声响过，我拿过话筒，听到那边传来一个焦灼的女性的声音，“你好！我想预约心理咨询师。”我问她遇到了什么样的困扰，她说她女儿为了减肥，整天不吃饭，人都瘦得不成样子了，谁劝都没用，要是再这样下去的话，后果不堪设想啊。我问她女儿多大了，她说32岁。我和这位母亲约定了咨询时间。

回到从前的我

在约定的时间，满脸着急的母亲扶着女儿来到了咨询室，填完相关表格之后，我向这位母亲了解女儿的基本情况。母亲带过来的女孩叫王毓，结婚到现在已经有6年了，丈夫在一所公司上班，去年丈夫外出跑生意，路上遭遇了车祸，被夺去了生命，留下妻子王毓和一个刚刚三岁的女儿。王毓还年轻，希望能够再找一位爱自己的男朋友重新组成家庭，朋友给她介绍了几个，她喜欢上了其中的一个，感觉很好，但是对方不喜欢自己，王毓感到很不开心，左想右想，想不通，自己年轻的时候追自己的男孩子一大把，现在人家不喜欢自己，是不是自己变胖了呢。有了这种想法之后，她开始有意识地节食，开始的时候饭量少了，但是还在容忍的范围之内，可是到后来，越来越少了，父母都看不下去了。她整个人也发生了大变化，不多说话，挖空心思减肥。父母知道她心里不高兴，有什么都依从着她，不愿意惹她不开心。可是到后来，父母不得不指出这样做的危害，她索性也不想和父母多说话了，就这样一个人发呆，孩子也得父母帮她带。

我看着瘦削的王毓，真是到了弱不禁风的地步，满脸倦容，颧骨显得很高，眼睛也深陷下去。这就是想追求的瘦下来的爱美的形象吗？我给王毓倒了一杯茶，氤氲的香气弥漫在温馨的小屋里，静静地，我等待着她开口。品茶，沉默，品茶，她终于打破了沉默。"我只是想回到从前的我，我感觉自己这几年不注重形象了，特别是太肥了，我想减下来。丈夫没走之前没有注意到，不把这当回事，走了之后我想成个家，再去选择的时候，我才发现自己竟然到了这样的地步，我没结婚之前哪是这样子啊，我要找回我的美丽。"王毓喘着气说了这么多。

"都怨那死鬼，把我害成了这个样子，他走了，扔下我们两个人，我们可怎么生活啊！我总不能一直住在父母家里吧，虽然他们不嫌弃，但是我觉得这不是常事。亲戚朋友也给我介绍了几个，看来看去没几个合适的，真的见了一个动心的，人家不喜欢我。我想一定是嫌我胖，我以前的身材多好，我这几年太不注意了。"王毓觉得是身材使得对方不理她。

"能介绍一下你现在的饮食情况吗？"我问道。

"我喝点牛奶，吃些水果，基本不吃肉，主食吃一点米饭。我每餐要计算摄入的卡路里，绝对不能超过，否则的话，我就要把吃多的东西吐出来。你看效果还是有的，我还得严格执行。"我看着她伸出了瘦骨嶙峋的胳膊。

"我年轻的时候，穿什么衣服都好看，结婚后没多长时间，过去的衣服竟然穿不上了，悲哀啊。和他在一起，没想过怎么样打扮自己，他也不在乎，就这样一晃过了 5、6 年，竟然走形得不成样子了。现在我上网专看怎么样减肥的那些信息，花钱的我不做，我觉得节食减肥效果就很明显。只是最近老是睡不好，睡不踏实，经常做梦，梦里也是关于减肥的事情，不怕你笑话，还梦到过一个男的觉得我的身材很好，对我表示好感的，当时好很开心。不过我想再瘦一些，会更好。"王毓沉浸在美好的梦境当中。

王毓在父母家里也不做什么事，上上网，翻看一下自己过去的照片，女儿也不愿意多照顾，她想让自己的体重达到理想的状态的时候，再见一见那次的那个男的。每天都爱在镜子面前晃来晃去，看镜中自己的模样。父母逼着她吃东西的时候她就生气，把自己关在屋里不理他们。父母也是烦透了，不知道做什么饭才好，挖空心思做了一桌菜，没动几下就不吃了，一家人都很不开心。父母两个也开始吵闹了，感觉家里乱极了。

我的足迹

王毓的父母都是工人，平常对王毓的要求比较严格，父母希望她将来能有出息，不要干那么粗重的活，像他们一样受罪。王毓很听父母的话，在学校也很努力，但是不知道什么原因，成绩却没有大的起色，是一个很守规矩的好学生，老师很喜欢，有什么需要从家里带卫生用具、组织歌咏比赛的事都愿意交给她去办，她总是很尽责地完成。王毓的妈妈年轻的时候长的也很漂亮，经常拿出自己过去的照片给她看，王毓能够想到妈妈年轻时候的样子。

在看到王毓的成绩不是那么优秀之后，他们就给王毓找了一个家教，王毓的成绩逐渐有了进步，全家人都很高兴。父母希望孩子考个重点初中，这样以后读好高中就没有问题了。父母的想法很好，王毓也很努力，日子像流水一样哗哗哗地过去了。王毓顺利升入高中，在高中她的心开始不安起来，因为她有了自己爱慕的男生。有一天预备铃响过准备上晚自习的时候，她看到自己的文具盒里多了一张折叠好的纸，她好奇地打开看，刚看了几个字，她的心就跳了起来，那样的称呼她还是第一次看到，她赶紧把信收好放到了口袋里，她怕别的同学看见。整个晚自习心一直在跳，下自习后，她找了一个没人的地方才把信看完，原来正是自己爱慕的那个男生写给她的，她又惊又怕，又喜又爱。那几天，她上课、睡觉都在想这件事情，心神不宁，但又怕被别人发现。要是班主任和学校知道了，是要点名批评的，那是多丢人的事情啊。王毓就这样开始了自己的初恋，两个人相处了一年多，直到有人风言风语地传起来，一直传到班主任的耳朵里，班主任像侦探一样找王毓谈话，旁敲侧击，左比右画，苦口婆心，软硬兼施，王毓才认识到了事情的危害，想到父母对自己的殷切希望，决定断绝和这位男生的来往。说到做到，以后王毓再也不理这位男生了，一直到高考。

王毓恋爱的事情虽然不希望家长知道，但是班主任还是和家长沟通过了，希望家长多注意一下女儿的举动，以免影响学业。父母装作不知道，察言观色，开始注意女儿的一举一动。同时在全家一起吃饭的时候，渗透理想教育，说只有考上好大学才会有更好的出路。王毓听的多了，很烦，但是又不愿意正面顶撞父母，随口嗯嗯啊啊的。父母也不管她听不听进去，有机会就说。有时候父母也问一下和同学的关系处的怎么样，王毓不耐烦地说很好啊。他们很想和王毓交流，无奈王毓感觉和他们没什么好说的。父母只能通过蛛丝马迹来推断女儿的状况，有时候给班主任打电话了解一下情况，班主任的回馈说孩子的心大部分是放到学习上了，他们才放下心来。王毓也明白自己的家庭背景，不读书似乎没有更好的出路，决心要下功夫努力学好。以后的日子，她全身心投入到学习当中，成绩有了提升。父母也把心思花在女儿身上，举全家之力备战高考。功夫不负有心人，王毓终于考上了本省的一所重点大学，全家人高兴极了。

大学的四年，王毓过的总体来说比较轻松，她没有更进一步想考研的想法，她觉得读完大学找份合适的工作就可以了。像大家一样上课，参加社团活动，一起玩乐，她感到这样的生活很好。大二的时候，她遇到了自己的心上人，两个人又进行了一场平淡而又充满生活气息的恋爱，最后因为男生的变心而分手了。她消沉了好长一段时间，最后想通了，是你的就是你的，不是你的争到手里还是会跑掉。时间滴答滴答一直走到了毕业，她到了本市的一家外贸公司上班。

面对现实

王毓在公司遇到了一位男性，很优秀，两个人很合得来。带到家里给父母见了，父母也很满意。他们就步入了婚姻的殿堂，婚后两个人十分恩爱日子很温馨也很幸福，怀孕之后就没有再去上班，一直到现在。她想都没想自己会碰上这样的厄运，飞来的横祸让她一下子陷入了恐惧当中。当丈夫离去的痛苦渐渐消退，她想重新开始自己的生活了，毕竟以后的路还很长。

我从网上搜索了几张减肥前后的明星的照片给她看，请她指出什么样的结果才是她能够接受的，然后再查找相关的数据，人家的身高、体重等的，让她明白减到什么样的程度才不会影响到健康而又变得身材好看一些。同时倾听她的想法，尊重和接纳她整个人，王毓感到找到了能够和她共同探讨减肥带来的这一系列烦心事的人了。我把她目前的样子拍下来和婚前她的样子相比较，她发现，怎么现在自己如此的憔悴，很可怜的样子，她看着看着哭了。我让她尽情地哭了个够，她感到轻松了一些，我说是不是先要让自己变得有精神起来呢，然后再考虑怎么样让身材变得更好一些。我和她共同制定了一个增加饮食的计划，让她严格按照计划配合治疗，母亲也作为监督者。

随着王毓饮食量的增加，我可以和她探讨，怎么样看待形体美的问题了。从正面向她提供一些相关信息，如健康是人最最重要的东西，只有身体健康、有活力的人才能算美、形体美的标准、年龄与标准身高体重的关系、身体所需能量和食量的关系问题等。让她测定自己的体重，然后通过与其认为美的人相比较，使自己意识到自己离标准体重还差很远。王毓的治疗进展的还算顺利，在进行了一个半月之后，我和王毓商量是否可以增加一些运动，通过散步等轻度活动或娱乐活动，以转移她对身体的过度关注，王毓同意这样做。随着饮食和活动的增多，王毓的精神有了比较明显的变化。

这时，我们又探讨了怎么样才可以真正让自己的形体美起来，是通过节食呢还是有其他更好的途径。我也咨询了一些美体训练班的朋友，显然通过形体训练和科学合理的饮食技能锻炼美好的身材还可以增进自己的健康。我们一起比较、商量什么样的方法更好，王毓感到在健康的前提下，通过锻炼或许是最好的办法。王毓的过度节食终于要终止了，她妈妈很高兴。她不用再为女儿的吃饭发愁了。

但是我知道，还需要和王毓交流一下，她对那位男士不愿追她的判断。一个人爱另一个人是很复杂的事情，也许是考虑到性格的问题，或许是考虑到家庭背景，或许是考虑到她带的女儿，也有可能是因为身材或相貌的等等，但这些都不是最关键的，最关键是愿意接纳她的这些现实的东西，爱她这个人，否则的话，即使现在两个人在一起，有这些不能接受的方面，迟早还是会出问题的。王毓感到自己当初的推断太过于简单了，一厢情愿的爱也许并不会长久。她想好好整顿一下自己的心情再出发，经历过这么长时间的为美而战，她觉得要好好休整一下。

我很欣慰，王毓终于回归到了自然的美丽，能够从容地开启自己新的生活了。

案例分析

王毓因为中意的男性对自己没有好感，而想到是否是因为身材发胖的原因，强烈地追求瘦下来而导致过度节食，属于神经性厌食症。是一种常见于青少年女性的典型的身心综合征，症状表现兼具生理和心理方面，生理异常主要表现为极度消瘦，限制或拒绝进食，心理上则表现为对肥胖的极度恐惧，情绪抑郁，行为退缩，人际交往减少等。对怕胖而节食的来访者，应采取改变其对自身体形的错误认识，并由此而改变节食行为，达到治疗目的。当然，也有其他的治疗方法，比如家庭治疗等。王毓看到别人减肥前后体重的变化及健康程度，心里对自己的减肥情况有了一个新认识，在和自己以前的照片进行比较之后心理受到很大震动，认识到了这样的做法对自己的不利之处。在保证饮食量逐渐增加的前提下，开始和她探讨更好的美体方法。王毓精神的恢复和状态的改变对于增加运动量的建议比较容易接受，她最终选择了科学合理的美体训练。在此基础上又进一步和她对于爱情的相关问题进行了交流，解开了她身材肥胖的心结。

人生意趣何在

有一次在一个公园里，我看到一棵树匍匐在岩石壁上，撑起一片绿荫，我奇怪在岩山上怎么会长这么大的树。就想找到它的根部，循着枝干一直往下，看到树干在经过青石铺成的台阶时靠着里面像一根绳子一样轻轻地穿了过去，然后拐了个直角继续往下扎根在台阶旁边的石缝里。我肃然起敬，感叹生命的活力和执着。落在岩石上的种子掉在石缝里在雨水的浸泡下，春天能够透出绿芽，努力伸展着去亲吻阳光，年复一年，日复一日，最终成为一颗倔强的树，用遒劲苍凉的枝干展示它顽强的生命力，这不是对我们人类生命的美好昭示吗？

是的，我们远复杂于普通的动物更别说植物了，在人生的悲欢离合、喜怒哀乐中，有时我们会迷失方向，找不到前行的路，会忘记了那棵生命之树的存在。

如影随形的倒霉事

前来咨询的女孩子叫小莲，大一的学生，来到学校已经半年多了。她想咨询的主要问题是和同学关系不好，感觉到人生没有意义。她说她感到自己年龄大，和宿舍的同学在一起没什么可说的，他们都还是小孩子。我询问了她的年龄，她比一般同学大3岁。她说她高考考了四次，才来到这里的。她不知道和同学们聊什么好，她关心的问题同学们不太关心，同学们关心的话题她觉得没意思。半年多来，她感到很孤单，一直在想到底要不要读下去了。

小莲说话的时候盯着我看，显得很自信的样子。“能告诉我你经常想什么吗？”我问道。“我在想，读书到底有什么用，我费了九牛二虎之力，考到了这里，没感到学这些东西有用。帮不了家里任何忙，反而还要花很多钱。父母每天辛苦赚钱，我在这里心里很空洞。读高中的时候，我和妹妹都可以上，但是家里实在太穷了，拿不出那么多钱，就让我们其中的一个人上。妹妹很懂事，她说自己要去打工，把机会留给了我，现在她还在外地打工。”小莲说道。

“我第一年高考，考的很不好，但我很想上大学，就想再复读一年，家里也同意了。那一年我自己也很努力，上课认真听讲，做了很多练习题，原来几个老师也说我发生了很大变化，但是考的时候还是差了一大截，我不想读了，想去打工去。但是，学校老师打电话给我，说再来读一年吧，学费什么的全免，考好了还有奖学金，我想再读一年也可以，不就是多花了点时间吗？就又读，可能是读的油了吧，成绩并没有明显的提高，我也渐渐地感到学习好不好和复读的多与少好像没多大关系，要学好第一年就学好了，再多的重复会产生懈怠的，那一年我就比较懒了，高考还是没得到理想的水平。我决心不读了，到县城的一个超市打工去了，我妹妹也在那里打工。我们两个人呢，脾气不和，有时因为一点小事就大吵大闹，有一次竟然在超市吵起来了，老板把我们狠狠地训了一顿，我就想，还是分开好，就问我一个在县城里的表哥怎么办，表哥很热心，给我讲了要么打工挣钱，要么继续读书，多学点知识，他倾向于后者。我说我都没脸在我们学校读了，表哥说我给你再找个学校吧。后来表哥让我到另外一个学校去复读了，我就住在了表哥家。表哥家人对我很好，我带着压力带着疑惑又拼搏了一年，就考到了现在的学校。”小莲简要地叙述了她复读的情况。

“在等待录取期间，我就在县城的一家餐馆打工，晚上就和妹妹住在一起。我想赚点钱，到时候可以交学费。拿到通知书的时候，我很高兴，不论怎么样吧，总算有了结果，给爸爸妈妈也有了个交代，也对得起妹妹了。我找到妹妹，我们在一起分享着被录取之后的快乐！妹妹也很高兴，说我以后就不用像她这么受罪了。妹妹把她攒的钱和我这段时间挣的钱合在了一起，凑够了学费。那时候我好感动，我知道我这书读的太不容易了。开学的时间到了，要去报到了，我和妹妹告别，挎了个小包，钱全放在里面，还拉了一个大行李箱。不知怎么的，也没多想，就把小包放在行李箱上，手攥着背带，拉着往车站走。走到一座桥那里的时候，我感觉到不对劲，好像少了什么东西，回头一看行李箱上的小包不见了，不知道什么时候包不见了，我一下就懵了。我赶紧回头找，见人就问看到一个小包包没有，问了好多人，但是找不到。那刻，我都不知道我怎么过马路的，我想我不活了，就拉着箱子走到了河边，看着缓缓流淌的河水真想跳下去。这时候我又想到了表哥，我给他说了一声，他说你等着，很快就赶了过来。看到了我站在河边，他说不怕，什么大事啊，至于吗，钱是人挣的，把我带回了他家。又借给了我学费，把我送到了车站。我现在都不去河边的，因为去的话我就有一种跳下去的冲动。"小莲几乎要哭出来了。

和父母的关系

"我爸妈不在一起打工，有一年放暑假的时候我去我妈那里住，我想帮她做点事，那个老板看我还是个学生，就不让我动手，给我找了很多书看。妈妈在外也很辛苦的，每天很早就起床，中午匆匆忙忙吃过饭就又去上班，晚上回来之后才有一点时间，但已经很累了。我就在家里做一下饭。她很爱唠叨，脾气也不好，见了我就说这说那，我很烦。有一次，我都记不起为什么了，我们吵架了，吵得很凶，我就哭着跑到了河边，准备跳下去。我妈把我拉回来，第二天我就回家了。你说这人吧，在一起吵，不在一起了又想她。读高中期间我爸我都见的很少，除了春节我们家人在一起聚聚，其他时间就是电话联系，其实只要是没有什么事情，电话也打的很少的。"小莲说。

在读高中的那几年，特别是复读的时候她很少回家，前两年住校，第三年在表哥家住。"老家还有奶奶在，平时我们也很少回去。妹妹还在县城打工，有时候和妹妹打个电话。我们两个分开了就好了，见了面没几天就又会吵的。妹妹现在还给我一些钱花，我很想自己赚点钱，不想让她那么辛苦。也奇怪，我们家好几个人都在挣钱，怎么就没钱呢?"小莲带着疑惑问道。

最欢喜的时候是春节，几乎一年未谋面的一家人聚到了一起，把不开心的事情暂时放在了一边，大家在一起热热闹闹。小莲对这样的日子充满了期待，父母希望她读书能够读出些名堂，不要像他们一样受罪。这个时候小莲总是暗暗发誓，一定要努力考个好学校，对得起自己的父母。父母告诉小莲，当他们在外面受罪的时候，想到自己的女儿还在考大学，心里就充满了希望，就有力气坚持下去，再苦再累也感觉到值得。

小莲妹妹不上学已经好多年了，两个人在一起叽叽喳喳，但是过不了多久就会吵架。别的姐妹是好久不见，见了面感到很亲切，他们俩倒好，话不投机一通争吵，谁也不理谁。过了一阵子，小莲会想自己欠妹妹的很多，就主动找妹妹说话，两个人就又和好如初。妹妹相信姐姐会读出名堂的，因为姐姐有不服输的精神，能吃得了苦，同时也是块读书的料，不像自己，身在曹营心在汉的，老师还在讲台上讲课，自己的心早跑到河边看风景去了。妹妹感到学习一点都不好，太枯燥了，她常说“谁要是能喜欢上学习，那简直是件不可思议的事情”。她感觉姐姐读书也很苦的，她能做自己不愿意做的事情，自己活该就是这样的命。

奶奶其实也是管不了他们那么多的，能吃饱肚子就是最大的关心，其他的她也没感觉到怎么样。平常放假回家也没什么意思，索性她就不回去，每月有父母寄过来的生活费，自己安排好自己就行了。在学校这个封闭的环境中，她生活得还算是安逸，只要是不生病，能够活蹦乱蹦地跑啊跳啊，就会有快乐。唯一让她感到伤心的是听到别的同学的父母打来电话的时候，她感到自己被遗忘了，这个时候，她就自己安慰自己，猜想父母肯定是忙得不可开交，有空的时候他们会关心自己的。我们在父母絮叨的时候感觉到他们很烦，但是当没有这样的声音的时候，我们又感到少了些什么，感到了那絮叨的珍贵。

小莲一家人离多聚少，都在为了生活而四处奔波，没有更多时间认真地倾听和感受对方的需要，是的，在生存都还是问题的时候，精神的东西又在哪里呢？他们彼此还在牵挂着对方，那是一份亲情。在沉重的生活压力下，他们遇到不开心的事情和与自己意见相左的看法就会发火，这是他们应对压力的方式。尤其是父亲，在他遇到烦心事的时候最好不要去招惹他，否则的话他会暴跳如雷的，小莲看到父亲不高兴的时候，心里很害怕，担心惹到他。小莲还记得自己上初中的时候，那时耕地用的是牛，因为没有下雨，地比较干，铁犁铧翻不出土来，父亲着急耕地，生气地把赶牛的鞭子打在了自己身上。尽管如此，父母还是把所有的心思放在了家庭上和孩子身上，希望孩子们有朝一日能出人头地。

初出茅庐被骗

小莲来到大学之后，感觉就不是很好，总觉得学不到什么东西，大学并非想自己所想的那样。她感到是在虚度时光，一直在想，出去打工吧，不甘心，花了九牛二虎之力好不容易考上了，怎可轻易放弃；在这里继续读吧，感觉和周围的其他同学还是缺乏沟通的，关键是尸位素餐，对不起那些个学费。她很矛盾，不知道该如何选择。

正好那时，外面有两个年轻女孩子上门推销物品，说是有一些小饰品很畅销的，也很适合学生来做。那个推销人员看到小莲有心做事，就告诉她卖不完的话还可以退货，今天不想把手中的货再带回去了，“你看要是做的话，我们的货就放你们这里，你们给个成本钱就行。”小莲问宿舍的同学有谁愿意做，其中有个女生也想试一下，小莲希望自己和那个女生一起把货要下来，当要付款的时候，那个女生犹豫了一下，最终还是放弃了。小莲感到和人家说了老半天，况且这些东西看起来也比较漂亮，就要了下来，给了那两个推销人员500元钱。第二天，拿着这些货到宿舍去卖，很多同学都说价格高，大家在2元店或9元店这样的店铺就可以买到的，小莲才感觉到上了当，联系那两个推销人员的手机已经打不通了。

小莲说自己就这样又上了一回当，现在见到宿舍的那个同学也不想理她，本来说好一起要的，后来只是她付了钱，她不要也不阻止自己一下，最后让自己一个人赔了进去。想到这些自己就很郁闷，感到做什么都不顺利！甚至有一死了之的念头。

小莲有很矛盾的心态，“自己在求学路上经历了很多波折，学习的目标就是考上大学，但是真正考上大学之后，却不知道该做些什么。感到自己见的世面比较多，相对比较成熟些，就想投资一些小东西赚点钱，但是没想到撞到了陷阱里面。上当之后，想下自己做的事才感到有多后悔，忍不住地抱怨想和自己一起做的那个女孩子，原先是人家说做不做了，后来是人家不做怎么不阻止她做，结果只让自己一个人倒霉。”

其实，小莲虽然经历了一些事情，算是阅历较多的人，但是她思考和做事还很不成熟，还有很重的学生气，个人财务和安全问题有时都没有过多考虑，更不要说生意了。她个人感觉自己成熟多了，经历当然是一笔财富，但更重要的是要有智慧，要了解社会的复杂性和应对策略。这个过程是一个不断学习的过程，是一辈子的事情。

她很想找些事情做一下，最好是能赚钱的，就选择了推销商品，付款的时候感觉挺自豪的，自己可以赚钱了，没想过会被骗。她感到深深的痛恨，又想到了以前自己丢钱的事情，感到活着不顺利的事情太多了，没有什么意思。“有时就想死了算了，但是想到自己死了之后，银行卡上还有钱，不知道会被谁拿走，就想把上面的钱都给了妹妹或者父母再走才是明智的。要不然的话，不知道会便宜了谁，也许是宿舍的某个人就拿走了，那多亏啊。”小莲说。

似乎小莲说的这个理由挺可笑，但是确实是真的，当一个人或者一个家庭生存的问题还没有解决的时候，钱就是最好的东西，可以带来安全感，只有有了钱心才会安稳。一个为上大学复读了三年而又家境困难的学生，你说她会想什么呢？

爱的暂时归宿

很传奇的事情是，上次那个想做的生意虽然没有赚到钱，但是在推销小饰品的过程中结识了一位男生，他帮她想了好多主意，算是把损失降到了最低限度，她很感激他。两个人接触的多了，后来小莲发现和他在一起感到很开心，就谈起了朋友。尽管宿舍的同学和自己交流的还不是很多，她现在感到很幸福，上课、吃饭和玩耍都和男朋友在一起。

小莲还是有不顺心的时候，但是有一个人愿意听自己讲述这些事情，感到轻松些了。似乎原先的不满意少了，可能是恋爱成为生活的重心的缘故吧。但是我知道，小莲在家庭关系中形成的交往模式在和男朋友相处的过程中肯定会表现出来，那样的交往模式男朋友能否接受呢？小莲还需要注意自己的应对方式，采用直面问题和寻求帮助的积极解决方式，而不是回避。

小莲自己感到生活很开心，没有必要进一步咨询了。我尊重小莲的选择，也希望她能够通过爱的滋润得到更进一步的成长，感受到生活的幸福。

案例分析

小莲的人际关系不好，一方面是她年龄大，关注的内容和大家不一样；另一个是她坎坷的经历，比其他多同学更懂得人情世故，经历不同遭遇不同，心境就很不一样。她自我感觉到比别人成熟，实际上那正是一个过渡，还有很多青涩。她的家庭关系存在一些问题，成员之间缺乏沟通，不能够认真倾听其他人的意见，在不符合自己预期的情况下有些成员情绪失控，大吵大闹。小莲和妹妹、妈妈之间正是这样的，这也形成了她们表达爱的一种习惯。小莲对于生命的感悟少了温情多了坎坷和炎凉，在遇到困难的时候油然而生的是生活的苦涩和了无意趣。但是她是有牵挂的，她对于钱是敏感的，那就是她担心自己在做傻事后银行卡内的钱会被不相关的人占有，她得妥善处理了这笔钱她才会采取行动。后来，小莲恋爱了，恋爱是件好事，可以给她很多积极的情绪体验，感受到人生的美好，但我们更担心万一恋爱失败，她能否承受得起这样的挫折。小莲来了几次之后就不再来了，她感觉自己的状态很好，但愿吧！但我们一直在关注！

沙盘游戏的世界

每一个人都有属于自己的心灵世界，在这个隐秘的世界里有自己喜欢的，也有自己不喜欢的，但是不管怎样这都是我们不可分割的一部分，我们只有尝试着来认识、了解、接纳这一部分，我们的人格才会更趋协调，才能更好地和看不见的自己融为一体。通过沙盘呈现的世界让我们把自己无意识的内容投射出来，在咨询师的伴随和守候下让来访者去探索，去体验，从而得到新的领悟，治愈心理疾病。一位研究生找到了我，想探索一下自己的内心世界，我们就开始了这段沙游之旅。

第一次：张弛有度

这位研究生叫李煜国，学习古代文学，对于文化的东西非常感兴趣。他一直对于自己想追求的东西感到迷惑，不知道自己真正的需要是什么，很想探究一下自己的内心世界。在一个晴好的天气，他来到了我们的沙盘室。在温馨的小屋内，伴随着白色的沙子，我们开始了这一次旅程。

李煜国先摆的是左边这一部分，代表着过去，希望在自然和悠闲当中追求心灵的宁静，但这里又有桥把自然的宁静和右边城市的喧嚣联系了起来，还有一辆现代化的汽车，更透露出了这片宁静只是一个暂时的休憩场所。左边的这一部分占了大约三分之一的面积，更多的空间留给了充满竞争的城市。他把休闲或者说心灵的宁静放在了第一位。

他想自己可以在那幢高大的建筑物里办公，每天都很忙，但闲下来的时候可以到左边的自然环境里得到很好的放松。这里有嬉

图 1:张弛有度

戏的孩子们和忙碌的成人，警察在维护着这座城市的秩序，汽车和飞机昭示着都市的快节奏生活。下边的小吃馆是城市生活中不可少的一部分。

第二次:打猎回来聚会

今天的他心情比较好，上午朋友打来电话告诉他找到了一份如意的工作，下午和弟弟的老师打了个电话了解弟弟近段来的学习情况，老师反映弟弟课堂注意力和作业都较以前有了很大提高，他很高兴。

他首先拿了猎人和鹰放在了左上角，然后就堆起三座小山，并挖了一条窄窄的小河从山外面流了过去。这时他拿了 6 颗柏树、7 颗松树、9 颗绿草、4 颗小青草营造了一片森林，把一只可爱的小黄狗作为他的猎犬，他觉得它不够凶，但再去挑的时候看到那只戴项圈的凶恶的狼狗红红的眼睛，觉得有点太吓人了，就决定摆这只小黄狗了。森林里应该有丰富的动物，他就摆了黑色的蛇、黄色的小兔、敏感的小鹿，他显然把后两者作为猎物了。他选了两座桥，一是石板桥，第一次沙盘就用过的，二是一个拱桥，看起来优美的那种把河两岸连了起来。他在右上角摆了一所房子，他打算把这里作为他的家，他想打猎回来请客和大家一起分享新鲜的野味，所以就在房前摆了方桌和四把椅子，4 个大人、两个年轻姑娘、两个可爱的小孩，看起来他们都在交谈。他在桌旁摆了一个果篮，里面的水果很丰富，又在右上角摆了一盆花，开得正艳。但似乎还显得有点单调，他就拿了 5 颗小青草、3 颗绿草点缀在了房子、院子周围，这样看起来好多了。他又摆了两只鸡、一只兔在小孩子们那里，又摆了四颗石头在河边，这样更显活泼和生活气息了。他觉得右下角还有点空，就摆了一个亭子，河边摆了有一幢房子，他是觉得需要一个邻居在这里更热闹一些。摆了红色的小车在他的房子旁，绿色的小车在邻居的房子旁。感觉亭子在右下角别扭就把它和邻居的房子换了一下位置，这下整个布局看起来更好了。又调整了一下河边的石头，又加了两把椅子，这次沙盘算是摆好了。

图 2:打猎回来聚会

他取名为“打猎回来聚会”。最喜欢的部分是打猎的那一部分，猎人就是他。

左边休闲的，还有一种控制感；右边让大家享受自己的劳动，分享美味和打猎的精神愉悦。他个人主义的内容偏多，第一次的山水，本次的打猎，都体现了一种个体的自由自在，个人的成就感。猎的是兔和鹿，用的是可爱的猎狗，整个人偏向和善。摆的时候不喜欢摆警车，对于强迫、贪污、受贿等有一种厌恶感，但社会和国家不能没有秩序。

来参加宴会的人多，有大有小，反映了交往的多层次性。石板桥古朴、凝重，有恋旧倾向；水是活力的象征。过去是向往自由，现在是接近现实，将来是现实的生活，物质是丰富的，精神上注重自由、交流的高品质的生活。对于组织、集体的管理，自由和交流居多，秩序和强制较少。

第三次：春华秋实

其实要摆什么他心理并没有底，只是站在玩具前看了又看，当眼睛落到挖掘机和碾路机的时候，心里一闪，嗯，要摆一个面对的、劳作的、行动的场景，于是就把这两件东西摆在了左上角，又摆了一个叉车，看起来正在忙着修一条道路。下一步呢？他看到了草，摆了 4 棵小草，5 颗大草，他想把左下角变成一片菜地，于是摆了三串豆角在大草上，摆了一个冬瓜、一个大个的草莓和一个小点的草莓。他觉得还应该有点什么，就拿了一只在孵蛋的鸟，为了隐蔽一些，他拿了三颗松树把它遮挡了起来。这时就显得右边空落落的。他先选了一个房子，又摆了一个果篮，里面有各色的水果和蔬菜。有房子就要有人啊，他摆了一个黑肤色的小男孩，看起来很壮实健康的。这时要营造的面对现实、用心去做的场景渐渐显露出来。他就拿了一辆私家汽车、一辆警车、一辆救护车、一辆货车朝向沙盘中心摆了，为了突出中心的位置，又摆了一个绕行的标志，所有的车到这里都要转这个圆盘，又在往修路的方向摆了一个禁行的标志。这时他想到了竞争比较激烈的商业，这次去南宁，浓厚的商业气息让他感到了竞争的激烈，所以，他又摆了一个玻璃做的东西，看起来像是一个超市的大门，又在大超市旁边摆了四幢两层的小商铺，又摆了四个大人，一个准备进商场，一个刚出来，两个在家门前议论什么。他看四个小商铺在一起太挤，就把两个挪到了靠房子和菜地的这一边，这样房子旁边也有了一点商业的气息。在选人物的时候，他看到了拿铁锹的工人，把他摆在挖掘机的地方很合适。环顾整个场景感到，商场这边少了一点绿色，就拿了5颗青草摆在了商场和房子旁边。至此，今天的沙盘算是摆完了。他取名为“春华秋实”。他最欣赏的地方是菜地那片，在那里有生机有劳作有丰收，很充实。

图3:春华秋实

经过不断的反思尤其是联系到精神分析发展阶段的理论，他意识到他的喜欢幻想、过多通过想象盲目建立自信的做法其实是一种固着，表明自己其实是在人生的某个阶段没有发展好，还固着在那一点上，即通过幻想而不是实际行动的方式来达成自己的理想，可能是在那个阶段自己的行动受挫或自己的力量不能够完成当时的任务，而又没有认识到自己和任务的不匹配或自己方法及能力的问题，结果就不敢再通过行动去达成目标，而改用小孩子通常运用的幻想去达成，在以后的生活当中一直没有突破这一应对模式，就固化了下来。如今他自己慢慢意识到了这一点，并且较多关注和思考，面对现实，努力去做带来的结果和通过幻想所形成的结果的不同，结合精神分析的理论发现了这一不足之处。前两次的沙盘，其实也是理想化的成分多一点，想让自己生活在一个理想的世界当中，而这一次，他开始摆“面对、行动、改变”的场景。这也是通过生活中的一些事件感觉到的，比如考研、考四级、考咨询师、借钱、找工作、课堂发言、学车、干事业等等，当你去用心准备，并且抓住要解决的问题的关键的时候，只要你具有平常的资质，你就可以成功。

中间空的场地很大，说明内心世界很丰富，还没有明确要通过什么样的途径来达成人生的较为理想的目标。联系前两次沙盘，他发现，倾向于把自然和社会结合起来，没有绿色，世界会让自己感到不舒服，喜欢和谐的关系。摆放的场景当中总有大人小孩，不同的人生阶段带给自己不同的感觉，能够多侧面地感受人生。

同时，简单的摆放不一定就是简单的内容，复杂的摆放不一定就有复杂的内容，要看是否是有机的结合、表达。读懂理解但不言明，心有灵犀、禅悟的那种境界最能使人成长，因为那是自己探索的结果，是一种真正的成熟，自己有力量来应对各种各样的生活。

第四次：人与自然

至于要摆什么心理没谱，站在玩具前看了又看，这时他想到了那会儿看的老虎、狮子、狼狗等动物，他想这次摆一个森林里动物的有力量的场景吧。有了这个念头之后，他就快步走到沙箱旁，挖出了一条蜿蜒的河，并把挖出来的沙堆成了两个小岛、两座小山和一个土丘。他想在连绵的山上种一些树和草，并安放一些比较凶猛的动物在森林里，这样彰显自然的力量，以及他对于自然的驾驭和和谐相处的能力。这样他就摆了 13 棵松树、8 棵柏树、10 棵绿草、10 棵青草，荒芜的沙地看起来有了生机。为了把岛和陆地联系起来，他又在岛和岛、岛和陆地之间用两座桥、三处自然的在河中的石头连接起来，这样整个场景就成了一个整体。左上、左下、右上都长满了树，右下应该有一点人居的气息了，接下来他摆了两座大房子、四座小房子在右下部和下部。为了让河里更有生机，他安放了水里的生物，6 条鱼，2 只虾，为了让房子周围更有生活气息，又摆了 2 只公鸡，为了让森林里更有生机，他安置了 1 只蟑螂、2 只鹿、2 只蝴蝶、1 只苍鹰，这下这片场景好像活跃起来了。他接下来摆了一张石桌，拿了三颗亮晶晶的宝石作为凳子放在了桌旁，这样居住区旁就有了一个休闲的一隅。他看看画面，又放入河中一只龟、一只蟹但这两个小东西显然爬到了沙滩上在透气，他感到生活区旁有条可爱的小狗显然更好，就放了那条可爱的小狗，又在那个大岛上摆了一只可爱的兔子。又摆在房子旁边两辆拖拉机，可以更好地耕作，摆放了一串葡萄和一块西瓜在石桌上，迎接将要到来的朋友。交通工具一是桥旁的气垫船，一是那辆汽车，这样和外界沟通会更方便的。一个背着书包上学的孩子正笑着走过房子，一个人在小岛上，一个人在大岛上，一个人在车旁，有了人这片场景就有了活力。总觉得岛上缺少些什么，摆了一个亭子在小岛上，这下大岛又显得不够丰富了，又放上去一座塔，这下好多了。这时，环顾整个场景，看不出究竟要表达什么意思，好像和第二次摆的很相似。那么这次原先打算摆什么来着，哦，力量。让那些凶猛的动物来啊，小狮子、虎、豹、老鼠、蛇，他把狼狗对准了那条凶恶的蛇，这样岛屿和居住区就安全多了。他又拿了 1 只鸭和 1 只鹅放在了河边，它们准备下水呢。基本好了，看了看觉得那石桌妨碍过车，就把它挪到了河边，这下车道就宽了。他感到比较满意了，但拍完照之后，他怎么觉得大房子前空落落的，没有生机，于是就种了 3 棵草，摆了一条石凳，放了两颗红心在上面，如此一来有生机多了。这次命名为“人与自然”。他最欣赏的地方是两个小岛。其中自己就像是车，他一直在沟通着内外，但常停憩在这个地方。

他想到了力量，一改以往只摆较为温顺的小动物，摆了狮子、豹、虎、蟒蛇等大的凶猛的，并派上次打猎时犹豫了一下没摆的狼狗去帮他们守卫安全。这个社会不只是柔弱的一厢情愿的和谐，还有许多很大的甚至很恶的力量，这要他们有实力、有胆量、有能力智慧地去管理和控制，而不是视而不见，或有意逃避。他最欣赏的地方是两个小岛，既独立而又能与外界沟通，这可能是他一直在追求的一种境界吧。

按照沙盘布局来说，左边是过去，他常沉溺与幻想其中；中间是现在，清澈的河水丰富的生物，发现了好多过去没有意识到的资源；

图4:人与自然

右边是未来，家和和满满，夫妻相爱，孩子快乐成长。下方属于物质的世界，车、房；上方属于精神的世界，希望有力量和对于力量的均衡与制约的能力。

他拿的东西大多是双数的，且相对视的比较多，他倾向于女子气的？依赖型的？好像有点哦！双数的物品居多，如：8 棵柏树，10 棵绿草，10 棵青草(后来加了 3 颗，成了 23 颗)，6 条鱼，2 只虾，2 只公鸡，2 只鹿，2 只蝴蝶，2 座大房子、4 座小房子，2 台拖拉机，2 条小黑蛇，2 只鼠。单数的，如：1 张石桌，拿了 3 个亮晶晶宝石作为凳子；1 只鸭，1 只鹅；1 个气垫船，1 辆汽车；1 只虎、1 只豹、1 只狮，1 条蟒蛇，这些都可以组合为 4 这个数的哦！还有一些不能组合的：13 棵松树，1 只蟑螂，1 只苍鹰，7 块石头，5 处桥。这是数字游戏，还是无意识中选的？

第五次：智慧之旅

这次很想摆一下沙盘，但周六就要考六级，感觉时间很紧抽不开身。这几天他读书结合自己的成长和思考，体会到了思考的力量、创新的力量、行动的力量。

当他站到玩具柜前的时候，想要摆一个很大的心灵空间，在此可以进行思考和创造，还可以把这些东西转化为巨大的精神或物质力量。于是他到沙箱前，开始挖沙，四边各挖出一个半圆形的大海，并且和箱壁的蓝色连成一体，这样自然就在中央隆起了一座高山，四角各一座小山，他对这样的布局感到很满意，然后把海里的沙子轻轻地吹干净，好洁净的水面哦！过去他一直觉得那些宗教色彩的玩具什么时候才会用啊，很少仔细看的。但今天他看过了其他玩具之后，觉得都难以表现他要表现的这个主题，就把目光盯在了这里。他看了那些不知名的玩具，但说不出它们代表的内容和故事，或者其中一些就是要自己赋予它意义的。他大致看了一下，把其中一个戴眼镜的端坐在星空中的祥云上的老者拿了出来放在中央山顶的左方，把三个人环形坐着的，底座上有女性像还有好多古老文字的雕像摆在了山顶的右侧，他感觉他们都是探讨智慧的伟大智者，以追求真理为人生的最大兴趣。接下来，他选了一个蝙蝠怪兽摆在了左下角，因为这个世界上总是存在着一些邪恶的力量，要智者们去对付。然后，他又摆放了一座古屋在右上角，好像这样的屋子的主人更有可能去研究那些古老的智慧。在中央山顶的两组追求智慧的人物中间他又摆放了一座高塔，因为这样就可以和蓝天接的更近一些，所拥有的天空可以更开阔一些。这时，他看到了熊博士，他把它安放在了右上角，它正挠着脑袋想问题呢。右下角，本来要摆高楼林立的现代都市的高楼大厦的，但没有这些玩具，只好摆上了民居。这样整体的场景就定了，剩下的就是点缀一些东西或做一些修补了。他在大海之间修了宝石铺的路，在山上点缀了17棵草、5棵松树、3棵柏树，在海里摆了8个贝壳、5条鱼、1个海葵、2只虾、2条海豚、2条鲸鱼，还有一条大青虫趴在了草叶上。在民居前长着一棵向日葵，有茄子、冬瓜、香蕉等水果和蔬菜。有一些小动物的话，整个场景会更活泼，于是摆了一只长着很大鹿茸的鹿在中央山上散步，骆驼从蝙蝠怪兽那里朝向中央山走来，在古屋前的小兔子也准备朝中央山走来，熊博士的小狗也在朝这里张望。哦，好美的一幅场景啊！他最欣赏的部分是中央山。主题是"智慧之旅"。

图 5:智慧之旅

假若真正投入的话，要摆的真的是内心所想的，或者你没意识到但可以摆出来的。一些平时不了解或觉得没什么用处的玩具，不是真的没用途，而是自己还没有到能够理解的地步，还需要进一步的成长，在一定的时候就会需要那些东西的，就会有那样的渴求。这一场景透露了他对于智慧的追求，想在学术方面做一些事情。每个岛上的小动物都好像是他自己，有从恶的地方走来的，有从过去的状态走来的，有从现在的处境走来的，还有躺在草叶上享乐的这种想法。承认世间的和自身的恶或不完美，追求智慧，不断和这些恶的东西作斗争。大海是和外面的整个大洋相连的，没有水的地方有闪光的陆路、高山，大海的上方就是开阔的蓝天，好大的一片天地哦，可以任意驰骋。

第六次:生活和创造

他感觉以前还是空想的多，没有结合一件具体的事或一门学问里某个方面的事实作深入探讨，仅仅是思维锻炼式的一种想象，所以，见解和感受就缺乏应有的威力，只是博人一笑而已。而智慧和实际的能力不应该是博人一笑，而是应该有更深的内涵的。

这次他站到玩具柜前踌躇再三，他还是不知道要摆什么。他欣赏了柜子里的这些玩具，然后又走到沙箱旁感触着沙，这时一个念头跃进脑海，摆一个以具体的东西作为思考对象，然后又把思考和研究变成现实生产力的场景，他开朗了许多。他从左下到右上画了三个圆，做成了三个岛屿，被通向大洋的河流环绕着。然后，他拿了三棵松树和三棵小草放在了左下角的小岛上，他摆了自古至今很适应自然的蛇，水陆两栖的青蛙，步态优美的长颈鹿，曾经主宰地球的恐龙，还有一只站在山上的狮子，他觉得还应该有会飞的一样动物，就在树枝上放上了一只轻盈的蝴蝶。中间的小岛他先摆了一幢房子，还有一群在观看一对新人举行婚礼的人，一幢房子的话有点单调，他又布置了四座小房子，这样整个小岛就有了热闹的人类活动。右上角的小岛上他选了他钟爱的熊博士、小拖拉机、汽车、飞机和一只可爱的正在滑雪的小动物。但看看觉得小动物在这里不是很合适，就把它移到了右下角的高山上，他想这里应该有个滑雪场，是大家娱乐的地方。左上角他摆了一座塔在山顶，一个凉亭在河流的入海口，牛、马、羊各一只在山上。这时他看到了一只狗但又像狼，他想它应该在这片环境的某个地方，觉得摆在左上角不合适，就安排在了右下角有滑雪场的山上，他又看到了辛巴小狮子很可爱，就把它放在了左上角的山上，但看起来好像那些大个子的动物在问它什么。大体上整个主题就出来了，他点缀了草和树使整个环境看起来更加富有生机。看到滑雪的小动物很孤单，他又给它放上去一个伴。看到在劳动的小人后，他把他放在了熊博士的讲桌旁边，是想表明除了想还要做。万一有什么紧急情况的话还需要有其他工具，就又在山头放置了一架直升飞机（没有直升机，只能用一般的代替）。这时，他用两座桥和三处堆起的乱石把这几处给连了起来，还在水里放了一只船，乘着它可以到更远的地方。河里还有鱼虾、海豚、海狮、海星，整个河道很有生机。他最喜欢的地方是熊博士在思考的这片。他把本次主题命名为“生活和创造”。

按照空间配置理论来说，右下角的洪荒的岛屿是过去，代表着一种适应和淘汰，是一种自然的状态；中间的人类活动场景是现在，

图 6:生活和创造

自己融入了其中,扮演着应该扮演的角色;右上角的熊博士似乎预示着自己的未来,用智慧改变生活,把想法变成现实。下面是物质世界,自然的状态,上面是精神的世界,追求自我的实现和心灵的寄托。

在左下角的岛上任何凶恶的动物的出现都是无所谓的,因为那原本就是一个自然的世界。但那条看起来像狗又像狼的动物,他还是把它放到了右下角,为什么?是敌是友有时分不清或者说可以转化,这本来也是生活的一种常态,但他们还是要有一种急救的办法的,所以在险情发生的时候有一架可供使用的飞机就很必要了。他敢于和不同的人打交道,但他也有必须的安全保障。

很有意思的是辛巴被围住的场面,他们在说什么呢?"小家伙,你父母害死了我们好多同胞,你还有脸来这地方表白你的慈善?""滚回去!不要玷污了这神圣的地方?""哎?狮子也有了虔诚的心了?"他想他们都在转变,正如刀郎所唱的《狼爱上了羊》,每一个人都有转变的可能。有力量的动物的积极转变是一件可喜的事情,但同时会面临许多意想不到的问题,朝拜仅仅是一个开始,也许还会有许多反复。

蝴蝶和青蛙是一种转变的象征。

第七次:一路走来

他总想找到人的种种行为和心理的原因,把社会、自然和个体本身的因素都考虑进去,好像这样可以较全面地解释种种现象,但若重点不够突出的话,是没有任何意义的,反而不如专注于一点深入下去来的深刻。但他想无论哪一种探索的方法,具体的现实的行动是必须的。这次他想摆一个行动的内容出来,但似乎那是不容易的。这时脑海内闪过一道景象,一个追求的人,逢山开路,遇水架桥,一路走来。

图 7:一路走来

他从左下向右上铺出一条蜿蜒的路来,然后在右部堆了一座山挖了一条河,河水是从这座山上发源的,然后流向了大海中。左边中部是一片乡村景象,菜田瓜果飘香,两只鸡在悠闲地觅食。左上部是现代化的火车、飞机。中下部是驻军,有坦克、飞机等军用设施,保卫家园。中上部是现代化的繁华都市,人来人往。山上有一座塔,有埋藏的宝石铺就的路,也有狮子、熊、鹿等动物,山上一片葱茏。右边的路一直通向了远方,看起来是越来越坎坷了。右部是原始森林,各种动物如长颈鹿、大象、老虎、毒蛇出没其中。河中有鱼虾，也有凶猛的食肉动物鲨鱼。一个背着书包的孩子从村里出来踏上了这条蜿蜒的通向远方的大道，前方的路很遥远。他最喜欢的地方是充满吸引力的那座山。主题为“一路走来”。

场景中凶猛的动物多了起来，一些恶的东西浮现出来，被整合到意识中来，承认和接纳了它们，也是自我开始强大的表现。

过去是明晰的，现在是差不多看得清的，未来的路还很长并且充满了不可预知的挑战，但显然信心还比较足，可能是知道该如何去做了吧，也有了更丰富的人生经验，做好了迎接挑战的准备。沙盘下部是物质的，有农村的自然基础，有军队的捍卫基础，有水中的凶猛的鲨鱼，也有山的坚实和水的灵动。沙盘上部象征精神，有现代化的生活和不断变化的世界，创新推动发展，探索无限未来。

案例分析

本案中来访者通过 7 次的咨询，对自己的内心世界进行了一个探索，也许是自己投射出来的一些东西，但是通过这些探索他至少学会了自我分析，学会了关注自己内在的世界，倾听自己内心的声音，这就是最为宝贵的一笔财富。

在沙游的世界里，每一个来访者都受到咨询师的保护，他们可以安全地进行探索，自由地深入自己的隐秘世界和无意识的内容接触，思考原先不曾注意到的一些东西，在自己的心灵花园里徜徉。李煜国的探索使他很受启发，对人生有很多感悟，他愿意把他的探索历程一起和大家分享。

结　语

心理是最复杂的，胜过天气的变化，即便如此我们还是努力地了解心理的规律，心理的变化莫测也正是吸引许多人去研究它的原因之一。

在经过了十几年的求学生涯后，慢慢地我们会发现，有了强健的身体、过硬的技术，但是若缺乏良好的心理素质，还是制约着我们的进一步发展。在大学，除了要学习科学文化知识，发展自己的各种能力之外，还有一个很重要的方面就是培养自己良好的心理素质，这将是以后幸福生活的保障。

心理素质是个体素质的核心成分，与个体的生理素质和社会文化素质共同决定个体的心理健康水平和社会生活能力。心理素质在人的整个素质结构中处于基础地位，它对人的行为起着驱动和制约作用，并直接影响到行为的效率。我个人理解，良好的心理素质大体来说包括乐观的人生态度、良好的抗挫折能力、自信、富有爱心、良好的人际管理等等。

许多事情我们都是可以做好的，甚至做得很好，但实际上并非如此。为什么呢？

也许能否做好事情，从根本上说是兴趣，兴趣可以让我们在做事的时候永远保持快乐的心情，孜孜不倦地去追求；其次是环境，假若你身边的人或常和你在一起的朋友都在做一些事情，你也会不知不觉地卷入其中，成为成功者中的一员；再次是现实的需要，现实有时候会让你退无可退，这时只能做出坚定的选择，勇往无前，而这正是成功的关键。还有一些诸如崇高目标的引领，超越和你原先差不多甚至逊于自己的人等等。所有的这些当中，兴趣之下的成功是最理想的，既做好了事情，又能感受到其中的乐趣，现实压力下在采取好方法的情况下义无反顾地去做也可以收到良好的效果，在环境熏陶下你会不知不觉地步入一种境界，目标的引领会让自己有一种使命感，超越的想法会使自己时时刻刻充满竞争的力量。

何为智慧？我理解的是能够灵活和创造性地解决问题，取得最佳的效果。我们很多时候解决了问题，但方法不一定最优，或者效果不一定最好，或者没有把握事物发展的规律，或者当形势发生变化的时候没有做出最正确的判断，诸如此类说明修炼还不到家，还不能算是有较高的智慧。

小聪明注重的是眼前的得失，大智慧关注的是将来的成败。许多人看似聪明，战术上处处得胜，但战略上却失败了，输掉了全局；有的人看似愚笨，但把握好了战略问题，尽管失去了一城一池，但最终赢得了全局。

大智慧把握的是战略，是重点，是关键，是根本，是原则。智慧需要修炼，是经验的积累。智慧不是简单的知识的照搬，而是对于知识的纯熟运用，唯有如此，才能在实践当中有效地解决问题，不断取得进步。

务实和务虚各有功用，务实要推动工作的具体开展，务虚要探讨事物发展的规律、趋势和方向。只做实际的事情，不加以思考和研究，就容易陷在具体的事情里面，看不到整个事物发展的全局。所以，从事了一段实际工作之后，再去学习理论知识，往往容易从更高更广的范围来思考问题，视野会更加开阔，也更容易把握事情的重点和关键。同样，有了丰富的理论知识之后，要想办法把其和具体的实践活动结合起来，这样才可以把书本的知识学活，变成自己的能力。把两者有机地结合起来，则对事物的理解就会更加深入，做事也会更加顺利。

兴趣可以成就事业，在宽松的环境下，这种情况的例子很多。持之以恒、脚踏实地地去追求也可以成就自己的事业，在相对受限制的环境中，能够适应环境而又坚持不懈的人可以做到这一点。既没兴趣，又不能持之以恒地去追求的人成就事业的可能性就小多了。

成功有大有小，尽量不断地用成功去塑造成功，同时，也要学会从失败中站起来，成为屡败屡战的英雄，突破对于成功定义的制约，进入一个新的境界。在具备一定前提的条件下，能够有效发挥自己积极性和主动性的主体通过自己的努力，都可以取得成功。从一个不成功的状态过渡到一个成功的状态，学到的不仅仅是成功，更有对于成功的突破，对于人生意义的新的理解。

能做到一般的准确沟通已属不易，要做到心灵的沟通更需要一些技术方法和修养。一般意义上的倾听已有一定的难度，但注意到要求的细节，我们还是可以做到的，但准确地理解和反应恐怕就更难了，这需要对于生活有亲身的经历或深刻的洞察或有一定的修养，否则的话很难准确地理解对方，更不要说走进别人的心灵深处了。

技术的方面可以练出来，修养的、性格的、洞察的方面则要靠漫长的人生积累，不是一时半日的功夫。有时候单靠自己的经验还不足以深刻地理解别人，这时候就要借助一些对于心灵探索的前辈总结得出的理论，通过这些理论更好地理解人类心灵的奥秘。比如，弗洛伊德开创的精神分析理论、荣格的集体无意识理论，还有行为主义的理论、认知理论等等，这样可以相对准确地理解行为或心理的背后的原因，更好地进行沟通。

有了这些理论，不一定就能很好地沟通，只是完成了一个方面的积累和准备。还需要把这些写在书本上的东西变成现实的能力，这又是另外一个话题了。

环境可以塑造人，自然和社会环境皆然。这是因为环境因素在潜移默化地影响着人，比如孟母三迁考虑的就是这一方面。环境中的个体可以没有任何抵触地接受环境中的人所说的话和所做的事，或很少去思考这些方面就被动地接受和认可了环境中的内容，从而使之成为自己成长和发展的一个有机组成部分。

环境的塑造作用还表现在人对环境的适应。我们说在不能改变环境的时候要适应环境正是这样的一种情况，这也是漫长的进化过程中形成的，是生存和发展所需要的。

所以，我们要注重环境对于人的成长的影响，在适应环境的同时还要思考哪些方面值得改进，不断与时俱进，推陈出新，创造更有利于发展的良好环境。

罗杰斯在以人为中心的理论中早就论述过，我们许多的困惑、迷茫都和对自己的认识有关，我们很多时候没有了自己而是按照社会、父母等人的标准来要求自己的，这样即使实现了所谓的目标，也感受不到那种成功的喜悦。罗杰斯咨询理论认为，要是能够按照自己的要求活出真实的自己，那么就可以治疗心理的问题。读罗杰斯理论感觉到很有道理，外在的东西是给别人看的，自己的感受和目标的实现才是最能带给自己幸福的。

有时候，违背自己意愿的做法或想法可能会使自己有所改变，但有时候却是在经历了很大的周折之后，在自己能够独立做主的时候，又慢慢地折回了原先自己所希望的方向，朝着自己最初的那个想法迈进。活出最真实的自己才是最幸福的。

有个高中毕业生在考大学的时候想学历史，父母非要让他选择相对热门的专业不可，只好选了信息技术工程专业，大学毕业之后考研，这位同学还非要考历史专业的研究生，他说自己高考的时候就想学历史，现在也是。知道自己想做什么，能做什么，目前在做什么，是必要的，这样在条件具备的时候，或者在意识到的时候，就可以找到真实的自己。越是能早早地找到真实的自己，活出真正的自己，就会更早地感觉到心理的充实和幸福。

我们常常看到积少成多，由易到难，由简单到复杂的现象。但有时多不仅仅是少的简单相加，难不仅仅是易的简单相加，复杂不仅仅是简单的简单相加，这里面自有一种组织在里面，这种组织改变了原来的少、易、简单的状况。能解决少的、易的、简单的问题，不一定能解决由这些内容构成的复杂的问题，它要求具备了某种能力才可以解决这些问题。

最简单的例子就是人口的繁衍问题，不是两个人加起来等于三个人的问题，而是两个人加起来等于多个，多个分别产生更多个，更多个产生超多个的问题。同理，一盆水可能不会怎么样，但一池水里面的生物就丰富了，而一片湖的生态可能影响到一片区域，一条河则可以影响这个流域，而大海呢，蕴含着无尽的宝藏，大海是盆水的简单相加吗？不是，等加到一定程度的时候，就会有一定的组织在里面，这一组织改变了简单的盆水相加的效果。似乎知识的学习也是这样的，在知识少的时候，我们能感觉到学习了多少知识，但当学到一定程度的时候，我们感到知识会形成一个结构，这之后的学习就会通过这个知识结构来组织，这时候就会产生许多知识中不曾存在的新内容，知识在这一结构的组织下产生了新的或质的变化，于是创新诞生了。

专心做事强调的是专，锲而不舍，金石可镂；用心做事，强调的根据情况的变化调整做事的策略取得最佳的效果。这两者说的是埋头拉车和抬头看路的问题。我们往往容易简单地把两者折衷起来，说既要怎么样又要怎么样。其实，辩证法的精髓，不是折衷而是恰到好处，折衷是简单地一分为二，恰到好处则是在什么情况下哪一种成分多一点，在其他的情况下另一种成分少一点，至于什么时候多，什么时候少，则是需要根据实际情况做出具体的判断的。这体现出了事物发展的规律，又有这一规律下的丰富多彩、千变万化的事物发展，这才是充满生机的自然和社会。

环境对于成才的影响有多大？顺境和逆境都可以出人才，关键是看自己。但是，环境的作用到底有多大？在什么时候环境可以发挥决定性的力量？在什么时候环境的力量可以忽略不计呢？搞明白这一点，才能够更有效地发挥环境或个人的力量，而不至于在最需要一种力量的时候却没有足够地重视这一因素。

我们在有目的地营造一种环境，可见这种环境有助于我们达成积极的目标；我们也在治理某些环境，可见这样的治理有助于改善我们的生活质量。但似乎是假若没有特定的环境就必然不会有一些东西，所以，某些东西是一定要在特定的环境中诞生的。